◆◆◆ 全国建设行业中等职业教育推荐教材 ◆◆◆

住房和城乡建设部中等职业教育市政工程

施工与给水排水专业指导委员会规划推荐教材

电工与电气设备

（给排水工程施工与运行专业）

黄艳飞　主　编

朱　红　俞雅珍　副主编

中国建筑工业出版社

图书在版编目（CIP）数据

电工与电气设备/黄艳飞主编. —北京：中国建筑工业出版社，2016.2

全国建设行业中等职业教育推荐教材. 住房和城乡建设部中等职业教育市政工程施工与给水排水专业指导委员会规划推荐教材（给排水工程施工与运行专业）

ISBN 978-7-112-19044-7

Ⅰ.①电… Ⅱ.①黄… Ⅲ.①电工技术-中等专业学校-教材②电气设备-中等专业学校-教材 Ⅳ.①TM

中国版本图书馆CIP数据核字（2016）第012272号

本书是一本“任务引领”型的教材，以项目和任务为教学导向，介绍了电工与电气设备的基本原理以及应用。主要内容包括：安全用电、直流电电路、单相交流电和三相交流电流电路、变压器、电动机、二极管及其应用、三极管及放大电路、数字电路部分等。

整个教材编写以应用为目的，以必需、够用为度，围绕职业能力的形成组织课程内容。教材以项目为中心整合相应的知识、技能，并由任务引领实现理论和技能的结合，突出理论引导实践。

本教材适合中职院校给排水及相关专业的广大师生选用。

为了更好地支持本课程教学，本书作者制作了精美的教学课件，有需求的读者可以发送邮件至：2917266507@qq.com免费索取。

责任编辑：聂 伟 陈 桦 李 慧
责任校对：陈晶晶 党 蕾

全国建设行业中等职业教育推荐教材
住房和城乡建设部中等职业教育市政工程施工与给水排水专业指导委员会规划推荐教材
电工与电气设备
（给排水工程施工与运行专业）
黄艳飞 主 编
朱 红 俞雅珍 副主编

*
中国建筑工业出版社出版、发行（北京西郊百万庄）
各地新华书店、建筑书店经销
北京科地亚盟排版公司制版
北京市密东印刷有限公司印刷
*
开本：787×1092毫米 1/16 印张：14¾ 字数：439千字
2016年3月第一版 2016年3月第一次印刷
定价：**30.00**元（赠课件）
ISBN 978-7-112-19044-7
（28291）

本系列教材编委会

序言

住房和城乡建设部中等职业教育专业指导委员会是在全国住房和城乡建设职业教育教学指导委员会、住房和城乡建设部人事司的领导下，指导住房城乡建设类中等职业教育（包括普通中专、成人中专、职业高中、技工学校等）的专业建设和人才培养的专家机构。其主要任务是：研究建设类中等职业教育的专业发展方向、专业设置和教育教学改革；组织制定并及时修订专业培养目标、专业教育标准、专业培养方案、技能培养方案，组织编制有关课程和教学环节的教学大纲；研究制订教材建设规划，组织教材编写和评选工作，开展教材的评价和评优工作；研究制订专业教育评估标准、专业教育评估程序与办法，协调、配合专业教育评估工作的开展等。

本套教材是由住房和城乡建设部中等职业教育市政工程施工与给水排水专业指导委员会（以下简称专指委）组织编写的。该套教材是根据教育部 2014 年 7 月公布的《中等职业学校市政工程施工专业教学标准（试行）》、《中等职业学校给排水工程施工与运行专业教学标准（试行）》编写的。专指委的委员参与了专业教学标准和课程标准的制订，并将教学改革的理念融入教材的编写，使本套教材能体现最新的教学标准和课程标准的精神。目前中等职业教育教材建设中存在教材形式相对单一、教材结构相对滞后、教材内容以知识传授为主、教材主要由理论课教师编写等问题。为了更好地适应现代中等职业教育的需要，本套教材在编写中体现了以下特点：第一，体现终身教育的理念；第二，适应市场的变化；第三，专业教材要实现理实一体化；第四，要以项目教学和就业为导向。此外，教材中采用了最新的规范、标准、规程，体现了先进性、通用性、实用性。

本套系列教材凝聚了全国中等职业教育“市政工程施工专业”和“给排水工程施工与运行专业”教师的智慧和心血。在此，向全体主编、参编、主审致以衷心的感谢。

教学改革是一个不断深化的过程，教材建设是一个不断推陈出新的过程，需要在教学实践中不断完善，希望本套教材能对进一步开展中等职业教育的教学改革发挥积极的推动作用。

住房和城乡建设部中等职业教育市政工程施工与给水排水专业指导委员会

2015 年 10 月

前言 Preface

《电工与电气设备》是给排水工程施工与运行专业的核心基础课程，电工与电气设备的基本知识和技能对学生职业能力的培养和职业素养的养成起很大支撑作用。本书将学生所应掌握的电气方面知识和技能整合为15个项目，在每个项目中，将相关职业活动分成若干典型工作任务，以工作任务开展理实一体化的教学，完成电工与电气设备基本理论知识、基本操作技能的学习和训练，使学生既具有基本的理论知识，又掌握基本操作技能和安全操作规程。

依据住房和城乡建设部中等职业教育市政工程施工与给水排水专业指导委员会组织编写的中等职业学校给排水工程施工与运行专业教学标准，紧贴本专业岗位的实际需求，并充分体现项目教学、任务驱动等行动导向的课程设计理念，结合职业技能考证要求组织教材内容。根据电工与电气设备工艺的特点，以培养学生的职业能力和维修电工的要求为主体，以“电路连接与测试”为主线，积极贯彻理论与实践一体的理念，通过完成一系列的任务，引入必要的理论知识与技能。本书表示精炼、准确、科学、图文并茂，内容充分体现科学性、实用性和可操作性。

本书由上海市公用事业学校黄艳飞老师任主编，南京供电公司电力调度控制中心书记，副主任，国家电网公司技术专家朱红任副主编。具体为：项目1由上海市公用事业学校曹鸣浩老师编写；项目2、3、4、5、9、11由上海市公用事业学校黄艳飞老师编写；项目6由上海市城市建设工程学校（上海市园林学校）石泉老师编写；项目7由上海市公用事业学校单永欣老师编写；项目8由上海市公用事业学校丁叶文老师编写；项目10由上海市公用事业学校曾莉老师编写；项目12、13由黄山职业技术学院凌燕老师编写；项目14、15由上海金智晟东电力科技有限公司凌万水老师编写。

本书由原上海航空工业学校高级讲师、原上海市职业教育电子学科组组长俞雅珍老师任主审，谨致谢意！

由于编写水平有限，难免有不妥与疏漏之处，敬请各位同仁和读者批评与指证。

编　者

2015年12月

目录 Contents

项目1 安全用电与触电急救

【项目概述】

所谓安全用电，是指在保证人身及设备安全的前提下，正确地使用电能以及为此目的而采取的科学措施和手段。这是人们在长期的生产实践中，逐步积累的安全用电经验并形成了各种安全工作规程和规章制度，是从事电气工作人员必须严格遵守的基本原则。在实际使用中，如万一发生人身触电事故，进行及时的触电急救是挽救人员生命的重要手段，也是从事电气工作人员需要掌握的技能。因篇幅有限，本项目以低压电操作为主，安全用电与触电急救课程也在此情境下探讨。

任务1.1 安全用电常识

【任务描述】

通过对安全用电常识的学习，使学生能理解电流对人体的危害，掌握防止触电的基本安全措施，正确对家庭日常生活和学校教学的基本电器设备进行操作，确保人身和设备安全。

【学习支持】

一、现场展示（见图1-1，图1-2）

图1-1及图1-2展示了生活中比较常见的不安全用电的部分情况。在生产上、生活中怎样安全用电十分必要。

二、所用设备

1. 教学材料1套；

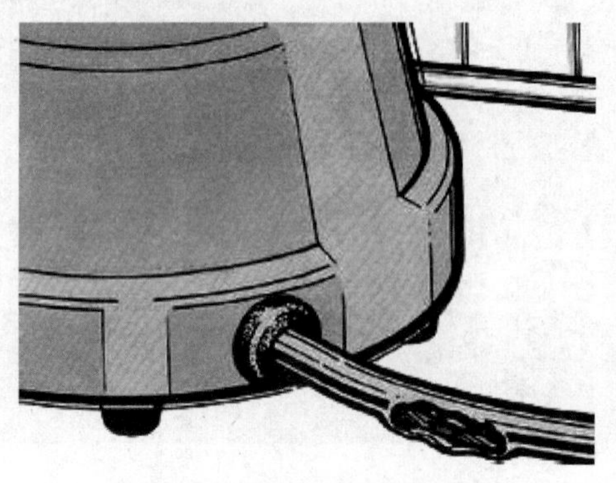

图 1-1　电器设备导线绝缘损坏

图 1-2　电源插线板超负荷使用

2. 常用家用电器若干（如接线板、电吹风等）。

【任务实施】

一、学习材料准备：指导教材及相关参考资料，包括电的认识；触电的概念、安全电流、电压；触电的原因；触电的形式；如何安全用电等。

二、组织形式：一个班分若干小组，每组组长一名，在其带领下搜集信息、剪裁编写、选派代表上台讲解有关知识点。

三、教学方法：图示思维法、大脑风暴法、归纳总结法。

四、教学媒体：自制多媒体一套。

五、任务书：

1. 全班分成若干个小组，各组选出组长一名；

2. 引导各组搜集材料，群策群力，积极准备；

3. 各组阐明问题并派代表上台讲解有关知识点。

【评价】

触电原因	安全电压	安全电流	触电形式	防止触电方法	得分

【知识链接】

一、电的认识

1. 电对人类的贡献

自法拉第找到产生电能的方法以后，电能已成为人们生活中的主要能源和动力，工业生产应用电能和实现电气化以后，大大增加了劳动生产率，降低了生产成本，减轻了工人的劳动强度，有利于实现劳动生产自动化。

2. 电对人类的危害

有数据表明，全世界每年死于“与电有关”事故的人数约占全部事故死亡人数的25%，电气火灾约占火灾总数的14%，我国目前平均每人的用电量不到发达国家的1/10，

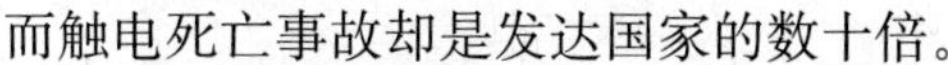
而触电死亡事故却是发达国家的数十倍。

二、触电、安全电流、安全电压的概念

1. 触电的概念

触电，是指人体直接接触带电端，使电流流过人体从而对人体产生的生理和病理伤害。如图 1-3所示。

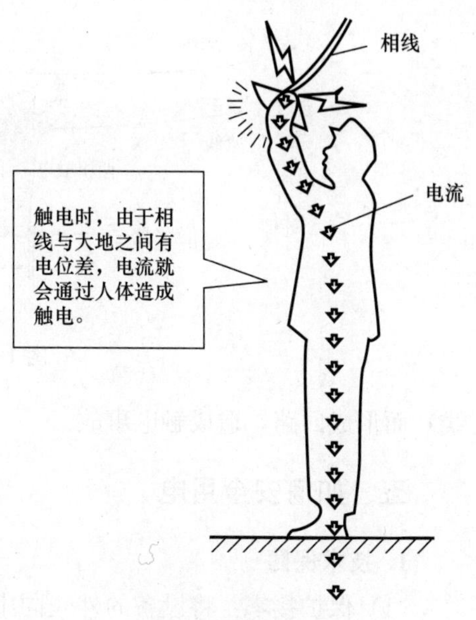

图 1-3　触电概念图

2. 安全电流的概念

我国规定安全电流为 30mA（50Hz，交流电），这是触电时间不超过 1s 的电流值。人体触电的危害程度与通过人体电流的大小、电流通过人体的持续时间、电流通过人体的途径、电流的频率以及人体状况等多种因素有关。有资料表明，相同电压的交流电与直流电，交流电对人体的危害更大。

3. 安全电压的概念

是指为了防止触电事故而采用的由特定电源供电的电压系列。我国规定安全电压等级和适用场合如表 1-1 所示。

安　全　电　压　　表 1-1

电压值（交流有效值）	适用场合
42V	有触电危险的场所使用的手持式电动工具等
36V	接触机会较多的机床照明及行灯等
24V、12V、6V	存在高度触电危险的环境以及特别潮湿的场所

三、触电的原因

1. 缺乏用电安全常识（造成触电事故发生的主要原因）；
2. 违反操作规程；
3. 设备有电部分安全防护不合格；
4. 维修管理不善；
5. 偶然因素。

四、触电的常见形式（低压，如图 1-4 所示）

1. 单相触电

当人体接触带电设备或线路中的某一相导体时，一相电流通过人体经大地回到中性点，造成触电事故。

2. 两相触电

站在绝缘体上的人若同时触到两根电线时，电流将由火线进入人体到另一根线（零

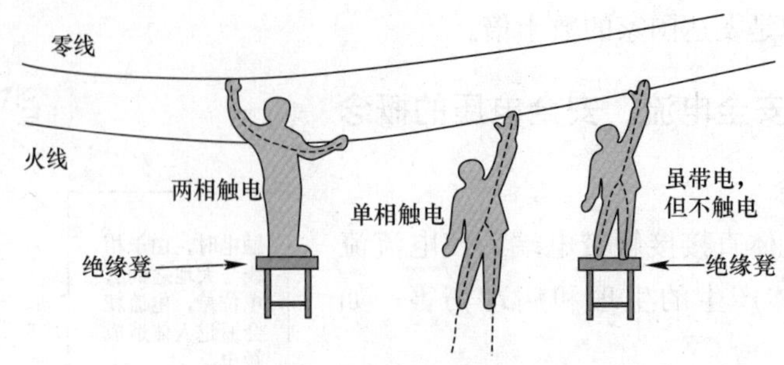

图 1-4 单相、两相触电

线）而形成回路，造成触电事故。

五、如何安全用电

1. 技术保障

（1）保护接零：将设备的外壳同中性线可靠的连接起来，如图 1-5 所示。

（2）保护接地：将设备的外壳同接地极可靠的连接起来，如图 1-5 所示。

以上保护接零、接地是指防止人体接触电气设备的正常情况下（如绝缘外壳、框架等），因设备漏电可能发生触电危险的防护措施。

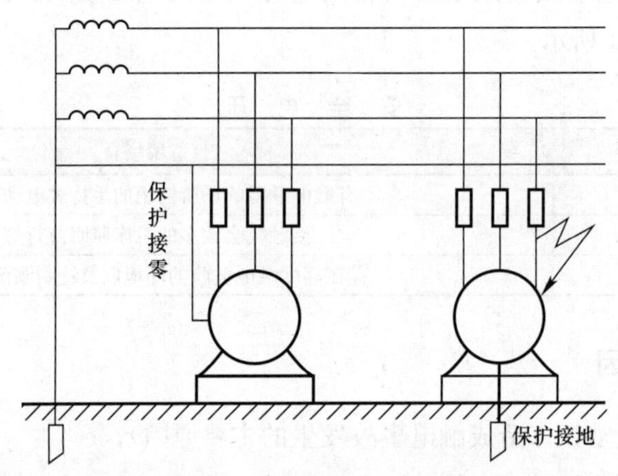

图 1-5 保护接地、保护接零

（3）漏电保护：装设漏电保护器，一是漏电或接地故障时，能切断电源；二是当人体触电时，能在 0.1s 内切断电源。如图 1-6 所示。

2. 操作保障

（1）不用湿手触摸电器，不用湿布擦拭电器。

（2）不随意拆卸、安装电源线路、插座、插头等。

（3）不用手或导电物去接触、探试电源插座内部。

（4）电线的绝缘皮剥落，要及时更换新线或者用绝缘胶布包好。

（5）插拔电源插头时不要用力拉拽电线，以防止电线的绝缘层受损。

（6）电器使用完毕后应拔掉电源插头，在紧急情况下应关断总电源。

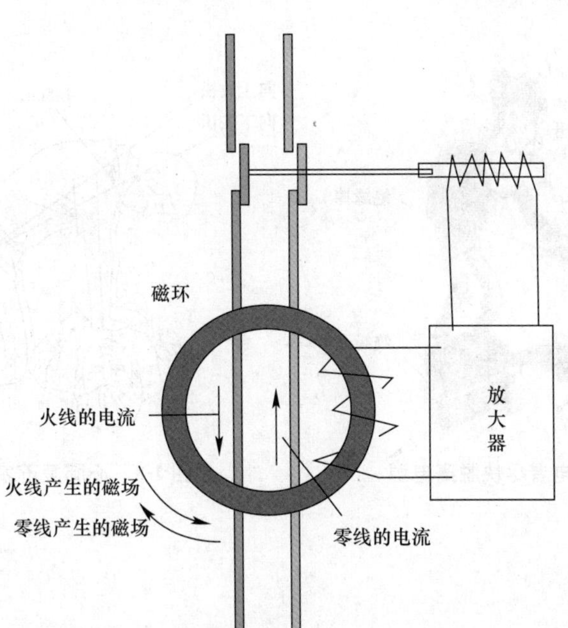

图 1-6　单相漏电保护器保护原理图

【复习思考】

1. 触电的主要原因是什么？

2. 触电的形式有哪些？哪类触电形式是造成触电事故发生的主要原因？

3. 如何进行安全用电？

任务 1.2　触电急救

【任务描述】

触电者易出现心跳骤停现象，这是临床最紧急的情况，必须分秒必争、不失时机地抢救触电人员。如果处理的及时且正确，就可能使因触电而呈现假死状态的人员获救，这就需要现场人员掌握如何迅速使触电者脱离电源的措施并采用心肺复苏术进行抢救。

【学习支持】

一、现场演示（见图 1-7，图 1-8）

使触电人员脱离电源是触电急救的第一步，需要施救人能正确判断现场状况，采用合适的方法在确保自身安全的情况下使触电人员尽快脱离电源。同时，需要掌握心肺复苏术的基本操作要领，在专业医护人员未达到之前持续施救，把握抢救最佳时机挽救触电者生命。

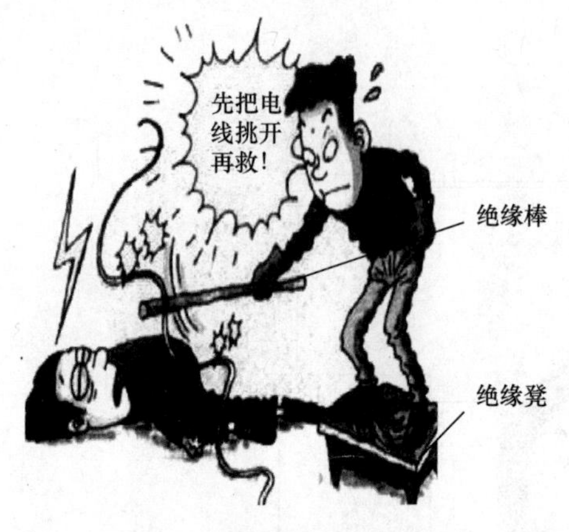

图 1-7　使触电者尽快脱离电源

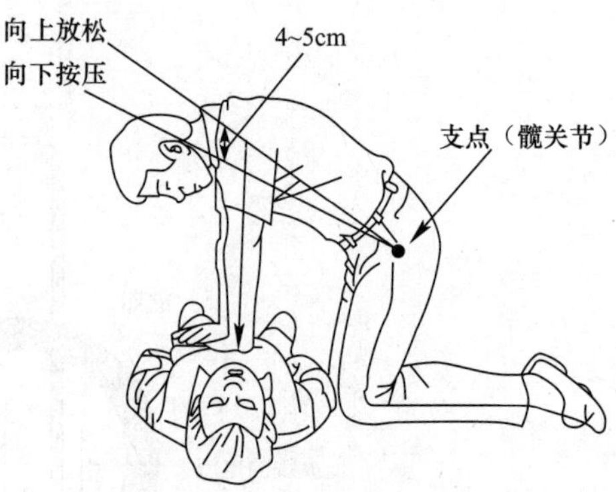

图 1-8　心肺复苏术基本要领

二、所用设备

1. 教学材料 1 套；

2. 心肺复苏模拟人 1 套。

【任务实施】

一、脱离电源

使触电人员尽快脱离电源，是救治触电人的第一步，也是最重要的一步。具体作法如下：

1. 低压脱离电源的方法：

（1）“断”：就近断开电源开关（切断电源）；

（2）“剪”：用带有绝缘手柄的绝缘工具剪断电源线；

（3）“砍”：用干燥手柄的斧头、铁镐、锄头等绝缘工具砍断电线；

（4）“挑”：用干燥的木棒、竹竿等挑开触电者身上的导线；

（5）“垫”：用绝缘材料垫在触电者身下，使之脱离电源；

（6）“拉”：用绝缘物品戴在手上拉开触电者。

2. 高压脱离电源的方法：

（1）使用相同绝缘等级的工具断开电源；

（2）通知供电部门停电。

二、急救操作

1. 触电伤员神志清醒者，应就地躺平，严密观察，暂时不要让他站立或走动。

2. 触电伤员神志不清者，应就地仰面躺平，确保其气道通畅，并用 5s 时间呼叫伤员或轻拍其肩部，以判定伤员是否意识丧失（禁止摇动伤员头部呼叫伤员）。

3. 需要抢救的伤员，应立即就地坚持正确抢救，并设法联系医疗部门接替救治。

三、心肺复苏术

1. 呼吸、心跳情况的判定；

2. 确保气道的通畅；

3. 口对口（鼻）吹气；

4. 胸外心脏按压。

【评价】

脱离电源	急救操作	心肺复苏	规范性	得分

【知识链接】

一、假死

假死，又称微弱死亡，是指人的循环、呼吸和脑的功能活动高度抑制，生命机能极度微弱，用一般临床检查方法已经检查不出生命指征，外表看来好像人已死亡，而实际上还活着的一种状态，经过积极救治，能暂时或长期的复苏。

二、心肺复苏术

心肺复苏术，指当呼吸暂时终止及心跳暂时停顿时，合并使用人工呼吸及心外按摩来进行急救的一种技术。心搏骤停一旦发生，如得不到及时地抢救复苏，4～6 分钟后会造成患者脑和其他人体重要器官组织的不可逆的损害，因此心搏骤停后的心肺复苏必须在现场立即进行。

1. 人工呼吸，又称口对口（或口对鼻）吹气法

此法操作简便容易掌握，而且气体的交换量大，接近或等于正常人呼吸的气体量。操作方法：

（1）病人取仰卧位（即胸腹朝天）。

（2）首先清理患者呼吸道，保持呼吸道清洁。

（3）使患者头部尽量后仰，以保持呼吸道畅通。

（4）救护人站在其头部的一侧，自己深吸一口气，对着伤病人的口（两嘴要对紧不要漏气）将气吹入。为使空气不从鼻孔漏出，此时可用一手将其鼻孔捏住，然后救护人嘴离开，将捏住的鼻孔放开，并用一手压其胸部，以帮助呼气。这样反复进行，每分钟进行 14～16 次。

（5）如果病人口腔有严重外伤或牙关紧闭时，可对其鼻孔吹气（必须堵住口）即为口对鼻吹气。救护人吹气力量的大小，依病人的具体情况而定。一般以吹进气后，病人的胸廓稍微隆起为最合适。

2. 人工胸外挤压心脏法

（1）与人工呼吸的要求一样，先要解开触电者衣物，清除口腔异物，使其胸部能自由扩张。

（2）触电者仰面躺在平硬的地方，救护人员立或跪在触电者一侧肩旁，两手掌根相叠（儿童可用一只手），两臂伸直，掌根放在心口窝稍高一点地方（胸骨下 1/3 部位），如图 1-9、图 1-10 所示；掌根用力下压（向触电者脊背方向），使心脏里面血液挤出。成人压陷 3～4 厘米，儿童用力轻些，按压后掌根很快抬起，让触电者胸部自动复原，血液又充满心脏。

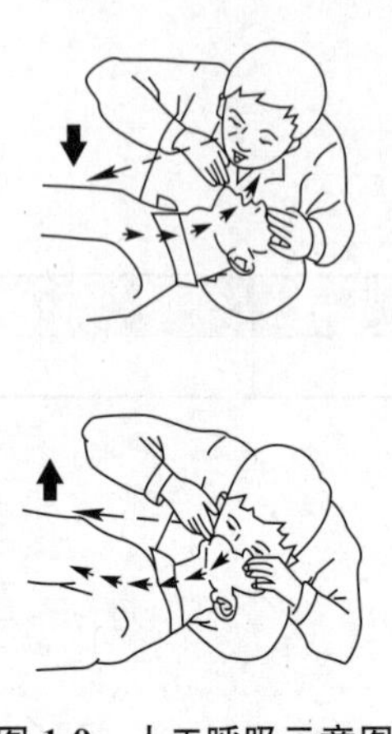

图 1-9 人工呼吸示意图

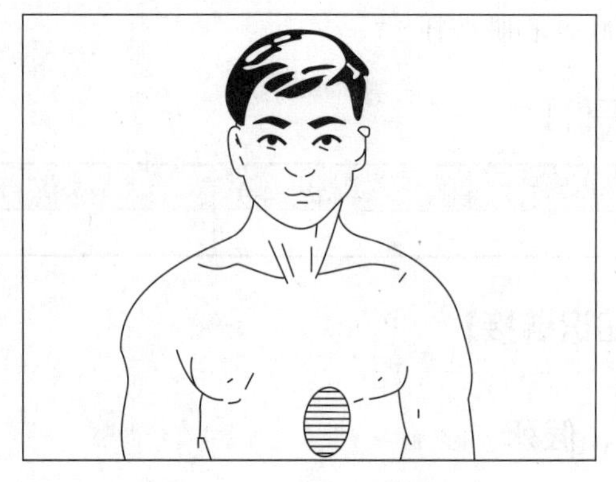

图 1-10 心脏按压正确压点

（3）胸外心脏按压要以均匀速度进行，每分钟 80 次左右。做心脏按压时，手掌位置一定要找准，用力太猛容易造成骨折、气胸或肝破裂，用力过轻则达不到心脏起跳和血液循环的作用，如图 1-11 所示。应当指出，心跳和呼吸是相关联的，一旦呼吸和心跳都停止了，应当及时进行口对口（鼻）人工呼吸和胸外心脏按压。如果现场仅一个人抢救，则两种方法应交替进行，救护人员可以跪在触电者肩膀侧面，每吹气 1～2 次，再按压 10～15 次。按压吹气一分钟后，应在 5～7 秒内判断触电者的呼吸和心跳是否恢复。如触电者的颈动脉已有搏动但无呼吸，则暂停胸外心脏按压，再进行 2 次口对口（鼻）人工呼吸，接着每 5 秒钟吹气一次，如脉搏和呼吸都没有恢复，则应继续坚持心肺复苏法抢救。

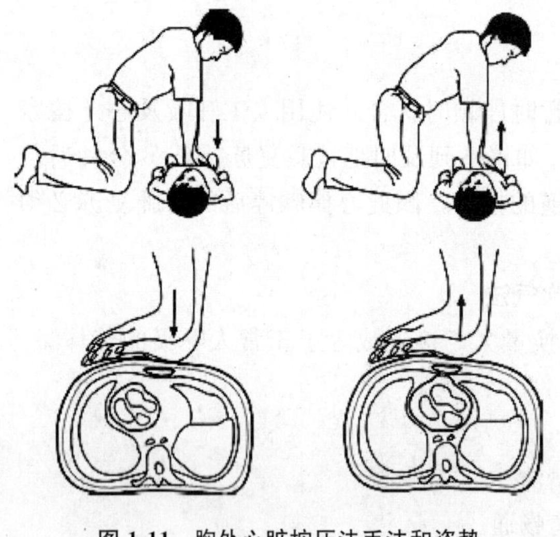

图 1-11 胸外心脏按压法手法和姿势

（4）在抢救过程中，应每隔数分钟再进行一次判定，每次判定时间都不能超过 5～7 秒。在医务人员没有接替抢救前，不得放弃现场抢救。如经抢救后，伤员的心跳和呼吸都已恢复，可暂停心肺复苏操作。因为心跳呼吸恢复的早期有可能再次骤停，所以要严密监护伤员，要随时准备再次抢救。

【复习思考】

1. 如何判断“假死”现象？

2. 人工呼吸和心外按摩的基本操作要领有哪些？

项目 2
直流电路的连接与测试

【项目概述】

目前无论是工业、农业、国防科技、电动机车、生产机床、航天设备、航海设备、日常生活等都与电息息相关（如图 2-1 所示）电是如何为人类服务的呢？电灯为什么会亮呢？这些就是我们要学习的。

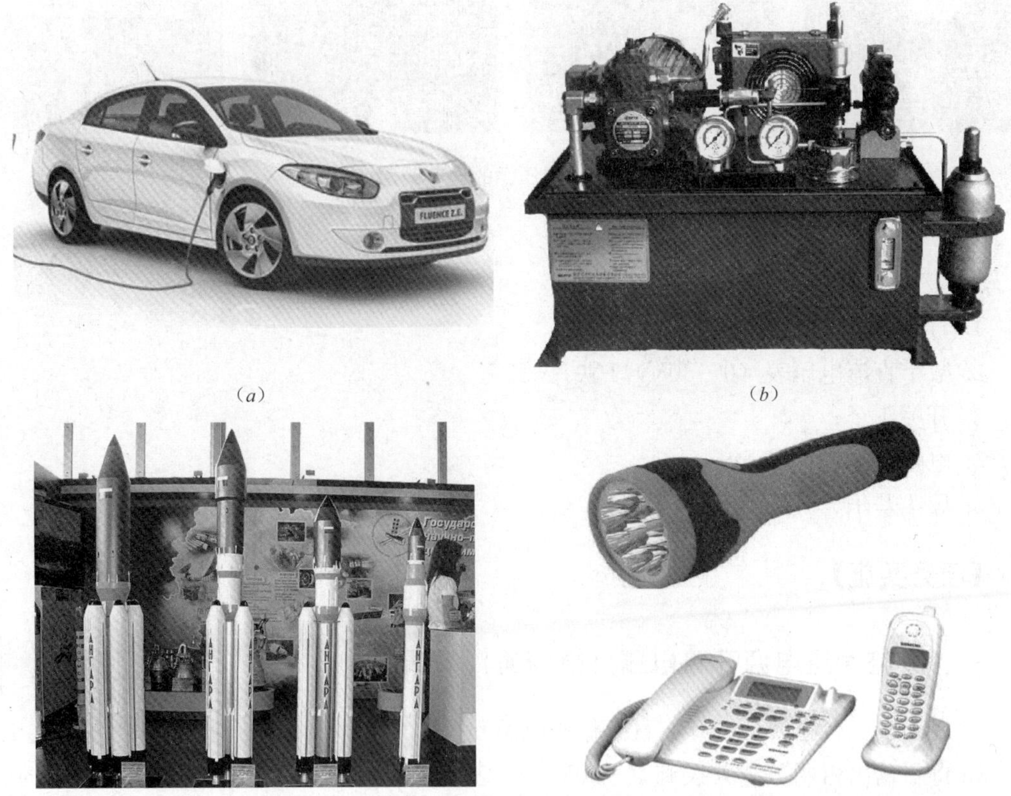

（a）　　（b）

（c）　　（d）

图 2-1　用电设备、器材

（a）电动汽车；（b）生产机床；（c）航天设备；（d）家用电器

任务 2.1　直流供电源的使用

【任务描述】

通过学习直流电能供电设备的调节和使用，理解电动势、端电压的概念；通过实验的方式，了解电路的组成，明确电路的概念；掌握电路的工作状态；同时初步学会基本电路的连接以及数字电压表、电流表的使用。

【学习支持】

一、现场演示（见图 2-2）

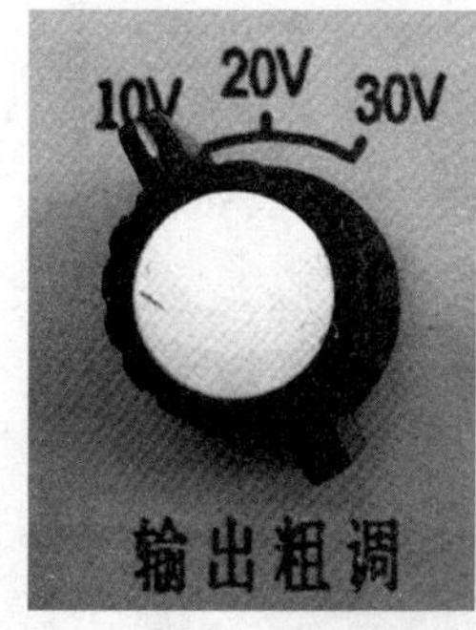

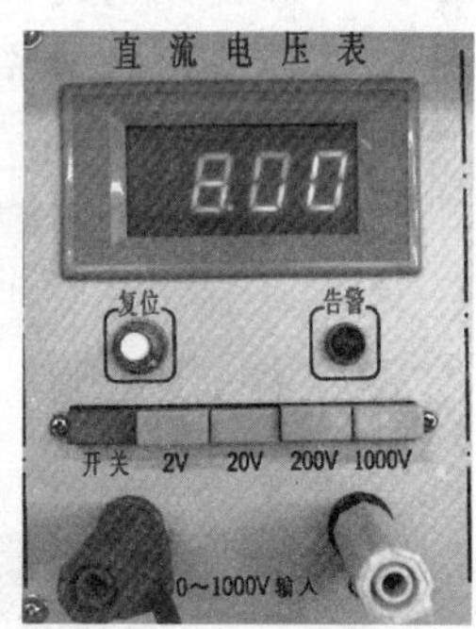

图 2-2　电压源的调节演示

二、所用设备

1. 直流稳压电源（0～30V）1 台；
2. 数字直流电压表（0～30V）1 块；
3. 开关 1 个；
4. 电阻（6.2kΩ）1 个；
5. 导线若干。

【任务实施】

一、直流稳压电源开路电压（电动势）的调节

1. 启动实验台电源，并开启直流稳压电源开关。

2. 将“输出粗调”开关拨到 0～10V 档，调节“输出细调”旋钮，从左到右顺时针旋转，使稳压电源上电压表指针示 8V，切断稳压电源备用（因电源自带指针表的精确度不够，还需用输入电阻很大的数字电压表精调）。

3. 选择数字式直流电压表的量程为 0～20V 档。

4. 打开稳压电源开关，观察数字式电压表的读数，通过调节“输出细调”旋钮，直至数字电压表显示为 8V（即电动势似为 8V），断电待用。

5. 用导线（红色）将数字电压表的“＋”端与 U_A 电源的“＋”（图 2-3 所示）端相连，用导线（黑色）将数字电压表的“－”端与 U_A 电源的“－”（图 2-3 所示）端相连。

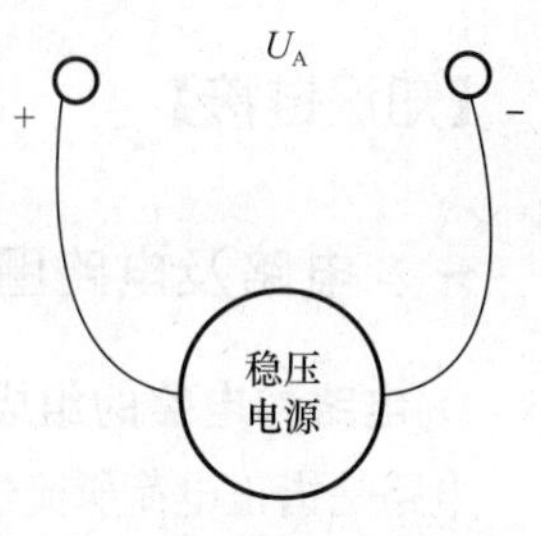

图 2-3　电源输出两个端子

二、电源端电压、电源电动势的测量

1. 打开电源，利用数字直流电压表，将电源电压调为 $U_A=8V$（即为电源电动势），断电备用。

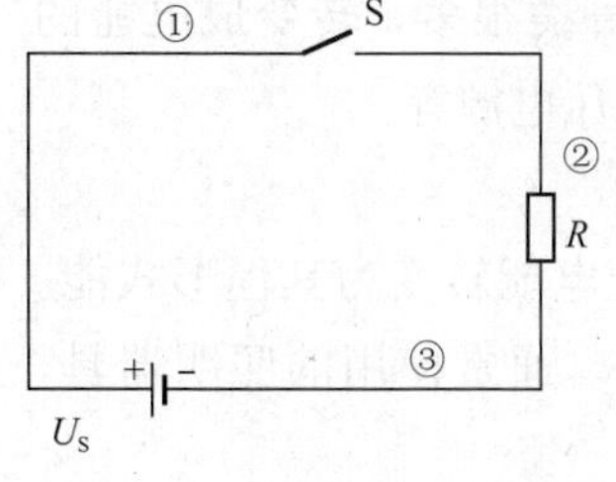

图 2-4　参数选取 $R=6.2k\Omega$

2. 根据图 2-4 所示连接电路，用导线①（红色）连接电源“＋”端与开关 S 的“左”端，用导线②连接开关 S 的“右”端及电阻的“上”端，用导线③（黑色）连接电阻的“下”端及电源“－”端，完成电路连接。

3. 数字直流电压表的“＋”、“－”端分别与电源电压的“＋”、“－”端相连（即将数字表并联到电源两端）。

4. 通电，即闭合开关 S，测量电源端电压，并将数据记录入表 2-1 中。

表 2-1

项目	S的状态	电路的状态	电源两端的电压测量	负载的电压测量
$U_A=8V$	断开			
	闭合			

5. 通电，但断开开关 S，测量电源端电压（电动势），并将数据记录入表 2-1 中。

三、负载两端电压的测量

1. 关闭电源开关，将直流数字电压表的“＋”、“－”端分别与负载灯的两端相连（即将数字表并联到负载两端），测量负载两端的电压。

2. 通电，即闭合开关 S，测量负载两端端电压，并将数据记录入表 2-1。

3. 通电，但断开开关 S，测量负载两端端电压，并将数据记录入表 2-1。

【评价】

接线	通电测试		有无故障	故障排除		规范性	得分
	读数正确	电路工作状态判断		独立排故	教师帮助下排故		

【知识链接】

一、电路及电路图

1. 电路和电路的组成

电路是指正电荷所流经的路径。即：由电气设备和电气元器件（如电阻、电容、电感、二极管、三极管和开关等），按照一定的方式连接起来，为电荷流通提供了整体的路径，简称回路。

电路由电源、负载、连接导线和辅助设备四大基本部分组成。

（1）电源

电源是提供电能的设备。电源的功能是把非电能转变成电能。例如，电池是把化学能转变成电能；发电机是把机械能转变成电能。由于非电能的种类很多，转变成电能的方式也很多，目前最常用的电源是干电池、蓄电池、发电机和稳压电源等。

（2）负载

在电路中使用电能的各种设备统称为负载。负载的功能是把电能转变为其他形式能。例如，电炉把电能转变为热能；电动机把电能转变为机械能等。通常使用的照明器具、家用电器、机床等都可称为负载。

（3）导线

导线是用来连接电源、负载和其他辅助设备的连接线，它能起着传导电能的作用。

（4）辅助设备

辅助设备是用来实现对电路的通断、控制、保护及测量等作用的设备。辅助设备包括各种开关（控制电路接通和断开的装置）、熔断器及测量仪表等。

2. 电路图

电路中实际电气元器件、电气设备及其连接线按规定图形符号所画成的图，称为电路图，如图 2-4 所示。

3. 电路工作状态

（1）开路

也称断路，是指电源与负载之间未接成闭合回路，电路中无电流通过。

（2）短路

是指电源未经过任何负载而直接由导线接通成闭合回路。当电路处于短路状态时，电路中电流比正常工作时大很多，易造成负载、导线、电源瞬间损坏（如温度过高烧坏导线、电源等）。严重时会引起火灾，所以绝不允许短路发生。

（3）通路

是指电源与负载连成回路，处处连通的回路中有电流存在。但要注意，处于通路状态的各种电气设备的电压、电流、功率等数值不能超过其额定值。

二、电流

1. 电流的形成

电荷的定向移动称为电流。在金属导体中，电流是电子（负电荷）在外电场作用下有规则地运动形成的。而在某些液体或气体中，电流则是正离子（正电荷）或负离子在电场力作用下有规则地运动形成的。

2. 电流的方向

在不同的导电物质中，形成电流的运动电荷可以是正电荷，也可以是负电荷，甚至两者都有。规定以正电荷移动的方向为电流的方向。

在分析或计算电路时，常常要求出电流的方向。但当电路比较复杂时，某段电路中电流的实际方向很难确定，此时通常先假定电流的参考方向，然后列方程求解。若求出的电流为正值，则说明电流的实际方向与参考方向一致，如图 2-5（a）所示；反之，电流为负值，则说明电流的实际方向与参考方向相反，如图 2-5（b）所示。

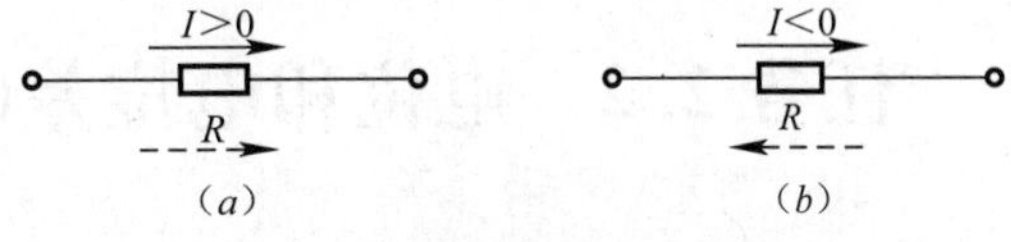

图 2-5　电流的方向

注：图中虚线为电流实际反向，实线为电流参考方向。

若电流的方向和大小恒定不变，称为稳恒电流，简称直流，用 DC 来表示；若电流的方向和大小都随着时间的变化而变化，则称为交变电流，简称交流，用 AC 来表示。由直流电源供电的电路，称为直流电路；同样，由交流电源供电的电路，称为交流电路。

3. 电流的大小及单位

电流的大小取决于在一定时间内通过导体横截面的电荷量的多少。通常规定用单位时间（1s）内通过导体横截面的电量来表示电流的大小，用字母 I 表示。若在 t 秒钟内通过导体横截面的电量是 Q，则电流 I 可以用式（2-1）表示：

$$I=\frac{Q}{t} \tag{2-1}$$

I——导体流过的电流，单位为安培（A）；

Q——单位时间内通过导体截面的电量，单位为库伦（C）。

电流的单位还有 kA、mA、μA，其换算关系为：

$$1\text{kA}=1\times10^{3}\text{A}$$

$$1\text{A}=1\times10^{3}\text{mA}$$

$$1\text{mA}=1\times10^{3}\mu\text{A}$$

4. 电流的测量工具——电流表

（1）电流表有直流和交流之分，分别用于测量直流电和交流电。

（2）电流表，又叫安培表，用来测电路中电流的大小，必须串接在被测电路中。电流表本身内阻非常小，所以绝对不允许不通过任何用电器而直接把电流表接在电源两极，这样会使通过电流表的电流过大，烧毁电流表。

（3）直流电流表外壳有“＋”、“－”接线柱，应和电路的电流方向相一致，不能接错，否则指针反偏，容易损害电流表。

（4）每个电流表都有一定的量程，即所能测得的最大值，称之为电流表的量程。一般被测电流的数值在电流表量程的一半以上，读数较为准确。因此在测量之前应先估计被测电流的大小，以便选择合适量程。若无法估计，可先用最大量程测量，若指针偏转不到 1/3 刻度，再改用小档量程去测量，直到测量数值较为准确为止。

【复习思考】

1. 电路由哪几部分组成？说明各部分的作用。
2. 闭合回路中，电源两端电压与负载两端电压有何关系？
3. 电路的工作状态有哪几种？
4. 电路中电流会因为电路的状态变化而变化吗？负载两端的电压会因为电路的状态变化而变化吗？

任务 2.2 电位和电位差的测量

【任务描述】

通过直流数字电压表直接测量电路中的电压，观察电压表的读数来理解电位、电位差（电压）的概念；了解电位、电位差的概念，掌握电压、电位以及电位差的区别。通过实际操作，进一步熟悉数字直流电压表的使用。

【学习支持】

一、现场演示（见图 2-6）

U_S＝12V 时，以图 2-7 中 C 点为参考点，测量另外两点 A、B 的电位。

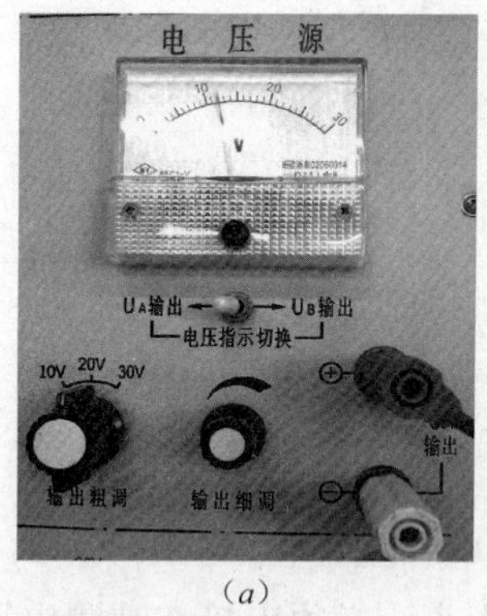

(a)

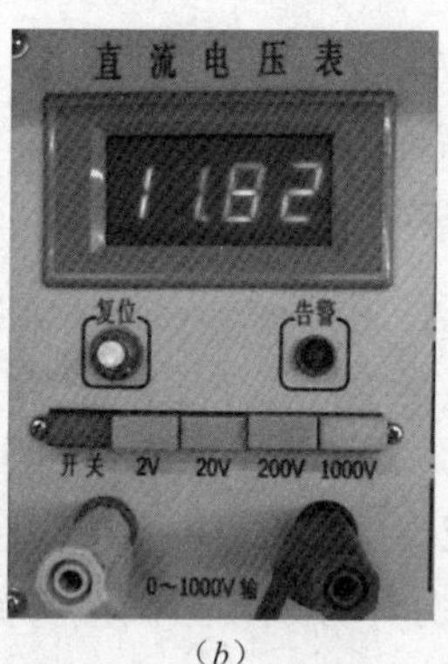

(b)

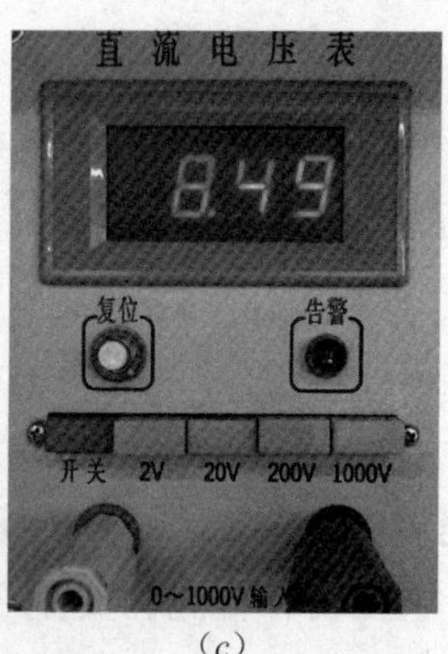

(c)

图 2-6 电位的测量演示

(a) U_S＝12V；(b) A 点电位；(c) B 点电位

二、所用设备

1. 直流稳压电源（0～30V）一台；
2. 数字直流电压表 1 块；
3. 电阻（200Ω、510Ω）各 1 个；
4. 导线若干。

【任务实施】

一、电路图如图 2-7 所示。

二、调直流稳压电源输出电压 $U_S = 12V$。切断稳压电源备用。

将直流电压表的“+”端与直流电源输出的“+”端相连，将数字直流电压表的“−”端与直流电源输出的“−”端相连，开启稳压电源开关，观察电压表示数，调节电源的幅值旋钮，使输出电压为 12V，切断稳压电源备用。

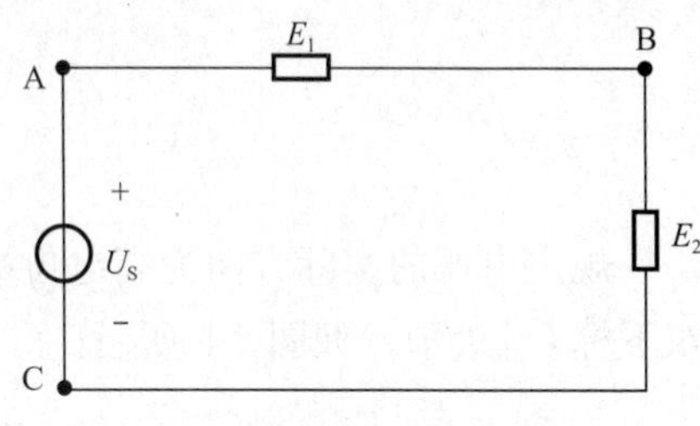

图 2-7　参数选取 $U_S = 12V$、$R_1 = 200\Omega$、$R_2 = 510\Omega$

三、按照图 2-7 所示连接实验电路，检查线路是否正确。

四、通电初试。观察现场，若有异常（如元件发热、电表指示异常等），应立即断电并再次检查。

五、通电初试正常后，分别以 A、B、C 为参考点，测量各点电位，并记录数据，填入表 2-2 中。

注意：以 C 为参考，则电压表“−”端始终接在 C 点，若要测 A 点电位 V_A 时，则电压表“+”端接在 A 点。以此类推。

六、测量电路中各段电压，并将数据记录在表 2-2 中。

注意：电压测量时，若要测 U_{AB}，则电压表“+”端接在 A 点。电压表“−”端接在 B 点。以此类推。

表 2-2

$U_S = 12V$	测量参数						计算		
	V_A	V_B	V_C	U_{AB}	U_{BC}	U_{AC}	$V_A - V_B$	$V_B - V_C$	$V_A - V_C$
C 为参考点									
A 为参考点									
B 为参考点									

【评价】

接线		有无故障	故障排除		通电测试		规范性	得分
电压表接线	电路接线		独立排故	教师帮助下排故	电路工作是否正常	读数是否正确		

【知识链接】

一、电压、电位与电动势

1. 电压

带电体的周围存在电场，电场对处在电场中的电荷有力的作用。当电场力使电荷移动时，电场力对电荷做了功。规定：电场力把单位正电荷由 a 点移向 b 点所作的功，称之为 a、b 两点间的电压，用符号 U_{ab}来表示。电压的单位是伏特，用 V 来表示。

电压常用的单位有：kV、mV、μV，其换算关系如下：

$$1\text{kV} = 1 \times 10^3\,\text{V}$$

$$1\text{V} = 1 \times 10^3\,\text{mV}$$

$$1\text{mV} = 1 \times 10^3\,\mu\text{V}$$

规定电压的实际方向为高电位端指向低电位端，在电路中用箭头，“+”、“−”或者双下标 U_{ab}表示，如图 2-8 所示。

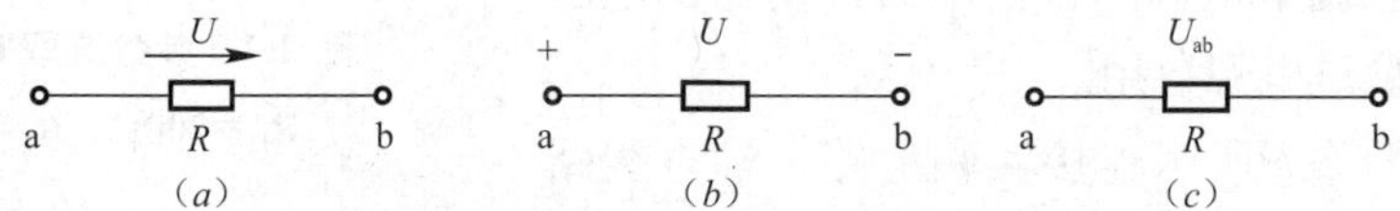

图 2-8　电压的方向

电压的参考方向也可以任意选定。但在外电路中常选择电压电流方向相同，称为关联参考方向，在电路图中只需标明一个参考方向（电压或电流）。若计算结果若为正，则实际方向与参考方向相同，若为负，则实际方向与参考方向相反。

2. 电位

在电路中任意选一点为参考点，那么电路中某点的电位就是该点到参考点的电压，即将单位正电荷从该点移动到参考点所作的功。电位用符号 φ 来表示，单位为伏（V）。

参考点的电位等于零，即 $\varphi_o=0$，所以，参考点又叫零电位点。高于参考点的电位是正电位，低于参考点的电位是负电位。

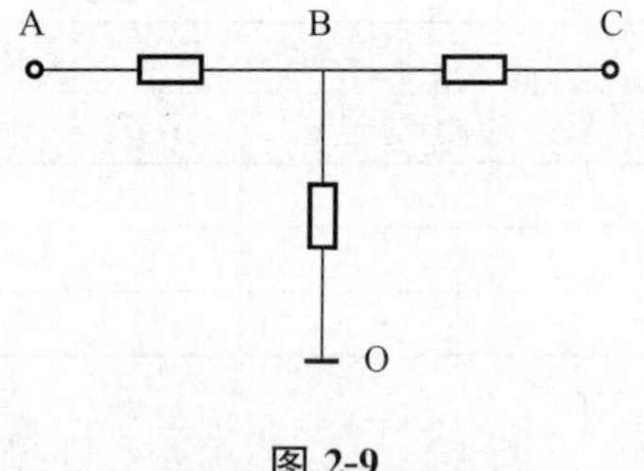

图 2-9

电路中任意两点间的电压等于两点间的电位之差，所以电压又称电位差。但注意：电路中某点的电位与参考点的选择有关，但两点间的电位差与参考点的选择无关。

【例 2-1】 如图 2-9 所示的电路中，以 O 为参点 $\varphi_A=9$V，$\varphi_B=5$V，$\varphi_C=-5$V，试求 U_{AB}、U_{BC}、U_{AC}、U_{CA}。

【解】 以 O 为参考点，则 $\varphi_o=0$

则，

$$U_{AB} = \varphi_A - \varphi_B = 9 - 5 = 4\text{V}$$

$$U_{BC} = \varphi_B - \varphi_C = 5 - (-5) = 10\text{V}$$

$$U_{AC} = \varphi_A - \varphi_C = 9 - (-5) = 14\text{V}$$

$$U_{CA} = \varphi_C - \varphi_A = -5 - 9 = -14\text{V}$$

电路中，参考点可以任意选择。在电力工程中，常取大地为参考点。因此，凡是外壳接大地的电气设备，其外壳都是零电位。有些不接大地的设备，在分析其工作原理时，常用许多元件汇集的公共点作为零电位即参考点，并在电路图中用符号“⊥”来表示；接大地则用符号“⏚”来表示，以示区别。

3. 电动势

电动势是描述电源性质的重要物理量。即电源利用局外力把正电荷从负极移到正极所做的功与该电荷电量的比值，称为电源的电动势。用式（2-2）表示为：

$$E=\frac{W_{外}}{q} \tag{2-2}$$

电动势用符号 E 来表示，单位用“伏（V）”来表示。

电动势只存在电源内部，数值上等于电源没有接入电路时两极间的电压，其方向是由电源负极指向正极，与电压方向相反，如图 2-10 所示。

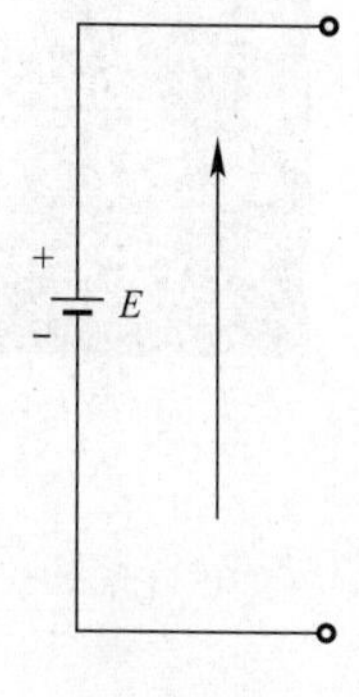

图 2-10

二、电动势与端电压的关系

电源的路端电压是指电源加在外电路两端的电压，是静电力把单位正电荷从正极经外电路移到负极所做的功。电源电动势对某种类型固定电源来说是不变的，而电源的路端电压却是随外电路的负载而变化的。

注意：只有当电源处在开路状态时（即 $I=0$），此时称电源开路端电压，开路端电压和电动势在数值上是相同的，并且也有相同的单位（V），但它们的物理意义不同。电动势仅仅存在于电源内部，而电压不仅存在于电源两端，也存在于电源外部。

电压的测量工具——电压表

（1）电压表有直流和交流之分，分别用于测量直流电压和交流电压。

（2）电压表并联在电路中。

（3）直流电压表有“＋”和“－”两个接线柱。直流电压表应保证“＋”接线柱接被测电路的高电位端，“－”接线柱接被测电路的低电位端，否则指针反偏，损坏电压表。

（4）在测量时，要注意量程的选择，量程选择要适当，通常应使指针指在满刻度的 2/3 处；量程的选择同电流表一样。

【复习思考】

1. 若一直流电源为 8V，当外部电路不接任何负载时，其电源端电压为多少伏？
2. 电压、电动势与电位之间有什么区别？
3. 电压表在使用的时候，有哪些注意事项？

任务 2.3　欧姆定律的验证

【任务描述】

通过改变电路中某一固定电阻两端的电压，来观察流过该电阻的电流的变化。通过客观的实验，得出部分电路欧姆定律，从而进一步理解欧姆定律的含义。

【学习支持】

一、现场演示（图 2-11 现场实测电压、电流）

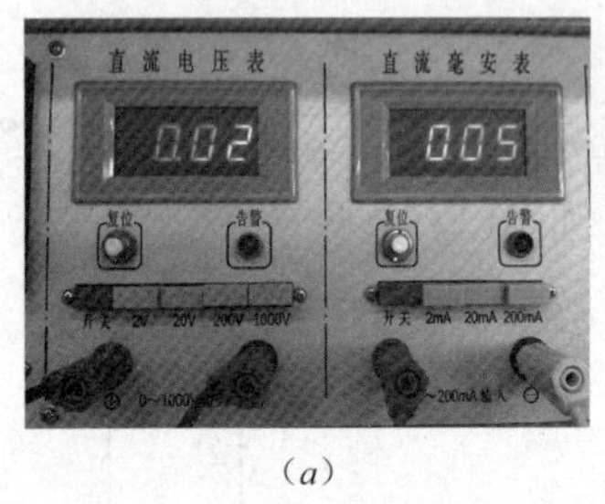

(a)

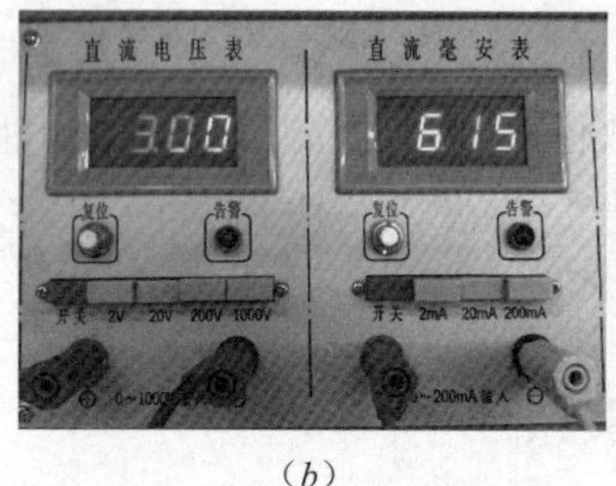

(b)

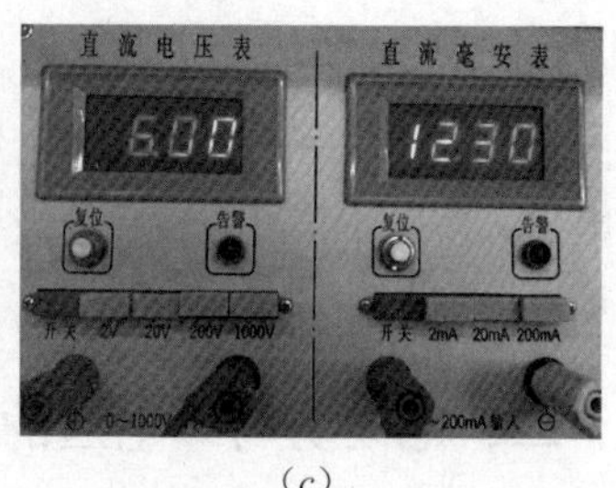

(c)

图 2-11　欧姆定律测量演示

(a) $U_S=0V$；(b) $U_S=3V$；(c) $U_S=6V$

二、所用设备

1. 直流稳压电源（0～30V）1 台；
2. 数字直流电压表 1 个；
3. 数字直流电流表 1 个；
4. 510Ω、1kΩ 电阻各 1 个；
5. 导线若干。

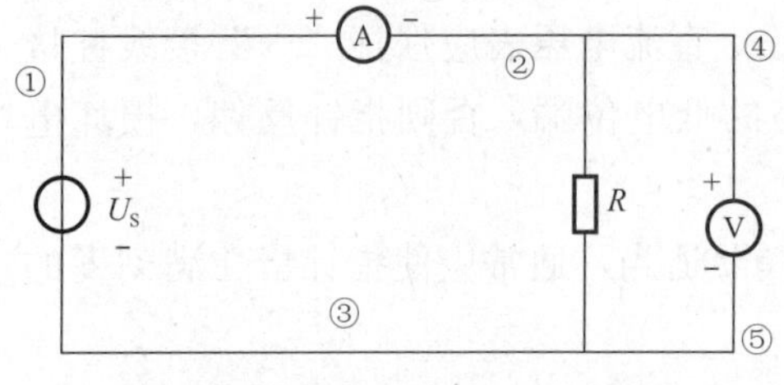

图 2-12　参数选取 $R=510\Omega$

【任务实施】

一、电路图，如图 2-12 所示。

二、调节直流稳压电源输出电压。

开启稳压电源开关，缓慢调节“左旋”输出电压旋钮，使输出电压为最小，切断稳压电源备用。

三、按照图 2-12 所示连接实验电路，检查线路是否正确。

用导线①（红色）连接电源“＋”端与数字直流电流表的“＋”端；用导线②连接数字直流电流表的“－”端与电阻 R 的“上”端；用导线③（黑色）连接电阻 R 的“下”端与电源“－”端；用导线④、⑤将数字直流电压表并在电阻 R 的两端。完成电路连接。

四、通电初试。观察现场，若有异常（如元件发热、电表指示异常等），应立即断电并再次检查。

五、通电初试正常后，按要求测量。

1. 观察数字直流电压表读数，缓慢调节直流稳压电源，使 U_S 值满足表 2-3 所列测量条件；例如 $U_S=0.5V$ 时，测量电流 I；$U_S=1V$ 时，测量电流 I；以此类推。

2. 读取数字直流电流表读数，并记录数据于表 2-3 中。

3. 重复以上两步，完成表 2-3。

表 2-3

测量条件	U_S	0V	0.5V	1V	2V	3V	4V	5V	6V	7V
$R=510\Omega$	量程选择									
	I									
$R=1k\Omega$	量程选择									
	I									

六、改变 R 的值，使 $R=1k\Omega$，重复以上步骤进行测量，将数据填入表 2-3 相应位置，说明验证结果。

【评价】

接线			有无故障	故障排除		通电测试		规范性	得分
电压表接线	电压表量程	电路接线		独立排故	教师帮助下排故	电路工作是否正常	读数正确		

【知识链接】

一、电阻与电导

1 电阻

当电流流过金属导体时，做定向运动的自由电子与金属中的带电粒子发生碰撞，所以导体在流通电流的同时，也对电流起着一定的阻碍作用。电阻就是反映导体对电流阻碍作用大小的一个物理量。

电阻的单位是欧姆，用字母 Ω 来表示，其常用的单位还有 MΩ、kΩ，它们之间的换算关系为：

$$1k\Omega = 1\times10^3\Omega$$

$$1M\Omega = 1\times10^3 k\Omega = 1\times10^6\Omega$$

2. 电阻率

物体的导电能力用电阻率表示，它是客观存在的。电阻率大的物体不容易导电，反之易导电。电阻率不随导体两端电压大小的变化而变化，它的大小决定于导体的材料、长度和横截面积，可按式（2-3）计算：

$$\rho = \frac{l}{S} \tag{2-3}$$

式中　ρ——称为材料的电阻率，单位为欧姆·米（Ω·m）；

l——导体的长度，单位为米（m）；

S——导体的面积，单位为平方米（m^2）。

电阻率小、容易导电的物体称为导体，电阻率大，不容易导电的物体称为绝缘体，导电能力介于导体和绝缘体之间的物体称为半导体。各种材料的电阻率都随温度而变化，利用某些材料对温度的敏感特性，可以制成热敏电阻。电阻值随温度升高而减小的热敏电阻称为负温度系数的热敏电阻；电阻值随温度升高而增大的热敏电阻称为正温度系数的热敏电阻。

3. 电导

电阻的倒数称为电导，用符号 G 来表示，即式（2-4）：

$$G=\frac{1}{R} \tag{2-4}$$

电导的单位是西门子，简称西，用符号 S 表示。导体的电阻越小，电导就越大。电导大就表示导体的导电性能良好。

二、欧姆定律

1. 部分电路欧姆定律

只含有负载而不包含电源的一段电路称为部分电路。如图 2-13 中虚线框中所示电路。

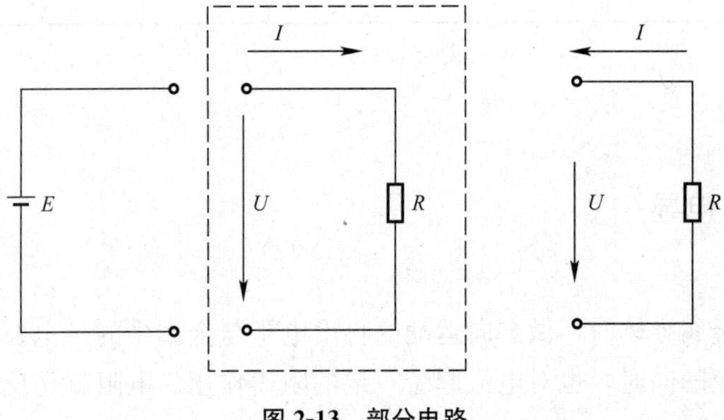

图 2-13　部分电路

通过实验可以知道：流过电阻的电流 I 与电阻两端的电压 U 成正比，与电阻成反比，这种规律称之为部分电路欧姆定律，用公式（2-5）表示为：

$$I=\frac{U}{R}\text{或}U=IR \tag{2-5}$$

从图 2-13 可以看出，电阻两端的电压方向是由高电位指向低电位，并且电位是逐渐降低的。

【例 2-2】 某白炽灯接在 220V 电源上，正常工作时流过的电流为 273mA，试求此时白炽灯灯丝的电阻。

【解】

$$R=\frac{U}{I}=\frac{220}{273\times10^{-3}}=805.9\Omega$$

如果以电压为横坐标，电流为纵坐标，可以画出电阻的电压与电流的关系曲线，称为此电阻的伏安特性曲线。如果伏安特性曲线是直线的电阻元件，称为线性电阻，如

图 2-14所示，其电阻值是不变的常数；否则，该电阻为非线性电阻，如图 2-15 所示。

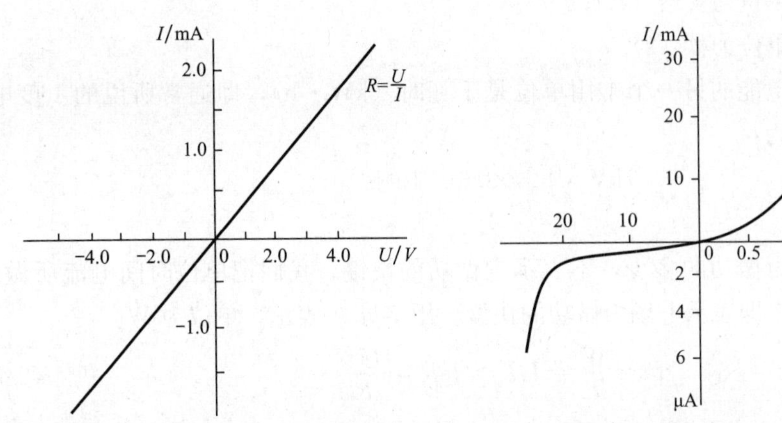

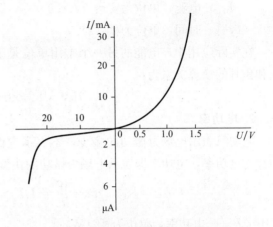

图 2-14　线性电阻的伏安特性曲线　　图 2-15　非线性电阻的伏安特性曲线

2. 全电路欧姆定律

全电路是指含有电源的闭合电路，如图 2-16 所示。电源内部的电路称为内电路（虚线框中为内电路）。电源内部一般都是有电阻的，这个电阻称为内电阻，简称内阻，用 r 来表示。电源外部的电路称外电路，外电路中的电阻称为外电阻。

通过实验可以验证，在一个闭合电路中，电流 I 与电源的电动势 E 成正比，与电路中内电阻和外电阻之和成反比，这个规律称为全电路欧姆定律，用式（2-6）表示为：

$$I=\frac{E}{R+r} \text{ 或 } U=E-Ir \tag{2-6}$$

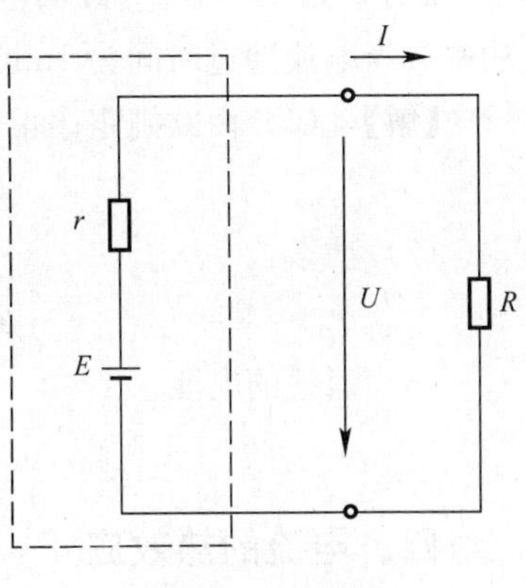

图 2-16　全电路

【例 2-3】　有一电源电动势 $E=4\text{V}$，内阻 $r=0.8\Omega$，外接负载电阻 $R=19.2\Omega$，求电源端电压和内压降。

【解】　$I=\dfrac{E}{r+R}=\dfrac{4}{0.8+19.2}=0.2\text{A}$

内压降：$U_r=Ir=0.2\times0.8=0.16\text{V}$

端电压：$U=IR=0.2\times19.2=3.84\text{V}$

三、电功和电功率

1. 电功

电流所做的功，简称电功（即电能），用字母 W 表示。如电流流过日光灯管时，日光灯发光；电流流过电阻时，电阻会发热。这说明电流流过用电设备时，用电设备将电源提供的电能转变成其他形式的能量，电流做功。

电流在一段电路上所作的功等于这段电路两端的电压 U、电路中的电流 I 和通电时间 t 三者的乘积，即式（2-7）：

$$W=UIt \tag{2-7}$$

式中　W——电功，单位为焦耳（J）；

U——电压，单位为伏（V）；

I——电流，单位为安培（A）；

t——时间，单位为秒（s）。

在实际应用中，电能的另一个常用单位是千瓦时（kW·h），即通常所说的1度电，它和焦耳的换算关系为：

$$1\text{kW}\cdot\text{h} = 3.6\times10^{6}\text{J}$$

2. 电功率

电功只表示电场力做功的多少，不表示它做功的快慢。我们把单位时间电流所做的功称为电功率，电功率即表示电场力做功的快慢。用字母 P 表示，单位为 W。

$$P = \frac{W}{t} = UI = I^2R = \frac{U^2}{R} \tag{2-8}$$

式中 P——电功率，单位为瓦（W）；

W——电功，单位为焦耳（J）；

t——时间，单位为秒（s）。

在实际应用中，电功率的单位还有 kW，它和瓦的换算为：

$$1\text{kW} = 10^{3}\text{W}$$

【例 2-4】 一个200Ω的电阻流过50mA的电流时，求电阻上的电压降和电阻消耗的功率，当电流通过时间为1min时，电阻消耗的电能为多少？

【解】（1）由欧姆定律得电压降：

$$U = IR = 0.05\times200 = 10\text{V}$$

（2）功率：

$$P = UI = 10\times0.05 = 0.5\text{W}$$

（3）消耗的电能：

$$W = Pt = 0.5\times60 = 30\text{J}$$

四、电流的热效应

电流通过导体时使导体发热的现象叫电流的热效应。电流与它流过导体时所产生的热量之间的关系可用式（2-9）表示：

$$Q = I^2Rt \tag{2-9}$$

这种热也称焦耳热（Q），单位是焦耳（J）。

当电阻元件通过电流时，由于电流的热效应，导体和周围空气的温度升高。但电流的热效应也有有害的一面。如电流通过输电线、电动机、变压器灯设备时，会使元件本身线圈发热。不仅使能量浪费，还造成温度过高而烧毁设备。所以电气设备安全工作时所允许的最大电流、最大电压和最大功率分别称为它们的额定电流、额定电压和额定功率。如常见的灯泡上的220V，60W或电阻上标出的100Ω，2W等都是额定值。

【复习思考】

1. 如图2-17所示电路，已知 E=110V，r=10Ω，负载 R=100Ω，求：该电路中的

电流、负载 R 上的电压降以及电源内阻 r 上的电压降。

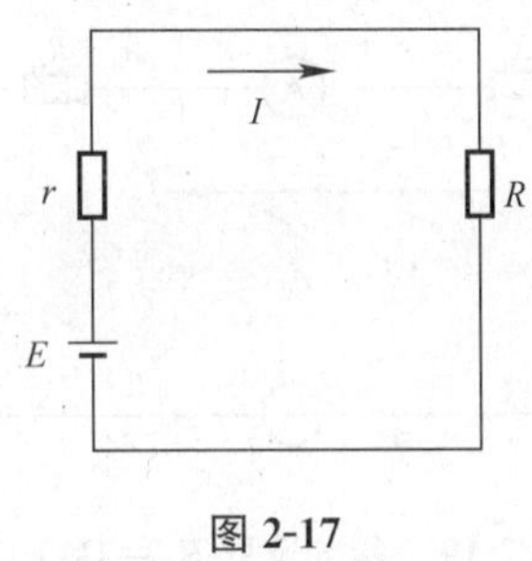

图 2-17

2. “220V，100W”的灯泡正常发光时，通过的电流 I 为多少？灯泡发光时电阻 R 为多大？若灯泡每天使用 4 小时，以一个月 30 天计算，一个月用几度电？

3. 把 220V，40W 灯泡接在 110V 电压上，这个灯泡用电时的功率还是 40W 吗？

任务 2.4　串联电路的连接与测量

【任务描述】

通过串联电路的连接与测量，根据实验结果分析串联电路中电压、电流以及电阻之间的关系；了解串联电路的特点以及串联电路分压的基本概念；会测量串联电路中的电压和电流，进一步熟悉和使用直流电压表和直流电流表。

【学习支持】

一、现场演示（图 2-18 现场实测电压、电流）

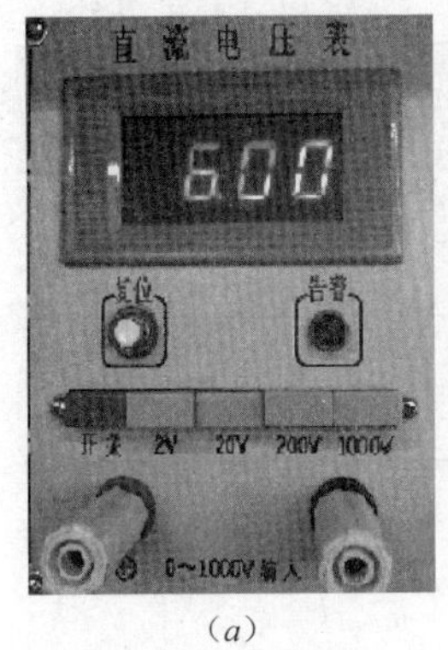

(a)

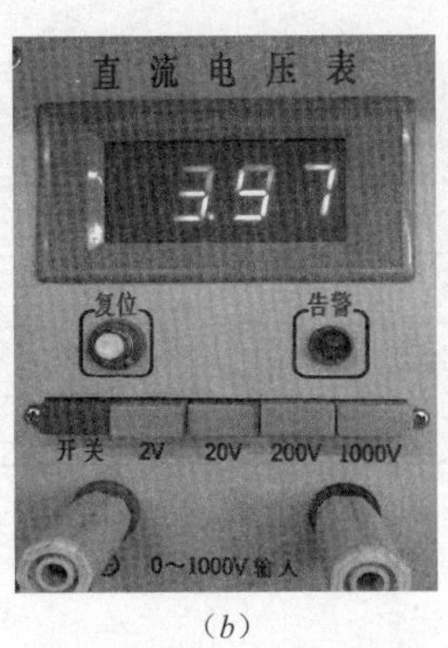

(b)

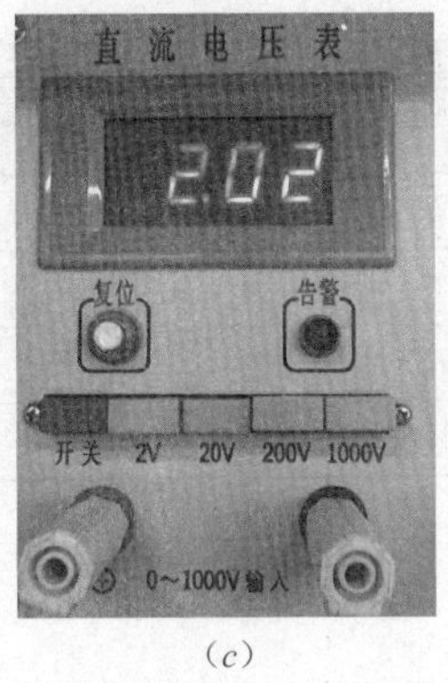

(c)

(d)

图 2-18　串联电路的连接测量演示

(a) $U_S=6V$；(b) U_{R1}；(c) U_{R2}；(d) 电流 I

二、所用设备

1. 直流稳压电源（0～30V）1 台；
2. 数字直流电压表 1 块；
3. 数字直流电流表 1 块；
4. 1kΩ、6. 2kΩ、510Ω 电阻各 1 个；
5. 导线若干。

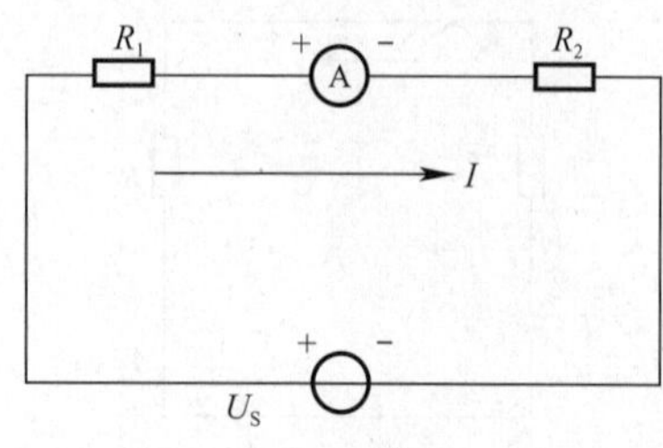

图 2-19　参数选取 $R_1=1k\Omega$、$R_2=510\Omega$

【任务实施】

一、电路图如图 2-19 所示。

二、调节直流稳压电源输出电压 $U_S=6V$。

开启稳压电源开关，用数字直流电压表监测，使输出电压为 6V，切断稳压电源备用。

三、按照图 2-19 所示连接实验电路，检查线路是否正确。

1. 通电初试。观察现场，若有异常（如元件发热、电表指示异常等），应立即断电并再次检查。

2. 通电初试正常后，按要求测量，并记录数据，填入表格 2-4 中。

（1）$U_S=6V$ 时，测量 U_{R1}、U_{R2} 和 I 的值；

（2）$U_S=12V$ 时，测量 U_{R1}、U_{R2} 和 I 的值。

3. 改变 R_2 的值使 $R_2=6.2k\Omega$，按照图 2-19 重连接实验电路，检查线路是否正确。

（1）通电初试。观察现场，若有异常（如元件发热、电表指示异常等），应立即断电并再次检查。

（2）通电初试正常后，按要求测量，并记录数据，填入表格 2-4 中。

① $U_S=6V$ 时，测量 U_{R1}、U_{R2} 和 I 的值；

② $U_S=12V$ 时，测量 U_{R1}、U_{R2} 和 I 的值。

表 2-4

所测项目 / 测量条件		U_{R1}	U_{R2}	I	$U_{R1}:U_{R2}$
$R_1=1k\Omega$ $R_2=510\Omega$	$U_S=6V$				
	$U_S=12V$				
$R_1=1k\Omega$ $R_2=6.2k\Omega$	$U_S=6V$				
	$U_S=12V$				

【评价】

接线			有无故障	故障排除		通电测试		规范性	得分
电压表接线	电压表量程	电路接线		独立排故	教师帮助下排故	电路工作是否正常	读数正确		

【知识链接】

一、电阻的串联

把两个或两个以上的电阻，一个接一个地连成一串，使电流只有一条通路的连接方式。如图 2-20 所示：

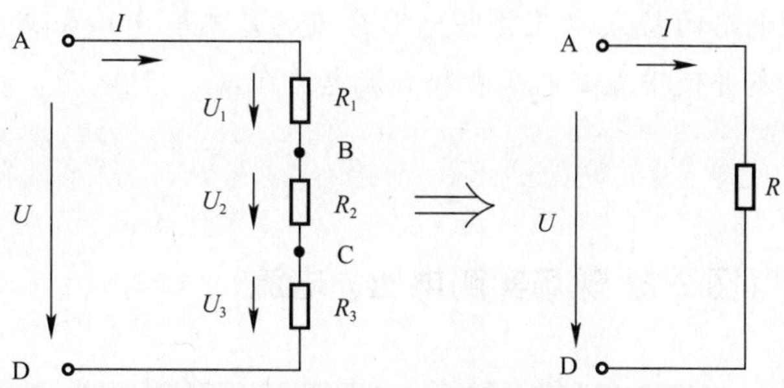

图 2-20 电阻的串联及其等效电路

二、串联电路的特点：

1. 电路中流过每个电阻的电流都相等，即式（2-10）

$$I = I_1 = I_2 = I_3 = \cdots = I_n \tag{2-10}$$

2. 电路两端的总电压等于各电阻两端的电压之和，即式（2-11）

$$U = U_1 + U_2 + U_3 + \cdots + U_n \tag{2-11}$$

3. 电路的等效电阻（即总电阻）等于各串联电阻之和，即式（2-12）

$$R = R_1 + R_2 + R_3 + \cdots + R_n \tag{2-12}$$

4. 电路中各电阻两端的电压与各电阻的阻值成正比，即式（2-13）

$$U_1 = IR_1 \quad U_2 = IR_2$$

则：

$$\frac{U_n}{U} = \frac{R_n}{R} \tag{2-13}$$

故各电阻电压与总电压之比等于各个电阻与总电阻之比。

【例 2-5】 有一只万用表，表头等效内阻 $R_a = 10\text{k}\Omega$，满刻度电流（即允许通过的最大电流）$I_a = 50\mu\text{A}$，如改装成量程为 10V 的电压表，应串联多大的电阻？

【解】 按题意，当表头满刻度时，表头两端电压 U_a 为：

$$U_a = I_a R_a = 50 \times 10^{-6} \times 10 \times 10^3 = 0.5\text{V}$$

设量程扩大到 10V 需要串入的电阻为 R_x，则：

$$R_x = \frac{U_x}{I_a} = \frac{U - U_a}{I_a} = \frac{10 - 0.5}{50 \times 10^{-6}} = 190\text{k}\Omega$$

【复习思考】

1. 已知：电阻 $R_1 = R_2 = 50\Omega$，$R_3 = 100\Omega$，串联后接在 $U = 8\text{V}$ 的直流电源上，试求：（1）电路中的电流；（2）各电阻上的电压；（3）各个电阻消耗的功率。

2. 内阻为 9kΩ、量程为 1V 的电压表串联电阻后，量程扩大为 10V，则串联电阻为多少 Ω？

任务 2.5 并联电路的连接与测量

【任务描述】

通过并联电路的连接与测量，根据实验结果分析并联电路中电压、电流以及电阻之间的关系；了解并联电路的特点以及并联电路分流的基本概念；会测量并联电路中的电压和电流，进一步熟悉并使用直流电压表和直流电流表。

【学习支持】

一、现场演示（图 2-21 现场实测电压、电流）

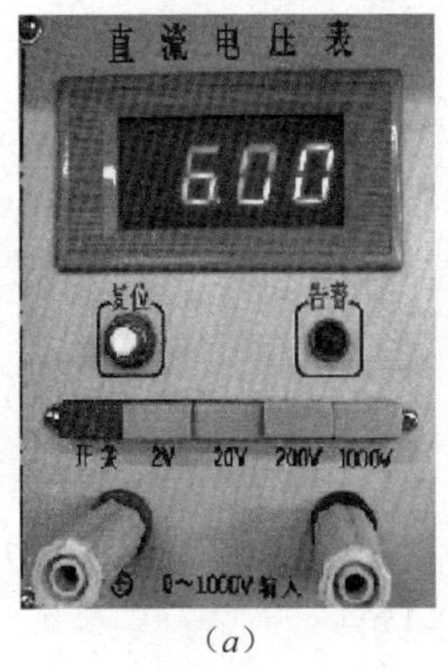

(a)

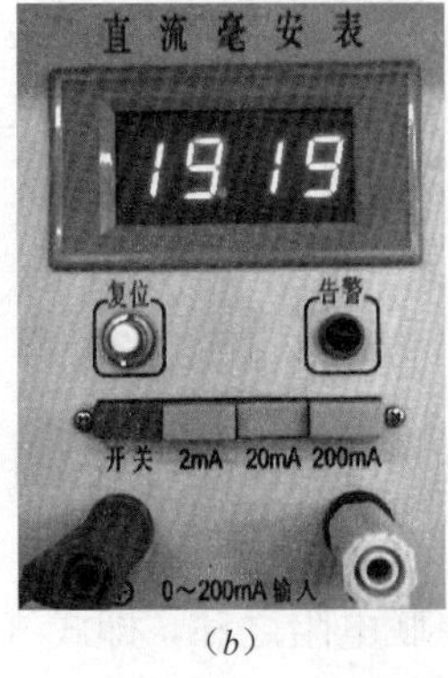

(b)

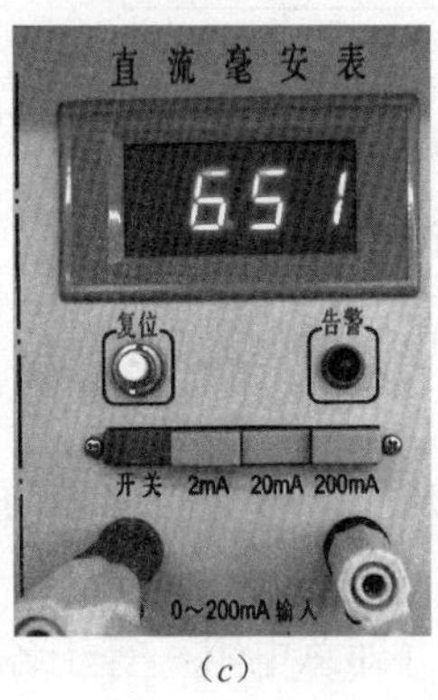

(c)

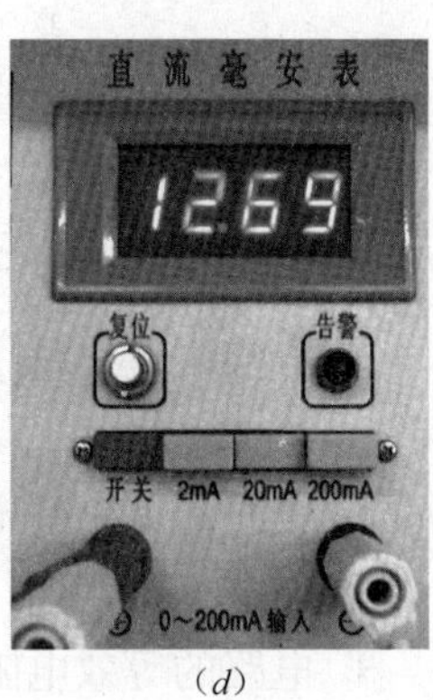

(d)

图 2-21　并联电路的连接测量演示

(a) $U_S=6V$；(b) I；(c) I_1；(d) I_2

二、所用设备

1. (0～30) V 的直流稳压电源 1 台；
2. 数字直流电压表 1 块；
3. 数字直流电流表 1 块；
4. 1kΩ、6.2kΩ、510Ω 电阻各 1 个；
5. 导线若干。

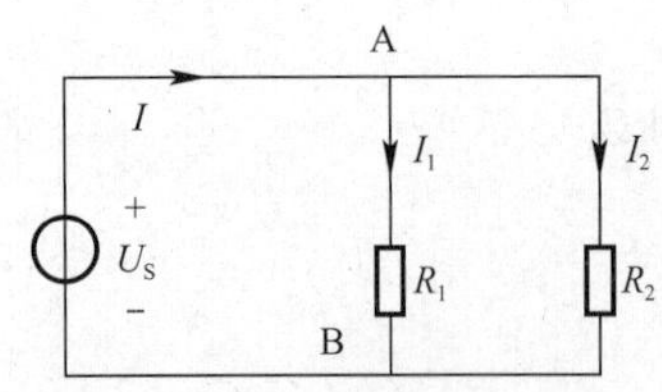

图 2-22　参数选取 $U_S=6V$、$R_1=510\Omega$、$R_2=1k\Omega$

【任务实施】

一、电路图如图 2-22 所示。

二、调节直流稳压电源输出电压 $U_S=6V$。

开启稳压电源开关，用直流电压表监测，使输出电压为 6V，切断稳压电源备用。

三、按照图 2-22 连接实验电路，检查线路是否正确。

四、通电初试。观察现场，若有异常（如元件发热、电表指示异常等），应立即断电并再次检查。

五、通电初试正常后，按要求测量，并记录数据，填入表格 2-5 中。

1. $U_S=6V$ 时，测量 I_1 和 I_2 的值；
2. $U_S=12V$ 时，测量 I_1 和 I_2 的值。

【提醒】 测量 I_1 时，拆掉连接 A 点与电阻 R_1 的导线，（用电流表代替导线，串入电路

中）测电流；测量 I_2 时，拆掉连接 A 点与电阻 R_2 的导线，串入电流表测电流。以此类推。

六、改变 R_2 的值，使 $R_2=6.2\text{k}\Omega$，按照图 2-22 重新连接实验电路，检查线路是否正确。

1. 通电初试。观察现场，若有异常（如元件发热、电表指示异常等），应立即断电并再次检查。

2. 通电初试正常后，按要求测量，并记录数据，填入表格 2-5 中。

（1）$U_S=6\text{V}$ 时，测量 I_1、I_2、I 和 U_{R1}、U_{R2} 的值；

（2）$U_S=12\text{V}$ 时，测量 I_1、I_2、I 和 U_{R1}、U_{R2} 的值。

表 2-5

测量条件 \ 所测项目		I	I_1	I_2	U_{R1}	U_{R2}	$I_1:I_2$
$R_1=510\Omega$ $R_2=1\text{k}\Omega$	$U_S=6\text{V}$ 时						
	$U_S=12\text{V}$ 时						
$R_1=510\Omega$ $R_2=6.2\text{k}\Omega$	$U_S=6\text{V}$ 时						
	$U_S=12\text{V}$ 时						

【评价】

接线			有无故障	故障排除		通电测试		规范性	得分
电压表接线	电压表量程	电路接线		独立排故	教师帮助下排故	电路工作是否正常	读数正确		

【知识链接】

一、电阻的并联

把两个或两个以上的电阻并列地连接在两点之间，使每一电阻两端都承受同一电压的连接方式。如图 2-23 所示。

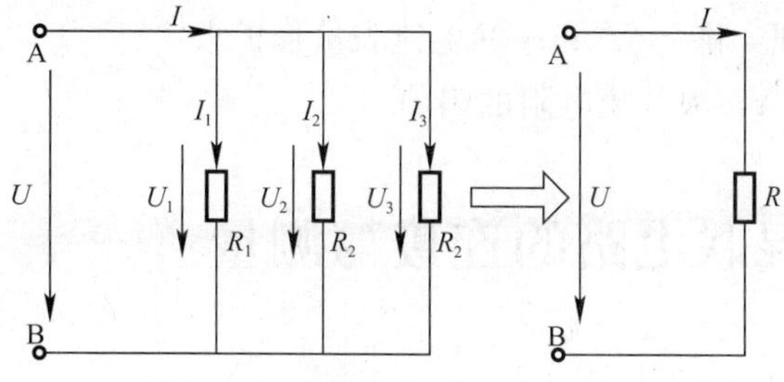

图 2-23　并联电路及其等效电路

二、并联电路的特点：

1. 电路中各电阻两端的电压相等，并且等于电路两端的电压，即式（2-14）：

$$U = U_1 = U_2 = U_3 = \cdots = U_n \tag{2-14}$$

2. 电路的总电流等于各电阻中的电流之和，即式（2-15）：

$$I = I_1 + I_2 + I_3 + \cdots + I_n \tag{2-15}$$

3. 电路的等效电阻（即总电阻）的倒数等于各并联电阻的倒数之和，即式（2-16）：

$$\frac{1}{R} = \frac{1}{R_1} + \frac{1}{R_2} + \frac{1}{R_3} + \cdots + \frac{1}{R_n} \tag{2-16}$$

4. 在电阻并联电路中，各支路分配的电流与支路的电阻值成反比，即式（2-17）：

$$I_1 = \frac{U}{R_1} \quad I_2 = \frac{U}{R_2}$$

$$\frac{I_n}{I} = \frac{R}{R_n} \tag{2-17}$$

故：各支路电流与总电流之比等于总电阻与支路电阻之比。

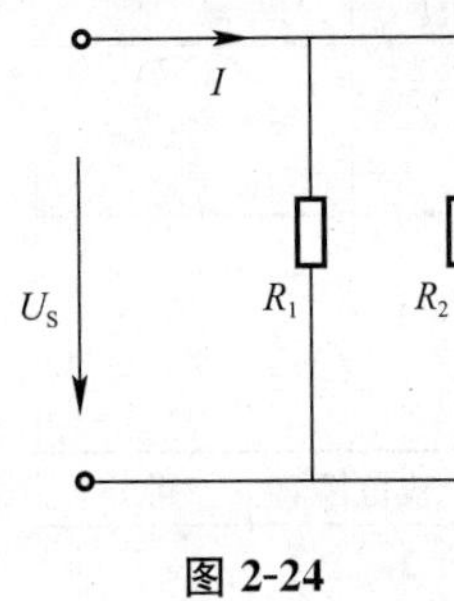

图 2-24

【例 2-6】 电路如图 2-24 所示，$U_s=10V$ 的电源，并联电阻 $R_1=R_2=10\Omega$，试求并联以后总电阻 R 为多少？同时总电流 I 以及流过电阻 R_1、R_2 的电流 I_1、I_2 的值为多少？

【解】 根据公式（2-17）得：

$\frac{1}{R}=\frac{1}{R_1}+\frac{1}{R_2}=\frac{1}{10}+\frac{1}{10}=\frac{1}{5}$，则总电阻 $R=5\Omega$

所以，$I=\frac{U_S}{R}=\frac{10}{5}=2A$

$$I_1 = \frac{U_S}{R_1} = \frac{10}{10} = 1A \quad I_2 = \frac{U_S}{R_2} = \frac{10}{10} = 1A$$

【复习思考】

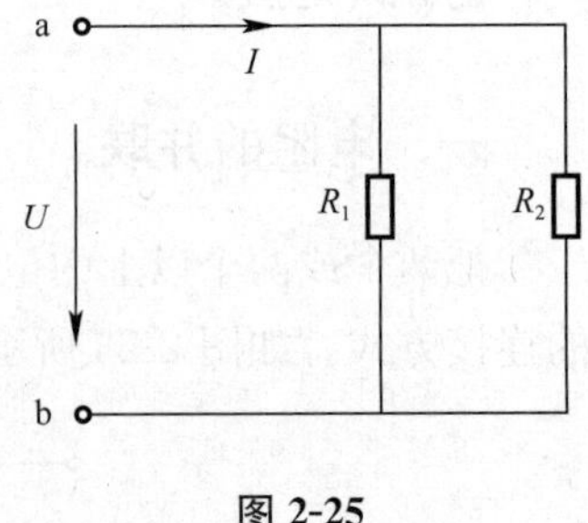

图 2-25

1. 电路如图 2-25 所示，$U_{ab}=30V$，总电流 $I=75mA$，$R_1=1.2k\Omega$。

试求：(1) 通过 R_1、R_2 的电流 I_1、I_2 的值；

(2) 电阻 R_2 为多少？

2. 试利用分流原理，将一个 5mA 的电流表量程扩大 10 倍，已知电流表的内阻 r，求分流电阻的阻值。

任务 2.6　混联电路的连接与测量

【任务描述】

通过混联电路的连接与测量，根据实验结果分析混联电路中总电压、总电流以及等效电阻之间的关系；了解等效电阻的概念；会测量混联电路中两点之间的电压和分支电流，进一步熟悉测量直流电压和直流电流的方法。

【学习支持】

一、现场演示（图 2-26 现场实测电压、电流）

(a)　(b)　(c)　(d)　(e)　(f)　(g)

图 2-26　混联电路的连接与测量演示

(a) U_S=6V；(b) I_1；(c) I_2；(d) I_3；(e) U_{AB}；(f) U_{BC}；(g) U_{AC}

二、所用设备

1. 直流稳压电源（0～30V）1 台；
2. 数字直流电压表 1 块；
3. 数字直流电流表 1 块；
4. 1kΩ、6.2kΩ、510Ω 电阻各 1 个；
5. 导线若干。

【任务实施】

一、电路图如图 2-27 所示。

二、调节直流稳压电源输出电压使 U_S=6V，切断稳压电源备用。

三、按照图 2-27 连接电路，并检查线路是否正确。

四、通电初试。观察现场，若有异常（如元件发热、电表指示异常等），应立即断电

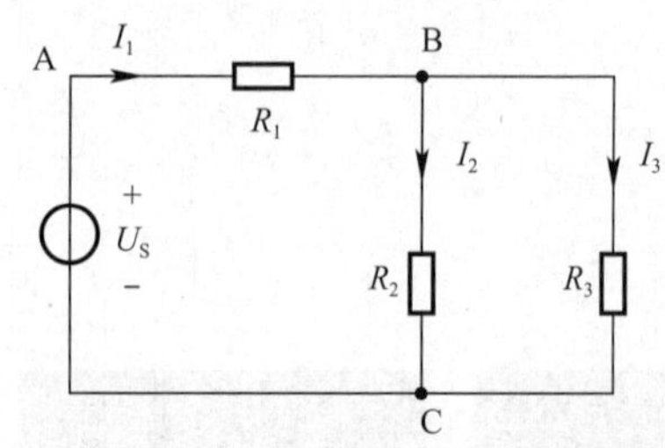

图 2-27 参数选取 $U_S=6V$、$R_1=510\Omega$、$R_2=6.2k\Omega$、$R_3=1k\Omega$。

并再次检查。

五、通电初试正常后，按要求测量各参数，并记录数据。

注意：测量电压时，电压表应该并联（原电路不需变动）；测量电流时，电流表应该串联（用电流表代替导线，串入电路中）。

1. 电路中各段电压的测试。按要求测量各段电压值，并记录数据，填入表格 2-6 中。

表 2-6

项目	U_{AB}	U_{BC}	U_{AC}	U_{R1}	U_{R2}	U_{R3}
计算值						
电压表量程						
测量值						

2. 电路中各处电流的测试。按要求测量各处电流值，并记录数据，填入表格 2-7 中。

表 2-7

项目	I_1	I_2	I_3
计算值			
量程			
测量值			

六、根据本次实验测量的电压、电流数据，计算该电路中 A、C 两点间的总电阻 R_{AC} 值 R_{AC}＝________。

【评价】

接线			有无故障	故障排除		通电测试		规范性	得分
电压表接线	电压表量程	电路接线		独立排故	教师帮助下排故	电路工作是否正常	读数正确		

【知识链接】

一、电阻的混联

电路中电阻元件既有串联又有并联的连接方式，称为混联。图 2-28 所示的电路就是一些电阻的混联电路。

对于电阻混联电路的计算，只需根据电阻串、并联的规律逐步求解即可，但对于某些较为复杂的电阻混联电路，比较有效的方法就是画出等效电路图，然后计算其等效电阻。

等效电路如何画出？以下面具体的例子说明。

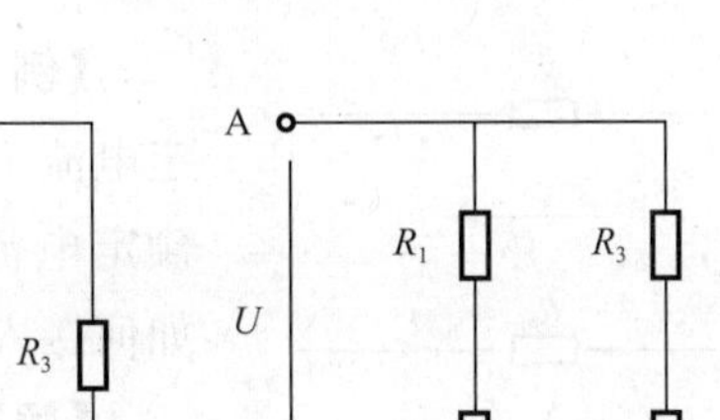

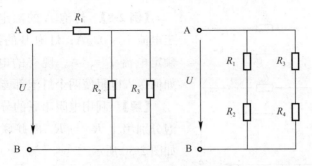

图 2-28　电阻混联电路举例

【例 2-7】 如图 2-29（*a*）所示，求电路 AB 两点间的等效电路 R_{AB}，其中 $R_1=R_2=R_3=4\Omega$，$R_4=R_5=8\Omega$。

【解】（1）按要求在原电路中标出字母 C，如图 2-29（*b*）所示；

（2）将 A、B、C 各点沿水平方向排列，并将 $R_1 \sim R_5$ 依次填入相应的字母之间。R_1 与 R_2 串联在 A、C 间，R_3 在 B、C 之间，R_4 在 A、B 之间，R_5 在 A、C 之间，即可画出等效电路图，如图 2-29（*c*）所示。

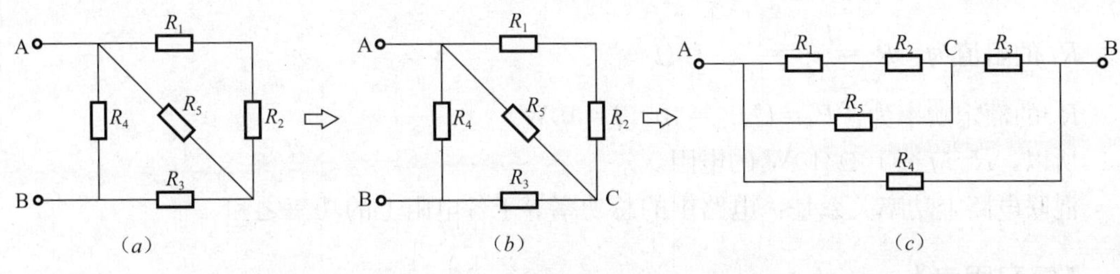

图 2-29

（3）由等效电路可求出 AB 间的等效电阻，即：

$$R_{12}=R_1+R_2=4+4=8\Omega$$

$$R_{AC}=\frac{R_{12}\times R_5}{R_{12}+R_5}=\frac{8\times 8}{8+8}=4\Omega$$

$$R_{AC串3}=R_{125}+R_3=4+4=8\Omega$$

$$R_{AB}=\frac{R_{1253}\times R_4}{R_{1253}+R_4}=\frac{8\times 8}{8+8}=4\Omega$$

以上介绍的等效变换方法并不是唯一求解等效电阻的方法。其他的方法如利用电流的流向及电流的分、合，画出等效电路图方法；利用电路中各等电位点分析电路，画出等效电路等。无论哪一种方法，都是将不易看清串、并联关系的电路，等效为可直接看出串、并联关系的电路，然后求出其等效电阻。

二、等效电路中各电阻上的电压、电流的求解步骤

1. 求出该电路的等效电阻；
2. 应用欧姆定律求出总电流；
3. 应用电流分流公式和电压分压公式，分别求出各电阻上的电压和电流。

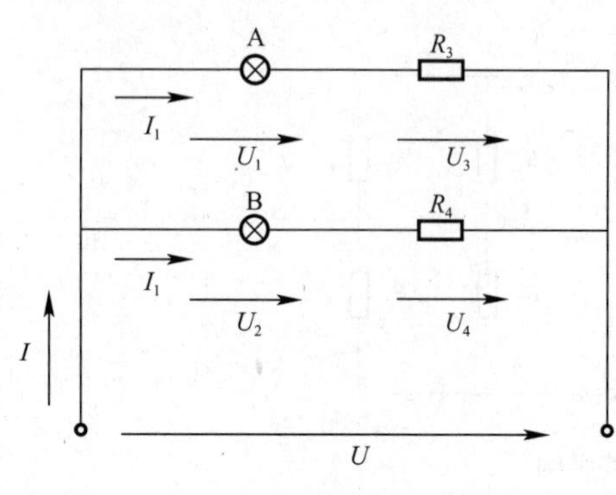

图 2-30

【例 2-8】 灯泡 A 的额定电压 $U_1=6$V，额定电流 $I_1=0.5$A；灯泡 B 的额定电压 $U_2=2$V，额定电流 $I_2=1$A。现有的电源电压 $U=12$V，如何接入电阻使两个灯泡都能正常工作？

【解】 利用电阻串联的分压特点，将两个灯泡分别串上 R_3 与 R_4 再并联，然后接上电源，如图 2-30 所示。

下面分别求出使两个灯泡正常工作时，R_3 与 R_4 的额定值。

（1）R_3 两端电压为：$U_3=U-U_1=12-6=6$V

R_3 的阻值为：$R_3=\dfrac{U_3}{I_1}=\dfrac{6}{0.5}=12\Omega$

R_3 的额定功率为：$P_3=U_3I_1=6\times0.5=3$W

所以，R_3 应选 12Ω/3W 的电阻。

（2）R_4 两端电压为：

$U_4=U-U_2=12-2=10$V

R_4 的阻值为：$R_4=\dfrac{U_4}{I_2}=\dfrac{10}{1}=10\Omega$

R_4 的额定功率为：$P_4=U_4I_2=10\times1=10$W

所以，R_4 应选 10Ω/10W 的电阻。

混联电路上功率关系是：电路中的总功率等于各电阻上的功率之和。

【复习思考】

1. 电路如图 2-31 所示：$E=8$V，$R_1=1.6\Omega$，$R_2=4\Omega$，$R_3=6\Omega$，求每个电阻中流过的电流？

2. 电路如图 2-32 所示，已知 $R_1=R_2=R_3=18\Omega$，求 AB 两点之间的总电阻 $R_总$ 为多少？

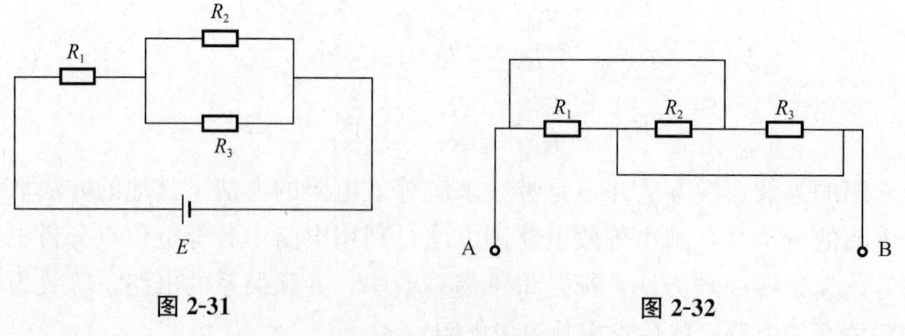

图 2-31　　图 2-32

任务 2.7　基尔霍夫电流定律的验证

【任务描述】

通过复杂电路的连接与基本电参量的测量，得出支路电流之间的关系，用实验方法

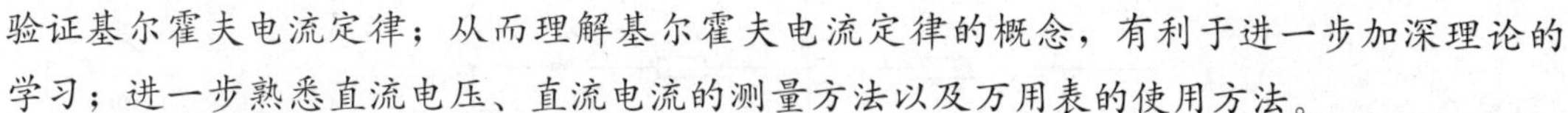

验证基尔霍夫电流定律；从而理解基尔霍夫电流定律的概念，有利于进一步加深理论的学习；进一步熟悉直流电压、直流电流的测量方法以及万用表的使用方法。

【学习支持】

一、现场演示（图 2-33 现场实测电压、电流）

图 2-33　基尔霍夫电流定律验证演示

(*a*) 万用表表棒位置；(*b*) 万用表调整 U_{S1}、U_{S2} 的档位和指针读；(*c*) I_1；(*d*) I_2；(*e*) I_3

二、所用设备

1. 直流稳压电源（0～30V）2 台；
2. 万用表 1 块；
3. 1kΩ、6.2kΩ、510Ω 电阻各 1 个；
4. 导线若干。

【任务实施】

一、电路图如图 2-34 所示。

二、调节直流稳压电源输出电压。

开启稳压电源开关，缓慢调节输出电压调节旋钮使第一路输出电压为 12V、第二路

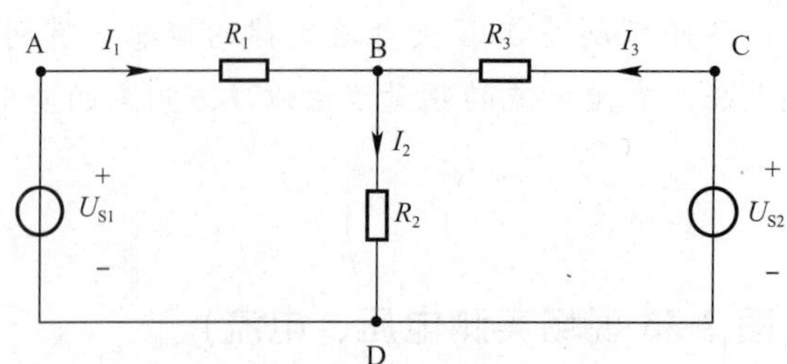

图 2-34　参数选取 $U_{S1}=12V$、$U_{S2}=6V$、$R_1=1k\Omega$、$R_2=2k\Omega$、$R_3=510\Omega$。

为 6V（万用表表头指示数），切断稳压电源备用。

三、按照图 2-34 连接实验电路，检查线路是否正确。

四、通电初试。观察现场，若有异常（如元件发热、电表指示异常等），应立即断电并再次检查。

五、通电初试正常后，按要求测量各支路电流，并记录数据。

1. 测量 I_1，并记录数据到表 2-8 中。

切断稳压电源，拆下 U_{S1} 与 R_1 间连线。将万用表置为测量直流电流档，“红”表笔接 U_{S1} 正端、“黑”表笔接 R_1 端（即电流为红笔“进”，黑笔“出”），开启稳压电源开关，测量电流 I_1，切断稳压电源，恢复 U_{S1} 与 R_1 间连线。

2. 同样方法测量 I_2、I_3，测量数据记入表 2-8 中，说明验证结果。

注意：测量电流时，电流表应该串联到电路中（即用电流表代替导线）。

表 2-8

项目	U_{S1}	U_{S2}	I_1	I_2	I_3	I_1+I_2
万用档位						
万用表量程						
测量值						

【评价】

<table>
<tr><th colspan="3">接线</th><th rowspan="2">有无故障</th><th colspan="2">故障排除</th><th colspan="2">通电测试</th><th rowspan="2">规范性</th><th rowspan="2">得分</th></tr>
<tr><th>电压表接线</th><th>电压表量程</th><th>电路接线</th><th>独立排故</th><th>教师帮助下排故</th><th>电路工作是否正常</th><th>读数正确</th></tr>
<tr><td></td><td></td><td></td><td></td><td></td><td></td><td></td><td></td><td></td><td></td></tr>
</table>

【知识链接】

一、基尔霍夫定律

1. 有关概念

（1）支路

由一个或几个元件首尾相连串接构成的一段电路（无分支电路）。可以从三个方面来说明它：①每个元件就是一条支路，如图 2-35 中 ab、bd；②串联的元件我们视它为一条

支路，如图 2-35 中 aec；③流入等于流出的电流的支路。

（2）节点：三条或三条以上支路的连接点。如图 2-35 中 a，b，c，d 点。

（3）回路：电路中任意一个闭合路径称为回路。如图 2-35 中 abda，bcdb。

（4）网孔：①内部不含支路的回路。如图 2-35 中 abcea；②网孔一定是回路，但回路不一定是网孔，如图 2-35 中 abcda（因为 abcda 回路中含有支路 bd，故 abcda 不是网孔）。

2. 基尔霍夫第一定律

基尔霍夫第一定律又称节点电流定律（KCL）。其内容：电路中任意一个节点上，流入节点的电流之和等于流出该节点的电流之和，即式（2-18）：

$$\sum I_{进} = \sum I_{出} \tag{2-18}$$

如图 2-36 所示，有六条支路汇于节点 O 点，其中 I_1、I_2 和 I_6 流入节点的，I_3、I_4 和 I_5 流出该节点，则可得：

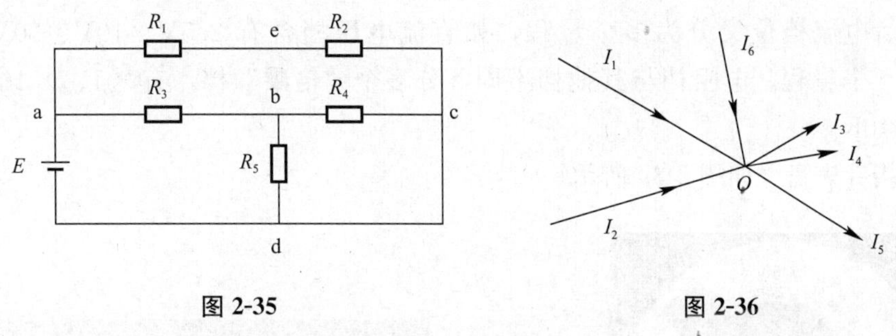

图 2-35　　　　图 2-36

$$I_1 + I_2 + I_6 = I_3 + I_4 + I_5$$

或：$$I_1 + I_2 + I_6 - I_3 - I_4 - I_5 = 0$$

规定流入节点的电流为正，流出节点的电流为负，则基尔霍夫第一定律内容可以表示为：电路中任意一个节点上，电流的代数和恒等于零，即式（2-19）：

$$\sum I = 0 \tag{2-19}$$

在应用基尔霍夫第一定律求解未知电流时，可先任意假设支路电流的参考方向，列出节点电流方程。通常可将流进节点的电流取正，流出节点的电流取负，再根据计算值的正负来确定未知电流的实际方向。有些支路的电流可能是负，这是由于所假设的电流方向与实际方向相反。

【例 2-9】 如图 2-37 所示，两个电阻都为 6Ω，电源为 3V，求电流 I？

【分析】 因为 A 点接地，所以 $U_A=0$，根据 KCL 定律我们来求解。

【解】 先求 $I_1=3/6=0.5\text{A}$；$I_2=3/6=0.5\text{A}$

再由 KCL 定律得：$I_1+I_2+I=0$，则：$-I=I_1+I_2=0.5+0.5=1\text{A}$

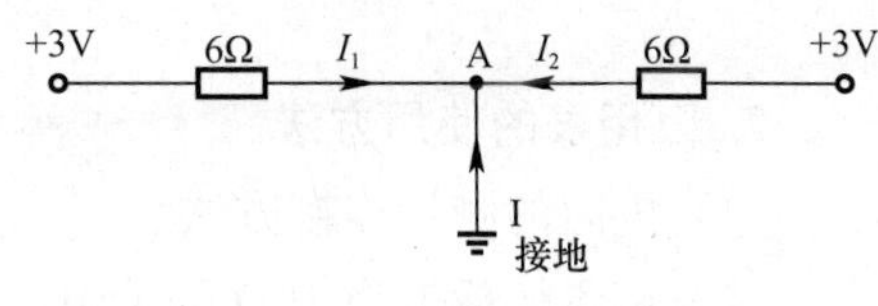

图 2-37

故，$I=-1\text{A}$　说明 I 的实际流向与图 2-37 中表示的相反。

【总结】 基尔霍夫电流定律规定了节点上支路电流的约束关系，而与支路上元件的性质无关，不论元件是线性的还是非线性的、含源的或无源的、时变的还是非时变的等都是适用的。在解此类题目时，一定要注意流进等于流出和正负号问题。

二、万用表的使用

1. 万用表的面板介绍

（1）表笔及表笔插孔

待测量的电参数要通过表笔引入万用表内部的测量电路，一对表笔含红色、黑色各一个，红、黑表笔用途各不相同。黑色表笔的固定插孔“—”端（公共端）、测量电阻或电压时红表笔插“＋”孔。测量三极管β值时不用表笔（以MF50D为例介绍）。

（2）档位开关（如图2-38所示）

档位开关的功能是进行档位和量程转换。万用表的档位是指测量不同的电参数档位开关所对应的位置。本次提供的万用表有电阻档（Ω档）、直流电压档（$\underline{V}$）、交流电压档（$\underset{\sim}{V}$）、三极管β档（h_{FE}）、直流电流档（$\underline{A}$）。

电压、电流档位又分为多个量程，如直流电压档含有2.5V、10V、50V、250V、1000V共5个量程。电阻档与其他档不同，分多个“倍乘”档，有×1、×10、×100、×1K、×10K。

（3）指针表盘（如图2-39所示）

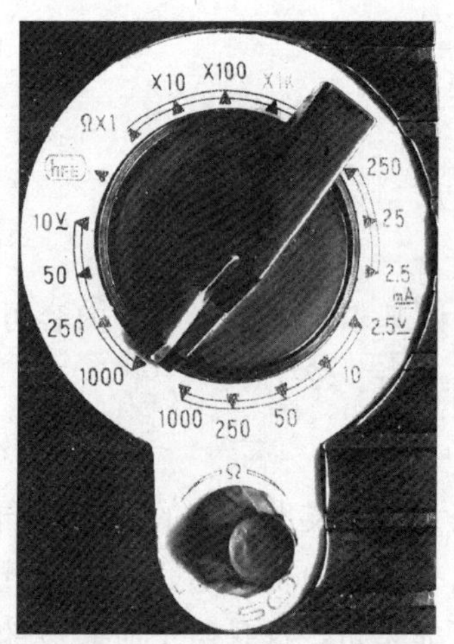

图2-38　MF50D型万用表的档位开关

图2-39　MF50D型万用表的指针表盘

注：测量电压、电流量时，指针靠最左为0，往右增大；测量电阻量时，指针靠最右为0，往左增大。

2. 万用表的使用方法

（1）电阻的测量连接方法

若要测量标称值为10Ω的电阻，将万用表选择欧姆档，选$R\times1$倍率，红黑表笔先短接“调零”，在将红黑表笔分别连接电阻两端（不分方向），观察表头表面最高一条刻度线指针读数。注意：每次改变倍率选择，都需要“调零”。

（2）直流电压的测量连接方法

将黑表笔插在“—”孔、红表笔插在“＋”孔，档位开关打在直流电压档。起始量程的选择方法：经验选择法是根据电路性质估计被测电压范围，选择合适量程；若不知被测电压范围应选择最大量程。图2-40中测量A、B两点之间的电压U_{AB}的方法：

1）粗测直流电压。红表笔接A点、黑表笔接B点，若万用表指针太靠右，则表示量程选择太小，应调整为高一级的量程；若指针太靠左，则表示量程太大，测量误差很大，应调整为低一级的量程。

2）精测直流电压。依据粗测示数，选择合理量程重复测量直流电压。

说明：模拟指针式万用表测直流电源时，必须注意实际电压方向，红表笔接"+"、黑表笔接"—"（如图2-40所示），若接错会造成指针反偏，产生破坏性损伤结果；数字式万用表若测量直流电压U_{AB}，则红表笔接A点、黑表笔接B点即可。理论上$U_{AB}=-U_{BA}$。

特别提示：电压测量时万用表与被测体并联！测量电压、电流时必须将表笔离开被测物时才能转换量程！测量安全电压以上的电压时要特别注意身体不能与表笔裸露的金属接触！

（3）直流电流的测量连接方法

1）例图2-41中关闭电路的电源U_S，断开A、B两点之间的连线，红表笔接A点、黑表笔接B点；

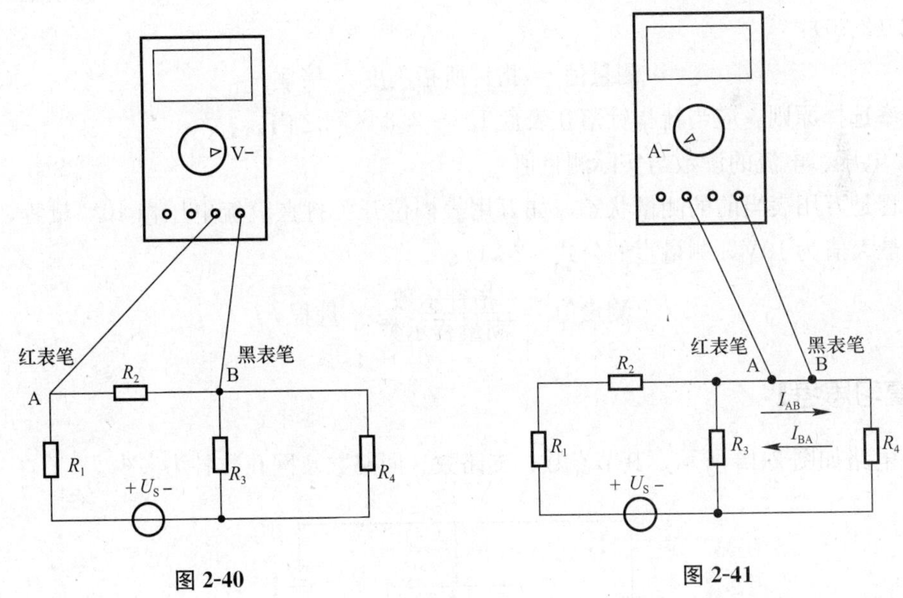

图2-40　　　　图2-41

2）档位开关打在直流电流档，将黑表笔插在"—"孔、红表笔插在"+"孔；

3）起始量程的选择方法：经验选择法是根据电路性质估计被测电流范围，选择合适量程；若不知被测电流范围应选择最大（250mA）量程。测量电流I的方法（注意电流I的方向由A指向B，也可以表示为I_{AB}）；

4）开启电源U_S，粗测直流电流I；依据粗测示数选择合理量程重复测量，得到准确的电流测量值。

注意：模拟指针式万用表测量直流电流时，必须注意电流实际方向，从红表笔流入、黑表笔流出，若接错会造成指针反偏，产生破坏性结果；数字式万用表测量直流电流 I_{AB}，则红表笔接 A 点、黑表笔接 B 点即可。理论上 $I_{AB}=-I_{BA}$。

特别提示：电流测量时要断开电路将万用表串联在被测电路中！万用表置于测量电流状态时，两只表笔绝不允许同时接触电压源两端或通电的元器件两端，否则将产生破坏性结果！

（4）交流电压的测量连接方法

将黑表笔插在“－”孔、红表笔插在“＋”孔，档位开关打在交流电压档，起始量程的选择方法同于直流电压档的选择。

1）粗测交流电压。红、黑表笔接在被测电压的两端，若万用表指针太靠右，则表示量程选择太小，应调整为高一级的量程；若指针太靠左，则表示量程太大，测量误差很大，应调整为低一级的量程。

2）精测直流电压。依据粗测示数，选择合理量程重复测量交流电压。

说明：模拟指针式万用表测交流电源时，红、黑表笔不必区分哪个端子。

（5）读数与实际测量值

1）电阻测量的读数与实际测量值

电阻档包含 5 个“倍率”档。进行电阻测量时，每次换“倍率”档后，都必须进行“调零”。如万用表档位开关打在电阻档×1K“倍率”档，指针所指刻度与测量值的关系为公式（2-20）：

$$\text{测量值} = \text{指针所指刻度} \times \text{倍率} \tag{2-20}$$

倍率选择原则，应当让指针落在表盘 1/3～2/3 区间之内。

2）电压、电流的读数与实际测量值

量程是万用表当前的测量状态，如万用表档位开关打在直流电压档 10V 量程，能够测量的最大值为 10V。测量直的公式（2-21）：

$$\text{测量值} = \frac{\text{指针示数}}{\text{满量程示数}} \times \text{量程} \tag{2-21}$$

【复习思考】

1. 电路如图 2-42 所示，其节点数、支路数、回路数及网孔数各为多少？

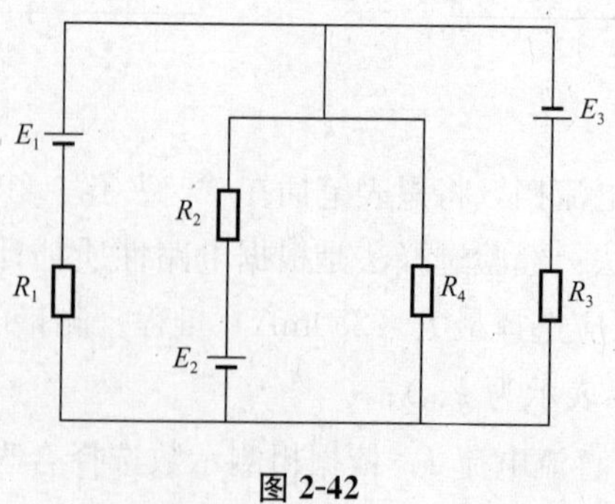

图 2-42

2. 列写图 2-42 中的节点电流方程。

任务 2.8　基尔霍夫电压定律的验证

【任务描述】

通过复杂电路的连接与基本电参量的测量，得出各回路电压之间的关系，用实验方法验证基尔霍夫电压定律；从而理解基尔霍夫电压定律的概念，有利于进一步加深理论的学习；进一步熟悉直流电压、直流电流的测量方法以及万用表的使用方法。

【学习支持】

一、现场演示（图 2-43 现场实测各处电压）

(a)　(b)　(c)　(d)　(e)　(f)

图 2-43　基尔霍夫电压定理验证演示

(a) U_{AB}；(b) U_{BD}；(c) U_{DA}；(d) U_{BC}；(e) U_{CD}；(f) U_{DB}

二、所用设备

1. 直流稳压电源（0～30V）2 台；
2. 万用表 1 块；
3. 1kΩ、6.2kΩ、510Ω 电阻各 1 个；

4. 导线若干。

【任务实施】

一、电路图，如图 2-44 所示。

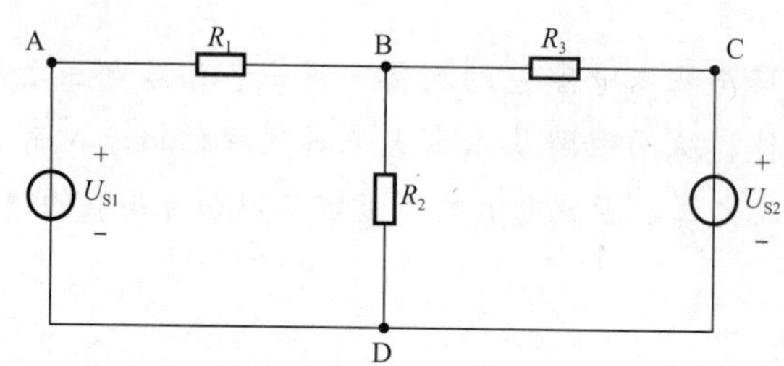

图 2-44　参数选取 $U_{S1}=12V$、$U_{S2}=6V$、$R_1=1k\Omega$、$R_2=6.2k\Omega$、$R_3=510\Omega$

二、调节直流稳压电源输出电压。

开启稳压电源开关，缓慢调节输出电压调节旋钮使第一路电源输出电压 U_{S1} 为 12V、第二路电源输出电压 U_{S2} 为 6V（万用表表头指示数），切断稳压电源备用。

三、按照图 2-44 所示电路进行连接实验电路，检查线路是否正确。

四、通电初试。观察现场，若有异常（如元件发热、电表指示异常等），应立即断电并再次检查。

五、通电初试正常后，按要求测量各段电压，并记录数据。

1. 调节电压源两端电压 U_{S1} 和 U_{S2} 分别为 12V 和 6V。

将万用表置于直流电压档，将“红”表笔与直流电源输出的“+”端相连，“黑”表笔与直流电源输出的“−”端相连（即红笔接“+”，黑笔接“−”）。

2. 测量电路中各段的电压，测量数据记入表 2-9 中。

如测 U_{AB} 时，万用表置于直流电压档，“红”表笔与 A 点相连，“黑”表笔与 B 点相连。后面各电压测量以此类推。

六、通电测量，并记录数据，填入表 2-9 中，说明验证结果。

表 2-9

电压/V	U_{AB}	U_{BD}	U_{DA}	U_{BC}	U_{CD}	U_{DB}	回路Ⅰ $\sum U=$	回路Ⅱ $\sum U=$
测量值								
万用表档位								
万用表量程								
计算值								

【评价】

接线			有无故障	故障排除		通电测试		规范性	得分
电压表接线	电压表量程	电路接线		独立排故	教师帮助下排故	电路工作是否正常	读数正确		

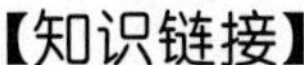

【知识链接】

一、基尔霍夫回路电压定律

基尔霍夫电压定律（KVL）又称基尔霍夫第二定律。其内容：对于电路任意一回路，沿回路绕行方向的各段电压的代数和为零，即式（2-22）：

$$\sum U = 0 \tag{2-22}$$

此时，电流的参考方向与回路循环方向一致，该电流在电阻上所产生的电压降取正，反之取负。电动势也作为电压来处理，即从电源的正极到负极电压取正，反之取负。

基尔霍夫第二定律也可以描述为：在任一回路循环方向上，回路中电动势的代数和恒等于电阻上电压降的代数和，即式（2-23）：

$$\sum E = \sum IR \tag{2-23}$$

此时，电阻上电压的规定与用式$\sum U=0$时相同，而电动势的正负号则恰好相反。

【例 2-10】 如图 2-45 所示电路中，列写该电路的电压方程。

【解】 根据 KVL，则有：$U_1+U_2-U_3-U_4+U_5=0$

【例 2-11】 如图 2-46 所示电路中，$E_1=E_2=34\text{V}$，$R_1=4\Omega$，$R_2=2\Omega$，$R_3=10\Omega$，求各支路电流。

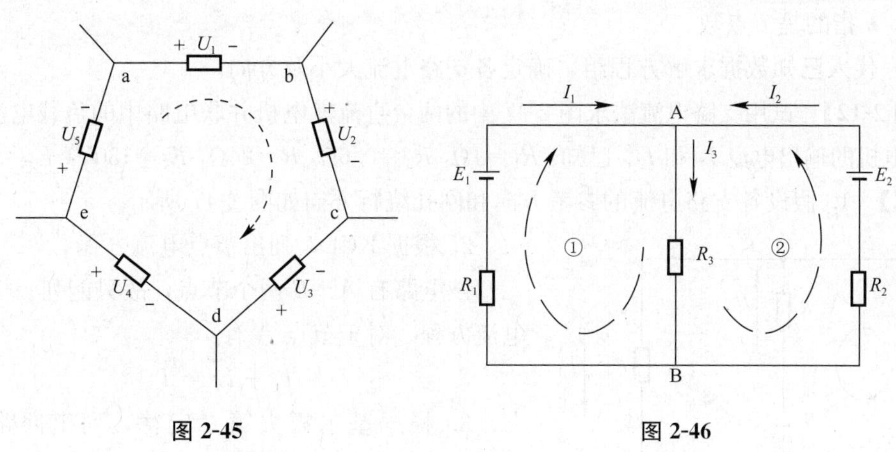

图 2-45　　**图 2-46**

【解】 1. 根据基尔霍夫第一定律列出节点电流方程：

$$I_1 + I_2 = I_3$$

2. 根据基尔霍夫第二定律列出回路电压方程

对于回路 1：$E_1 = I_1 \times R_1 + I_3 \times R_3$

对于回路 2：$E_2 = I_2 \times R_2 + I_3 \times R_3$

3. 代入数据整理得联立方程

$$\begin{cases} I_2 = I_3 - I_1 \\ 4I_1 + 10I_3 = 34 \\ 2I_2 + 10I_3 = 34 \end{cases}$$

4. 解联立方程得

$$\begin{cases} I_1 = 1\text{A} \\ I_2 = 2\text{A} \\ I_3 = 3\text{A} \end{cases}$$

电流方向都和假设方向相同。

总结：它是电压与路径无关的反映。只与电路的结构有关，而与支路中元件的性质无关，适用于任何情况。在列写回路 KVL 方程时，应设定一个绕行方向，其电压参考方向与回路绕行方向相同的支路电压取正号，与绕行方向相反的支路电压取负号。

二、支路电流法

1. 定义

支路电流法是以支路电流为未知量，利用基尔霍夫定律和欧姆定律列出所需的方程组，并解出各个未知电流的一种电路分析计算方法。

2. 利用支路电流法解题的步骤：

（1）任意标定各支路电流的参考方向和网孔绕行方向。

（2）用基尔霍夫电流定律列出节点电流方程。有 n 个节点，就可以列出 $n-1$ 个独立电流方程。

（3）用基尔霍夫电压定律列出 $L=b-(n-1)$ 个网孔方程。L 指的是网孔数，b 指是支路数，n 指的是节点数。

（4）代入已知数据求解方程组，确定各支路电流大小及方向。

【例 2-12】 试用支路电流法求图 2-47 中的两台直流发电机并联电路中的负载电流 I 及每台发电机的输出电流 I_1 和 I_2。已知：$R_1=1\Omega$，$R_2=0.6\Omega$，$R=24\Omega$，$E_1=130\text{V}$，$E_2=117\text{V}$。

【解】 1. 假设各支路电流的参考方向和网孔绕行方向如图 2-47 所示。

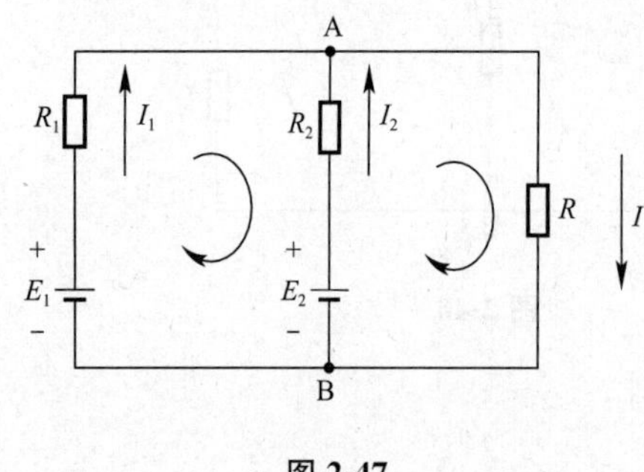

图 2-47

2. 根据 KCL，列出节点电流方程

该电路有 A、B 两个节点，故只能列一个节点电流方程。对于节点 A 有：

$$I_1 + I_2 = I$$

3. 根据基尔霍夫第二定律，列出回路电压方程

该电路中共有二个网孔，故可以列出两个回路电压方程：

$$I_1 \times R_1 - I_2 \times R_2 + E_2 - E_1 = 0$$

$$I \times R + I_2 \times R_2 - E_2 = 0$$

4. 代入数据整理得联立方程：

$$\begin{cases} -I_1 - I_2 + I = 0 \\ I_1 - 0.6I_2 = 13 \\ 0.6I_2 + 24I = 117 \end{cases}$$

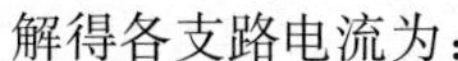

解得各支路电流为：

$$\begin{cases} I_1 = 10\text{A} \\ I_2 = -5\text{A} \\ I = 5\text{A} \end{cases}$$

从计算结果可以看出，发电机 E_1 输出 10A 的电流，发电机 E_2 输出−5A 的电流，即发电机 E_2 不输出功率，电流 I_2 流入 E_2，发电机 E_2 成为负载，负载电流为 5A。由此可以知道：两个电源并联时，并不都是向负载供给电流和功率的，就会发生某电源不但不输出功率，反而吸收功率成为负载的情况。因此，在实际供电系统中，直流电源并联时，应使两电源的电动势相等，内阻应相近。所以当具有并联电池的设备换电池的时候，要全部同时换新的，而不要一新一旧。

三、节点电压法

对于节点较少而网孔较多的电路，用支路电流法比较麻烦，方程过多，不易求解。在这种情况下，如果选取节点电压作为独立变量，可使计算简便得多。这就是我们要学习的另一种方法——节点电压法。

1. 节点电压

在电路中任意选一点作为参考点，则其余节点均为独立节点，独立节点与参考点之间的电压称为节点电压。

在有 n 个节点的电路中，以节点电压为独立变量，根据基尔霍夫定律（KCL）列出 $n-1$个独立的节点电流方程，解出各节点电压，再计算出各支路电流的方法，称为节点电压法。

2. 节点电压法解题步骤

（1）选择参考节点，设定参考方向；

（2）求节点电压 U；

（3）求支路电流。

【例 2-13】 电路如图 2-48 所示，求解各支路电流 I_1、I_2、I_3、I_4。

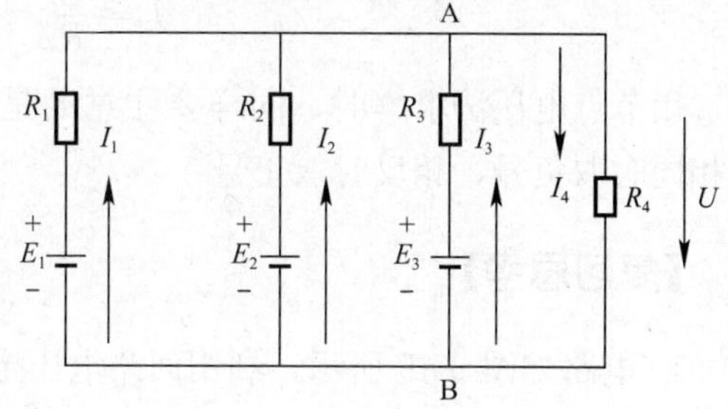

图 2-48

【解】 1. 选择参考节点，设定参考方向。

选择电路中 B 点作为参考点，并设定节点电压为 U，其参考方向为由 A 至 B。（这里也可选择以 A 点为参考点，参考方向由 B 至 A。）

2. 求节点电压 U。利用欧姆定律得出，即：

$$\begin{cases} I_1 = \dfrac{E_1 - U}{R_1} \\ I_2 = \dfrac{E_2 - U}{R_2} \\ I_3 = \dfrac{E_3 - U}{R_3} \\ I_4 = \dfrac{U}{R_4} \end{cases}$$

根据 KCL 定律可得：$I_1+I_2+I_3-I_4=0$

将 I_1、I_2、I_3、I_4 的值代入 $I_1+I_2+I_3-I_4=0$ 中得：

$$\frac{E_1-U}{R_1}+\frac{E_2-U}{R_2}+\frac{E_3-U}{R_3}-\frac{U}{R_4}=0$$

可求得：
$$U=\frac{\frac{E_1}{R_1}+\frac{E_2}{R_2}+\frac{E_3}{R_3}}{\frac{1}{R_1}+\frac{1}{R_2}+\frac{1}{R_3}+\frac{1}{R_4}}=\frac{\Sigma\frac{E}{R}}{\Sigma\frac{1}{R}} \tag{2-24}$$

这就是节点电压计算公式。式（2-24）中，分子的各项由电动势 E 和节点电压 U 的参考方向确定其正、负号，当 E 和 U 的参考方向相同取负号，相反时取正号。凡是具有两个节点的电路，可直接利用上式计算求出节点电压。

3. 求支路电流。求出节点电压 U 后，将 U 代入电流公式中，即可求出各支路电流。

【例 2-14】 电路图如图 2-47 所示，利用节点电压法求解电路中各支路电流 I_1、I_2、I。

【解】 设 B 点为参考点，设定节点电压方向 A 至 B，则 A、B 两点间电压 U 为

$$U=\frac{\frac{E_1}{R_1}+\frac{E_1}{R_2}}{\frac{1}{R_1}+\frac{1}{R_2}+\frac{1}{R}}=\frac{\frac{130}{1}+\frac{117}{0.6}}{\frac{1}{1}+\frac{1}{0.6}+\frac{1}{24}}=120\text{V}$$

各支路电流为：

$$I_1=\frac{E_1-U}{R_1}=\frac{130-120}{1}=10\text{A}$$

$$I_2=\frac{E_2-U}{R_2}=\frac{117-120}{0.6}=-5\text{A}$$

$$I=\frac{U}{R}=\frac{120}{24}=5\text{A}$$

用节点电压法求解时，同样要注意的是电压方向问题，当电动势方向和电压参考方向相同时取负号，相反时取正号。

【复习思考】

1. 电路如图 2-49 所示，利用回路电压定律，求解电路中电路 I_1、I_2 的大小。

2. 电路如图 2-50 所示，已知：$R_1=2\Omega$，$R_2=1.2\Omega$，$R_3=48\Omega$，$E_1=130\text{V}$，$E_2=117\text{V}$。试用回路电压求解各支路的电流。

3. 已知电路如图 2-51 所示，$R_1=1\Omega$，$R_2=0.6\Omega$，$R_3=24\Omega$，$u_1=130\text{V}$，$u_2=117\text{V}$，

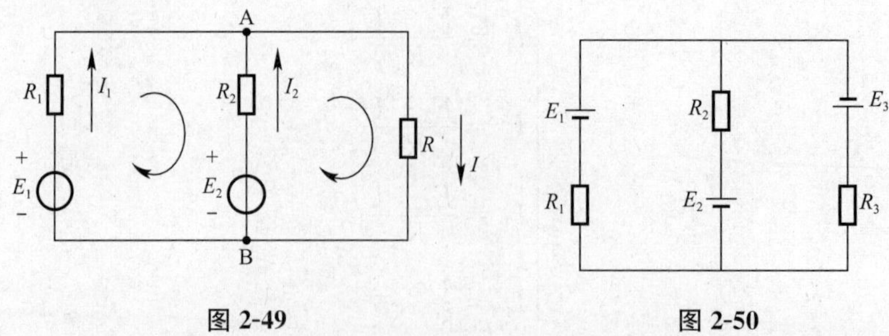

图 2-49　　　　图 2-50

试用支路电流法求各支路电流。

4. 已知电路如图 2-52 所示。(1) 说明电路的独立节点数和独立回路数；(2) 选出一组独立节点和独立回路，列出 $\sum I=0$ 和 $\sum U=0$ 的方程。

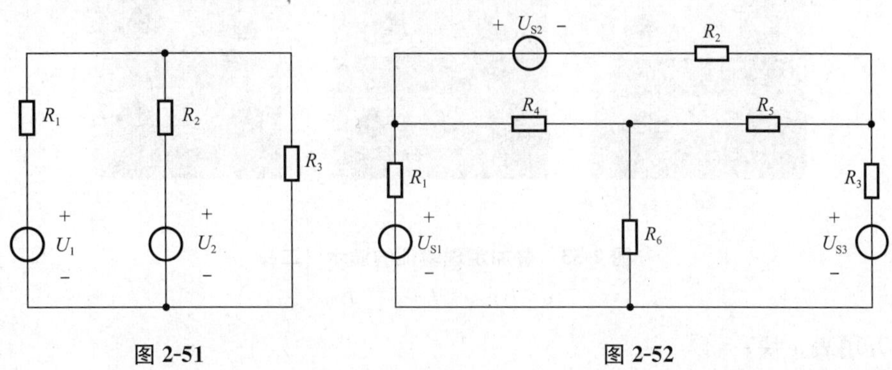

图 2-51　　图 2-52

任务 2.9　叠加定理的验证

【任务描述】

通过复杂电路的连接与基本电参量的测量，得出线性元件两端电压和流过的电流之间的关系，用实验方法验证了叠加定律，理解叠加定律的概念，有利于进一步加深理论的学习；更进一步熟悉直流电压、直流电流的测量方法以及万用表的使用方法。

【学习支持】

一、现场演示（图 2-53 现场实测电压、电流）

二、所用设备

1. 直流稳压电源（0～30V）2 台；

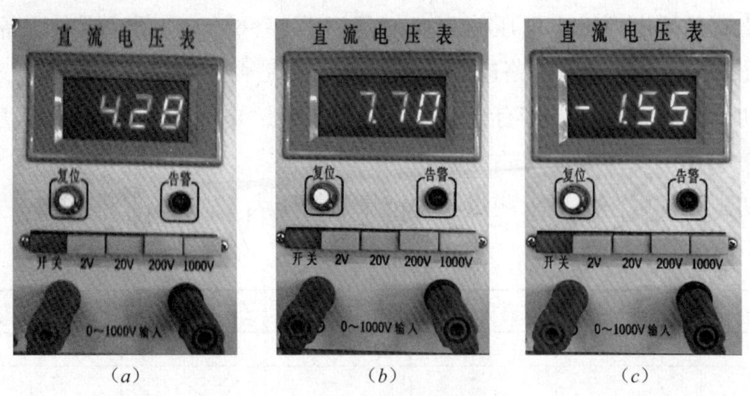

(a)　(b)　(c)

图 2-53　叠加定理验证的演示（一）

(a) U_1；(b) U_2；(c) U_3

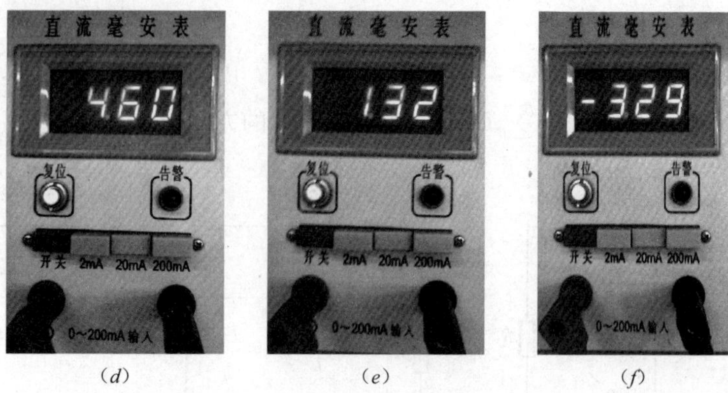

(*d*)　　(*e*)　　(*f*)

图 2-53　叠加定理验证的演示（二）

(*d*) I_1；(*e*) I_2；(*f*) I_3

2. 万用表 1 块；

3. 1kΩ、6.2kΩ、510Ω 电阻各 1 个；

4. 导线若干。

【任务实施】

一、电路图，如图 2-54 所示。

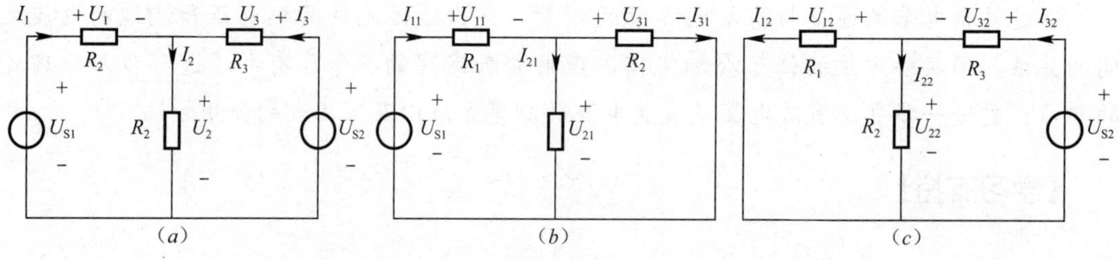

(*a*)　　(*b*)　　(*c*)

图 2-54

(*a*) 两个电源同时作用；(*b*) U_{S1}电源单独作用；(*c*) U_{S2}电源单独作用

参数选取 $U_{S1}=12V$、$U_{S2}=6V$、$R_1=1k\Omega$、$R_2=6.2k\Omega$、$R_3=510\Omega$

二、测量原电路两个电源同时作用的电参数。

1. 调节直流稳压电源输出电压使 $U_{S1}=12V$、$U_{S2}=6V$，切断稳压电源备用。

2. 按照图 2-54（*a*）所示电路连接，并检查线路是否正确。

3. 通电初试。观察现场，若有异常（如元件发热、电表指示异常等），应立即断电并再次检查。

4. 通电初试正常后，按要求测量，并记录数据于表 2-10 中。

$U_{S1}=12V$、$U_{S2}=6V$　　**表 2-10**

项目	U_1	U_2	U_3	I_1	I_2	I_3
计算值						
万用表档位						
万用表量程						
测量值						

三、测量U_{S1}电源单独作用（U_{S2}视为短路）的电参数。

1. 调节直流稳压电源输出电压使 $U_{S1}=12V$。切断稳压电源备用。

2. 按照图 2-54（*b*）所示电路连接，并检查线路是否正确。

3. 通电初试。观察现场，若有异常（如元件发热、电表指示异常等），应立即断电并再次检查。

4. 通电初试正常后，按要求测量，并记录数据于表 2-11 中。

$U_{S1}=12V$　　　　**表 2-11**

项目	U_{11}	U_{21}	U_{31}	I_{11}	I_{21}	I_{31}
已计算值						
万用档位						
万用表量程						
测量值						

四、测量U_{S2}电源单独作用（U_{S1}视为短路）的电参数。

1. 调节直流稳压电源输出电压使 $U_{S2}=6V$。切断稳压电源备用。

2. 按照图 2-54（*c*）所示电路连接，并检查线路是否正确。

3. 通电初试。观察现场，若有异常（如元件发热、电表指示异常等），应立即断电并再次检查。

4. 通电初试正常后，按要求测量，并记录数据于表格 2-12 中。

$U_{S2}=6V$　　　　**表 2-12**

项目	U_{12}	U_{22}	U_{32}	I_{12}	I_{22}	I_{32}
计算值						
万用档位						
万用表量程						
测量值						

【评价】

接线			有无故障	故障排除		通电测试		规范性	得分
电压表接线	电压表量程	电路接线		独立排故	教师帮助下排故	电路工作是否正常	读数正确		

【知识链接】

一、叠加定理

在线性电路中，任一支路的电流（或电压）可以看成是电路中每一个独立电源单独作用于电路时，在该支路产生的电流（或电压）的代数和，这就是叠加原理。其反映线性电路基本性质。下面通过例题来介绍叠加原理解题的步骤。

【例 2-15】 如图 2-55（*a*）所示电路，已知 $E_1=42V$，$E_2=21V$，$R_1=12\Omega$，$R_2=$

3Ω，$R_3=6\Omega$，试应用叠加定理求各支路电流 I_1、I_2、I_3。

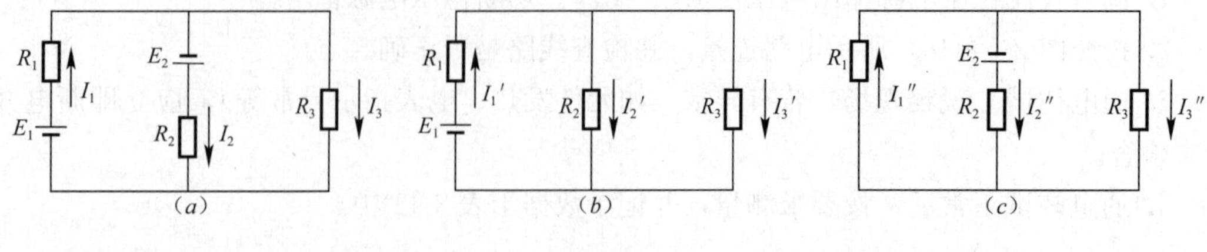

图 2-55

【解】

（1）当电源 E_1 单独作用时，将 E_2 视为短路，画出等效电路图，如图 2-55（b）所示：

$$R'=R_1+\frac{R_2\times R_3}{R_2+R_3}=12+\frac{3\times 6}{3+6}=14\Omega$$

$$I_1'=\frac{E_1}{R'}=\frac{42}{14}=3\text{A}$$

$$I_2'=\frac{R_3}{R_2+R_3}I_1'=\frac{6}{3+6}\times 3=2\text{A}$$

$$I_3'=\frac{R_2}{R_2+R_3}I_1'=\frac{3}{3+6}\times 3=1\text{A}$$

（2）当电源 E_2 单独作用时，将 E_1 视为短路，画出等效电路图如图 2-55（c）所示：

$$R''=R_2+\frac{R_1\times R_3}{R_1+R_3}=3+\frac{12\times 6}{12+6}=7\Omega$$

$$I_2''=\frac{E_2}{R''}=\frac{21}{7}=3\text{A}$$

$$I_1''=\frac{R_3}{R_1+R_3}I_2''=\frac{6}{12+6}\times 3=1\text{A}$$

$$I_3''=-\frac{R_1}{R_1+R_3}I_2''=-\frac{12}{12+6}\times 3=-2\text{A}$$

（3）当电源 E_1、E_2 共同作用时（叠加），若各电流分量与原电路电流参考方向相同时，在电流分量前面选取“＋”号，反之，则选取“－”号：

$$I_1=I_1'+I_1''=3+1=4\text{A}$$

$$I_2=I_2'+I_2''=2+3=5\text{A}$$

$$I_3=I_3'+I_3''=1-2=-1\text{A}$$

二、使用叠加定理时要注意以下几点

1. 叠加定理适用于线性电路，不适用于非线性电路；

2. 叠加的各分电路中，不作用的电源置零。电路中的所有线性元件（包括电阻、电感和电容）都不予更动，受控源则保留在各分电路中；

3. 叠加时各分电路的电压和电流的参考方向可以取与原电路中的相同。取和时，应该注意各分量前的“＋”“－”号；

4. 原电路的功率不等于按各分电路计算所得功率的叠加。因为功率与电压或电流是

平方关系，而不是线性关系。

5. 电压源不作用时，应短路处理；电流源不作用时，应断路处理。

【复习思考】

1. 用叠加定理计算图 2-56 所示电路中的电压和电流，$E_1=12V$、$R_1=3\Omega$，$E_2=3V$、$R_2=1\Omega$，$R_3=68\Omega$。

2. 已知电路如图 2-57 所示，$U_1=30V$，$R_1=2\Omega$，$R_2=3\Omega$，$R_3=6\Omega$，$R_4=3\Omega$，试用叠加定理求电流源两端的电压 U。

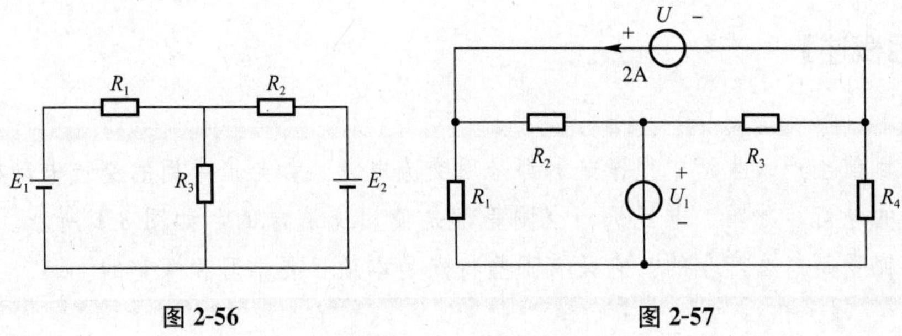

图 2-56　　　　图 2-57

项目3 单相正弦交流电的测量

【项目概述】

目前生产、生活中很多电器都采用交流电源，如生产中用的交流电动机、家用的电灯、冰箱、电视机、空调等都是使用交流电的，如图3-1所示。交流电究竟是怎么产生的？它又有哪些特点是本项目要学习和探究的。

(b)

图3-1 常用交流用电器

(a) 交流电机；(b) 家用交流用电器

任务 3.1　仪器的使用

【任务描述】

通过函数信号发生器的调节和使用，了解交流电的性质，经讲解理解其概念；再通过操作的方式，了解交流电源的波形，明确交流电的概念；掌握交流电源的调节和测量；同时初步学会函数信号发生器和毫伏表的使用。

【学习支持】

一、函数信号发生器的展示（见图 3-2）

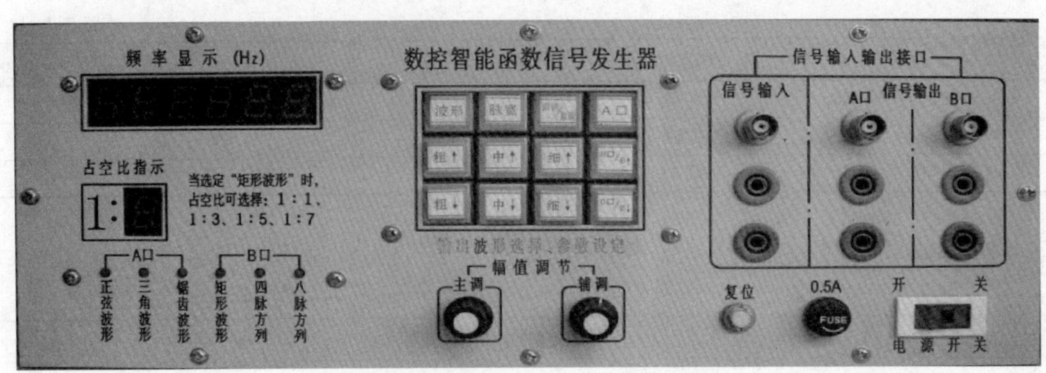

图 3-2　函数信号发生器面板图

二、所用设备

1. 函数信号发生器 1 台（信号频率范围为 1～159000Hz，振幅≥5V，如数控智能函数信号发生器）；

2. 交流毫伏表 1 个（如：WY2174）；

3. 信号通道线 2 路，导线若干。

【任务实施】

一、函数信号发生器面板介绍（如图 3-3 所示）。

二、WY2174 交流毫伏表使用。

1. 开启电源。

2. 选择量程开关。

3. 面板正确读数。

三、实验台电源使用。

1. 开启实验台电源。

图 3-3 WY2174 交流毫伏表

2. 开启数控智能函数信号发生器的电源开关（如图 3-2 右下角所示）。

四、数控智能函数信号发生器使用。

1. 调节“波形”选择，使得 A 口显示为正弦波形。

2. 调整“粗、中、细”三组调整按钮（图 3-2 中上部分），改变输出的频率，其大小显示在图 3-2 左上方的“频率显示”上。

3. 调节“主调”和“辅调”旋钮，改变信号输出幅度的大小。用交流毫伏表测量 A 口输出交流信号的有效值为 2V。

4. 改变输出信号波形（三角波或方波等），重复上述步骤，将测量结果填入表格 3-1 中。

表 3-1

波形种类	频率（f）	有效值	应操作哪些旋钮
正弦波	100Hz	2V	
三角波	500Hz	2V	
方波	1000Hz	1V	

【评价】

函数信号发生器的认识	波形调节	幅值调节	频率调节	操作规范性	得分

【知识链接】

交流电通过变压器就能实现很大范围内的电压改变，而且还可以分成不同电压等级来适应不同要求。因此，随着经济发展，电力需求容量越来越大，交流电的使用占据了主导地位。

一、交流电概述

直流电的大小方向随时间是不变的，交流电路中的电压或电流的大小和方向随着时间在不断的变化。这种大小和方向随时间作周期性变化的电压或电流称为周期性交流电，简称交流电。其中按正弦规律变化的交流电称为正弦交流电；不按正弦规律变化的交流电称为非正弦交流电，如图 3-4 所示。本节所说的交流电都是指正弦交流电。

二、交流电的产生

获得交流电的方法有多种，但大多数交流电是由交流发电机产生的。图 3-5 所示为简单的交流发电机的结构示意图。

它主要由一对能够产生磁场的磁极（定子绕组）和能够产生感应电动势的转子线圈

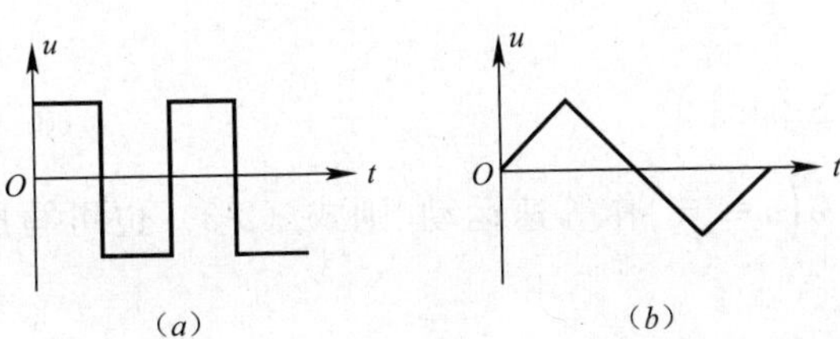

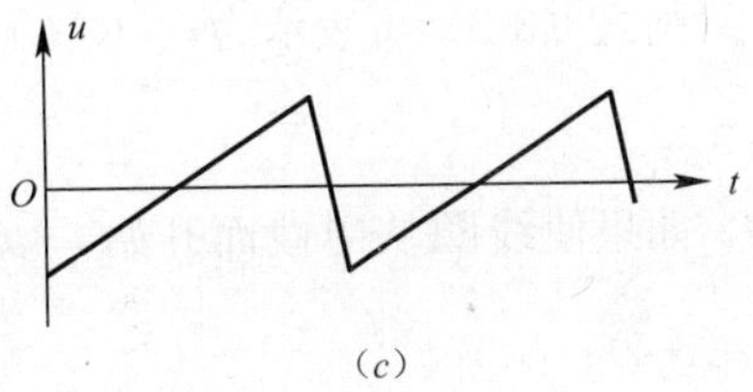

图 3-4　非正弦交流电波形

(a) 方波；(b) 三角波；(c) 锯齿波

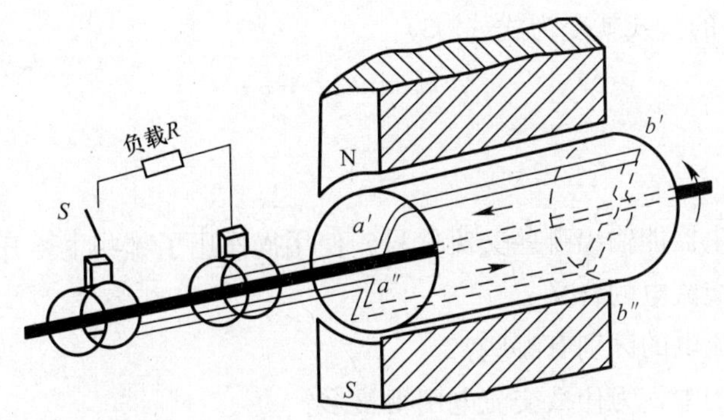

图 3-5　最简单的交流发电机的结构示意图

(转子绕组) 组成。转子线圈的两端分别接到两只互相绝缘的铜滑环上，铜环与电刷相连。钢质电枢在磁场中的运动情况如图 3-6 所示。

当电枢按逆时针方向以速度 v 作等速旋转时，线圈 $a'b'$ 和 $a''b''$ 边分别切割磁力线，在电枢旋转一圈过程中转子线圈产生的感应电动势如图 3-7 所示。其大小如式 (3-1)：

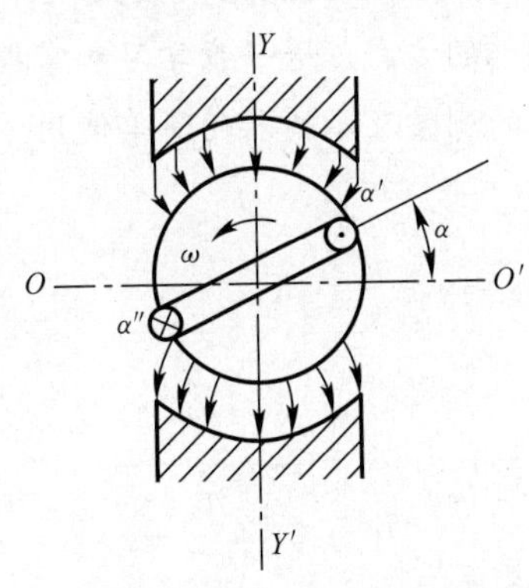

图 3-6　电枢在磁场中运动示意图

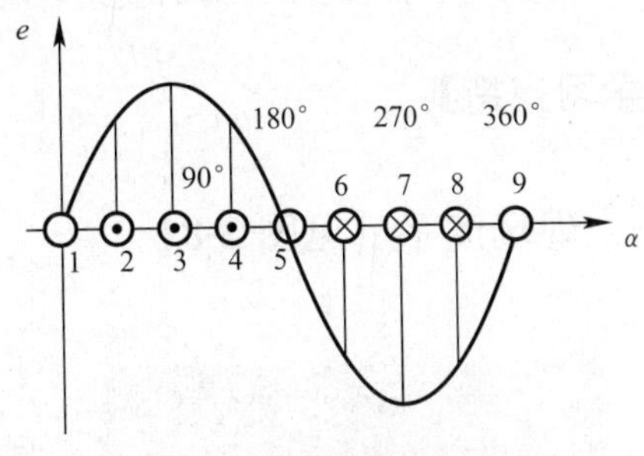

图 3-7　电枢产生的感应电动势

$$e_{a'b'} = e_{a''b''} = B_{\mathrm{m}} l v \sin\alpha \tag{3-1}$$

B 为磁场强度，l 为线圈切割磁力线的长度，α 为线圈与水平面的夹角。

根据右手定则，线圈两边产生的感应电动势的方向始终相反，因此整个线圈产生的感应电动势应为线圈两边感应电动势之和，即式 (3-2)：

$$e = e_{a'b'} + e_{a''b''} = 2B_{\mathrm{m}} l v \sin\alpha \tag{3-2}$$

设感应电动势的最大值为：$E_{\mathrm{m}} = 2B_{\mathrm{m}} l v$

则式（3-2）可表示为式（3-3）：

$$e = E_{\mathrm{m}} \sin\alpha \tag{3-3}$$

如果使线圈从中性面开始，以角速度 $\omega\left(\omega=\frac{\alpha}{t}\right)$ 作等速运动，则式（3-3）也可写成式（3-4）：

$$e = E_{\mathrm{m}} \sin\omega t \tag{3-4}$$

上述各表达式都是指从线圈平面与中性面重合时开始计算，如果不是，而是从线圈平面与中性面成一夹角 φ 开始计算，那么，经过时间 t，线圈平面与中性面间的角度是 $\omega t+\varphi$，感应电动势的公式就变为式（3-5）：

$$e = E_{\mathrm{m}} \sin(\omega t + \varphi) \tag{3-5}$$

【复习思考】

1. 函数信号发生器能输出哪些交流信号？使用操作用了哪些主要开关旋钮？
2. 试说明正弦交流电的含义。
3. 交流电与直流电的区别有哪些？
4. 在生活和生产中，为什么交流电用得最多？

任务 3.2　单向正弦交流电三要素测量

【任务描述】

通过示波器的调节和使用，认识交流电的三要素；经讲解明确交流电的最大值、峰-峰值、频率及周期的概念，掌握交流电的表达式。再通过操作的方式，进一步学习和掌握交流电的基本性质；同时通过示波器的使用，初步学会交流电的测量及示波器的简单使用。

【学习支持】

一、现场演示（见图 3-8）

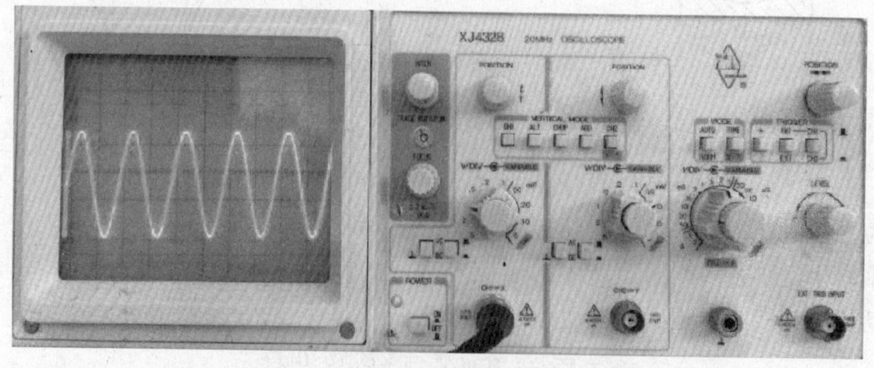

图 3-8　正弦交流电波形显示及其调节

二、所用设备

1. 函数信号发生器 1 台（信号频率范围为 1～159000Hz，振幅≥5V）；
2. 双踪示波器 1 台（如：XJ4328）；
3. 信号通道线 2 路，导线若干。

【任务实施】

一、函数信号发生器电源使用

1. 开启函数信号发生器的电源。
2. 调节有关旋钮、开关，使其输出正弦波交流电，幅度为 5V，频率为 1000Hz。

二、示波器 XJ4328 的介绍

1. 示波器 XJ4328 的面板图。
2. 各主要旋钮名称和用途。

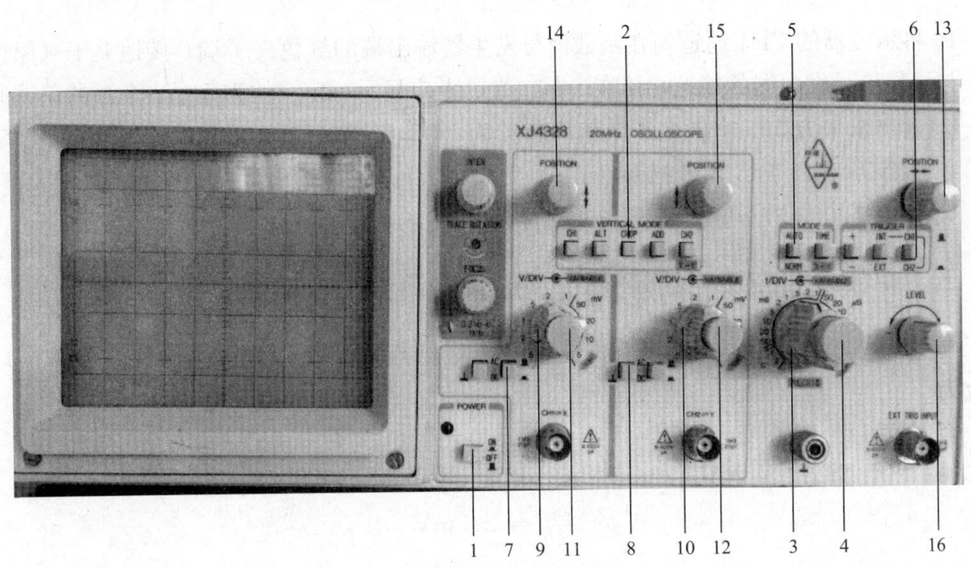

图 3-9　示波器面板图

（1）电源开关（序号 1）；

（2）垂直方式选择开关（序号 2）选择“CHOP”，即将“CHOP”按下；

（3）“时间/度”旋钮，即“t/DIV”开关（序号 3）置于“10ms”或“5ms”档；“t/DIV”的微调旋钮（序号 4）置于“校准”位置；

（4）触发方式选择开关（序号 5）置于“AUTO”（自动扫描）位置；

（5）触发源选择开关（序号 6）置于“CH1”位置；

（6）信号通道 1、2 耦合开关（序号 7、8）可置于“DC”位置或“AC”位置；

（7）信号通道 1、2 电压/度即“V/DIV”开关（序号 9、10）置于“1V”档；

（8）信号通道1、2“电压/度”微调旋钮（序号11、12）置于“校准”位置；

（9）水平移位旋钮（序号13）、信号通道1移位旋钮（序号14）、信号通道2移位旋钮（序号15）需要现场调整，控制在合适位置。

（10）触发电平控制旋钮“LEVEL”（序号16），调节波形稳定。

三、示波器XJ4328的使用步骤

1. 开启示波器电源开关预热；

2. 按下垂直方式选择开关“CH1”，触发扫描方式为“AUTO”；

3. 将“电压/度”旋钮置于V_1/DIV＝0.2mV，“时间/度”旋钮置于t_1/DIV＝0.5ms（同时应将“电压/度”和“时间/度”校准旋钮顺时针旋转到底）；

4. 耦合方式选择交流耦合方式（即AC）；

5. 信通“CH1”接到信号函数发生器的两端；

6. 光屏上应显示约5个周期的正弦波；

7. 若波形不稳定，调节触发电平控制旋钮。

四、单相正弦交流电的周期测试

1. 将示波器的CH1通道勾在函数信号发生器输出端的红色夹子端，接地夹子（黑色夹子）与函数信号发生器的接地端接在一起，光屏上应显示一定（约为5个）个数的正弦波；

2. 读出水平方向一个周期正弦信号格数为________格，

则周期T＝ t/DIV× 格＝ s。

如：f＝1000Hz，则T＝0.5t/DIV×2格＝1ms

五、单相正弦交流电的峰-峰值、最大值测试

读出垂直方向正弦信号峰谷（正弦信号的最低点）至峰顶（正弦信号的最高点）的格数为________格，则：

峰-峰值U_{p-p}＝ V/DIV× 格＝ V，最大值U_m＝$U_{p-p}/2$。

如：格数为2.5格，V/DIV＝2mV，则U_{p-p}＝2mV/DIV×2.5格＝5mV

$$U_m = 2.5\text{mV}$$

【评价】

函数信号发生器的认识	波形调节	幅值调节	频率调节	规范性	得分

示波器的认识	电压度旋钮的调节	时间度旋钮的调节	规范性	得分

【知识链接】

正弦交流电的大小和方向随时间作周期性变化，要完整描述一个正弦量就必须具备

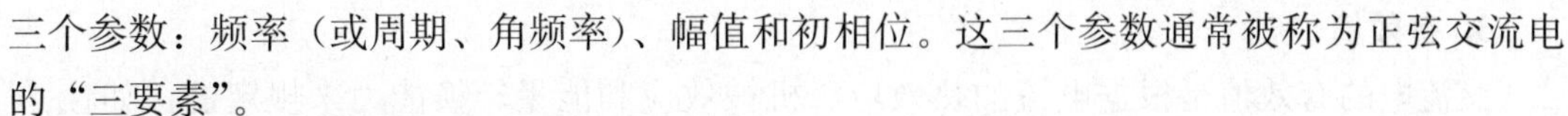

三个参数：频率（或周期、角频率）、幅值和初相位。这三个参数通常被称为正弦交流电的“三要素”。

一、频率、周期、角频率

1. 频率

交流电在1s钟内完成周期性变化的次数叫频率，用符号 f 表示，$f=\frac{次数}{1s}$，单位：赫兹（Hz），简称赫。例如 $f=50\text{Hz}$，即交流电在1s内变化了50次。

频率较大的单位还有kHz，MHz，满足以下关系：

$$1\text{MHz}=10^3\text{kHz}$$

$$1\text{kHz}=10^3\text{Hz}$$

2. 周期

人们把交流电完成一次周期性变化所需的时间称为交流电的周期，用符号 T 表示，$T=\frac{时间}{1次}$，单位：秒（s）。

由定义知，周期和频率互为倒数，即式（3-6）：

$$f=\frac{1}{T}\text{或}T=\frac{1}{f} \tag{3-6}$$

3. 角频率

交流电变化的快慢还可以用角频率表示。通常交流电变化一周也可用 2π 弧度来计量（正弦交流电的一个循环定为360°或 2π 个弧度，这个角度或弧度称为电角度），把交流电每秒钟所变化的电角度叫做交流电的角频率，又叫角速度，用符号 ω 表示，单位是rad/s。

周期、频率、角频率的关系为式（3-7）：

$$\omega=\frac{2\pi}{T}=2\pi f \tag{3-7}$$

二、瞬时值、最大值、有效值

1. 瞬时值

交流电在变化过程中某一时刻的值称为这一时刻交流电的瞬时值。电动势、电压、电流的瞬时值分别用小写字母 e、u 和 i 表示。瞬时值与三要素之间的关系叫交流电瞬时表达式。

$$e=E_\text{m}\sin(\omega t+\varphi)\text{V}$$

$$u=\dot{U}_\text{m}\sin(\omega t+\varphi)\text{V}$$

$$i=I_\text{m}\sin(\omega t+\varphi)\text{A}$$

2. 最大值

交流电最大的瞬时值称为最大值，也称为幅值或峰值。电量名称必须大写，下标加m，电动势、电压和电流的最大值分别用 E_m、U_m、I_m 表示。在波形图中，曲线的最高点对应的值即为最大值。最大值可反映交流电的强弱或电压的高低。

3. 有效值

交流电的有效值是根据电流的热效应、机械效应和能量转换能力来规定的。如让一个交流电流和一个直流电流分别通过阻值相同的电阻，如果在相同的时间内产生的热量相同（或做功、机械效应一样），那么就把这一直流电的数值叫做这一交流电的有效值。交流电动势、电压、电流的有效值分别用大写字母 E、U、I 表示。

正弦交流电的最大值与有效值之间存在如下关系如式（3-8）、（3-9）、（3-10）：

$$E=\frac{E_m}{\sqrt{2}}\approx 0.707E_m \tag{3-8}$$

$$U=\frac{U_m}{\sqrt{2}}\approx 0.707U_m \tag{3-9}$$

$$I=\frac{I_m}{\sqrt{2}}\approx 0.707I_m \tag{3-10}$$

三、相位、初相位、相位差

1. 相位

我们把 t 时刻线圈平面与中性面的夹角（$\omega t+\varphi$）称为正弦交流电的相位或相角。

2. 初相位

φ 为 $t=0$ 时的相位，叫做初相位，简称初相。它反映了正弦交流电起始时刻的状态。

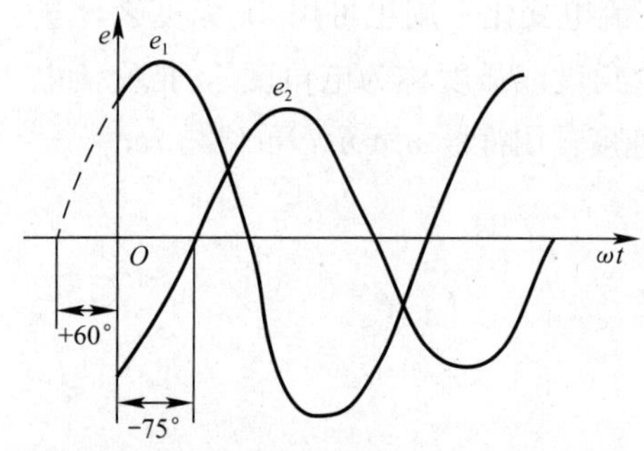

图 3-10　交流电动势 e_1、e_2 的初相位

交流电的初相可以是正，也可以是负或零。初相一般用弧度表示，也可以用角度表示。这个角度通常用不大于 180°的角来表示。

如图 3-10 所示中，交流电动势 e_1、e_2 的初相位分别为 +60°和 −75°。

3. 相位差

两个同频率的交流电相位之差叫相位差 $\Delta\varphi$（频率不同不能比较）。设 e_1 的初相位为 φ_1、e_2 的初相位为 φ_2，则其相位差为：$\Delta\varphi=\varphi_1-\varphi_2$。

（1）如果 $\Delta\varphi=\varphi_1-\varphi_2>0$，则 e_1 超前 e_2 或者 e_2 滞后 e_1，如图 3-11（*a*）所示；

（2）如果 $\Delta\varphi=\varphi_1-\varphi_2=0$，则这两个交流电同相位，如图 3-11（*b*）所示；

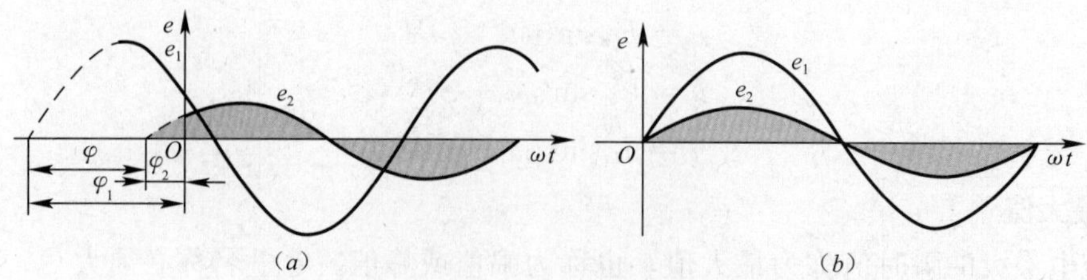

图 3-11　e_1、e_2 的几种相位关系（一）

（*a*）e_1 超前 e_2 或者 e_2 滞后 e_1；（*b*）e_1、e_2 同相位

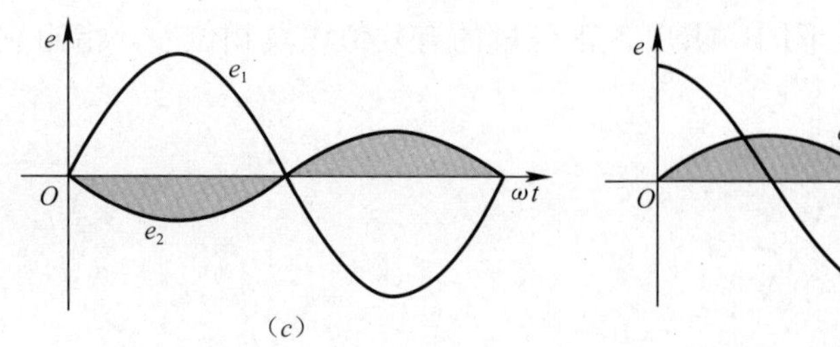

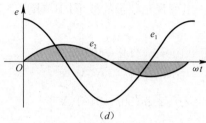

图 3-11　e_1、e_2 的几种相位关系（二）

（c）e_1、e_2 反相；（d）e_1、e_2 正交

（3）如果 $\Delta\varphi=\varphi_1-\varphi_2=\pi$，则这两个交流电反相，如图 3-11（c）所示；

（4）如果 $\Delta\varphi=\varphi_1-\varphi_2=90°$，则 e_1、e_2 正交，如图 3-11（d）所示；

【例 3-1】 已知：某交流电流的瞬时表达式为 $i=10\sin\left(314t+\frac{\pi}{3}\right)$A，试求该电流的最大值、有效值、角频率、频率、周期及初相位。

【解】 该电流最大值为 10A，有效值为 7.07A，

$$\omega t=314t,\quad 2\pi f=314,\quad f=\frac{314}{2}=50\text{Hz}$$

角频率为 314rad/s，频率为 50Hz，周期为 0.02s，

初相位为 $\varphi=\frac{\pi}{3}$。

【例 3-2】 某交流电压，有效值为 220V，周期为 0.01s，初相位为 60°，求该电压瞬时表达式 u。

【解】

$$\omega=\frac{2\pi}{T}=\frac{2\pi}{0.01}=628\text{rad/s},$$

$$U_m=\sqrt{2}U=220\sqrt{2}=311\text{V}$$

$$u=311\sin\left(628t+\frac{\pi}{3}\right)\text{V}$$

【复习思考】

1. 已知某正弦电压的振幅 $U_m=311$V，频率 50Hz，初相 $\varphi=-60°$，试写出此电压的有效值、峰-峰值以及瞬时值表达式。

2. 指出下列正弦量的最大值、角频率、频率、周期和相位。

（1）$u_1=100\sin(314t+60°)$V；

（2）$u_2=100\sqrt{2}\sin(2\pi\times1000t-60°)$V；

（3）$i_1=10\sin(50t-240°)$A。

3. 已知正弦量的三要素分别为，试分别写出它们的瞬时值函数表达式。

（1）$U_m=311$V，$f=50$Hz，$\varphi_1=135°$；

（2）$I_m=10\sqrt{2}$V，$f=100$Hz，$\varphi_2=-90°$。

4. 试画出下列正弦量的波形图，求出各正弦量的有效值以及相位差，指出它们的相位关系。

（1）$u_1=100\sin(314t+60^\circ)\text{V}$

$u_2=50\sin(314t-60^\circ)\text{V}$

（2）$i_1=10\sqrt{2}\sin(50t-240^\circ)\text{A}$

$i_1=5\sqrt{2}\sin(50t+30^\circ)\text{A}$

项目 4 单相正弦交流不同负载电路的测试

【项目概述】

单相正弦交流电路中负载有很多种，有纯电阻型、纯电感型、纯电容型或阻感型、阻容型、阻感容型等。生活中常见的有电炉（纯电阻）、冰箱的压缩机（纯电感）、家用电器中使用开关式稳压电源（容性负载），如图 4-1 所示。这些电路中，电压、电流、功率与负载之间存在什么样的关系呢？它对电能有什么样的影响呢？

（a）

（b）

（c）

图 4-1 单相交流电路不同负载举例

（a）电炉；（b）电冰箱压缩机（c）开关电源

任务 4.1　单相正弦交流电纯电阻电路的测量

【任务描述】

通过单相正弦交流纯电阻电路中电压与电流波形图的测量，了解单相纯电阻电路中电压与电流的大小和相位关系以及电压、电流同相位的概念；理解有功功率的概念。通过操作，了解单相纯电阻电路中电压与电流的测量和读数，进一步掌握函数信号发生器和示波器的使用方法。

【学习支持】

一、现场演示（见图 4-2）

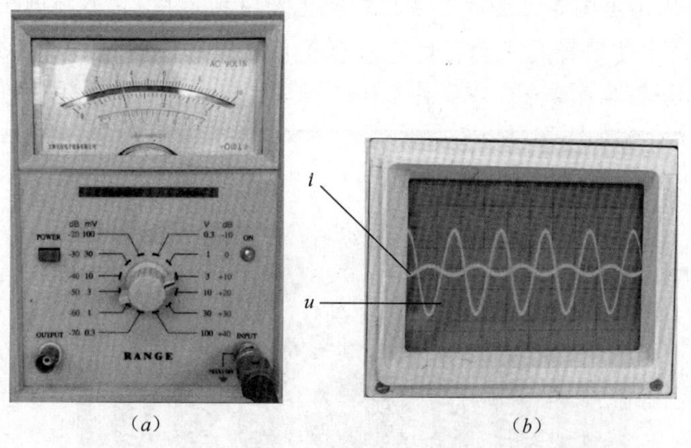

（a）　　（b）

图 4-2　单相交流纯电阻电路电压与电流波形演示

（a）U=1V；（b）u 与 i 实际相位相反的波形图

二、所用设备

1. 函数信号发生器 1 台（信号频率范围为 1～159000Hz，振幅≥5V）；
2. 双踪示波器 1 台（如：XJ4328）：
（1）打开双踪示波器电源开关，预热 3 分钟；
（2）将 t/DIV 旋钮置于 0.5ms 处，V_1/DIV、V_2/DIV 旋钮置于合适位置；
（3）调节各旋钮，使屏幕上显示两条光迹，不断电待用。
3. 交流毫伏表 1 台（如：WY2174）；
4. 电阻 1Ω，200Ω 各 1 个；
5. 信号通道线 2 路，导线若干。

【任务实施】

一、电路如图 4-3 所示。

二、开启电源，调节函数信号发生器主调和辅调旋钮，用毫伏表测量，使其输出电压 $U=3V$，$f=100Hz$ 的正弦交流电（如：采用某设备上的 A 口输出）；测量结束后，断电待用。

三、根据电路图 4-3 所示电路接线。

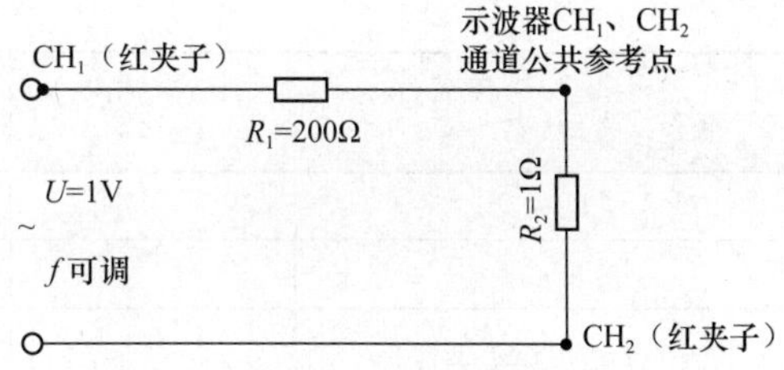

图 4-3　单相交流电纯电阻电路图

四、通电测试电压与电流波形并记录相关参数。

用双踪示波器显示电源在 100Hz 下的电压与电流波形：

1. 用 CH_1 通道测试该电路电源电压 U 的波形，因为 $R_2 \ll R_1$，所以 U_{R1} 可以近似看成电源电压；

2. 用 CH_2 通道测试该电路中电流波形，因为 R_2 取 1Ω，所以 U_{R1} 可近似看成该电路的电流。

注：由于使用双踪示波器来测电路中电压与电流，而示波器只能测电压波形，并且双踪示波器在使用时，两信号通道一定要用同一个公共参考点，故将电阻 R_2 上的电压视为电流，且 R_2 上的电压是规定正方向电压的反方向。

五、观察 u_{R1} 和 u_{R2} 的波形，读出两个波形的峰-峰值、最大值、有效值、周期以及相位差关系，对应填入表格 4-1 中，并画出其波形图。

表 4-1

测量值 / 信通	U_{p-p}	U_m	U	T	f	$\Delta\varphi$
u_{R1}						
u_{R2}						

画出其波形图：

六、不改变电源电压 $U=3V$，改变单相交流电的频率分别为：500Hz、1000Hz、2000Hz，依次通过 XJ4328 双踪示波器观察 R_1 和 R_2 两端的电压波形，读出两个波形的峰-峰值、最大值、有效值、周期以及相位关系，对应填入表格 4-2 中。

表 4-2

频率 Hz / 测量计算值	$f=100$	$f=500$	$f=1000$	$f=2000$
U_{R1p-p}				
U_{R1m}				
$U_{R1}=\dfrac{U_{R1p-p}}{2\sqrt{2}}$				

续表

测量计算值 \ 频率 Hz	$f=100$	$f=500$	$f=1000$	$f=2000$
U_{R2p-p}				
U_{R2m}				
$U_{R2}=\frac{U_{R2p-p}}{2\sqrt{2}}$				
$I=\frac{U_{R2}}{R_2}$				
$R_1=\frac{U_{R1}}{I}$				
$\Delta\varphi$				
T				

【评价】

接线	有无故障	故障排除		通电测试		规范性	得分
		独立排故	教师帮助下排故	示波器有无波形	读数正确		

【知识链接】

交流电路中如果只接有线性电阻，这种电路就叫纯电阻电路。例如白炽灯、电炉、电烙铁的交流电路都可近似看成是纯电阻电路。

一、电压与电流的关系

如图 4-4（a）所示，设加在电阻两端的电压为：$u_R=U_{Rm}\sin\omega t$，实验证明，在任一瞬间通过电阻的电流 i 仍可用欧姆定律计算，即式（4-1）、(4-2)：

$$i=\frac{u_R}{R}=\frac{U_{Rm}}{R}\sin\omega t=I_m\sin\omega t \tag{4-1}$$

可推出式(4-3)：

$$I_m=\frac{U_m}{R} \tag{4-2}$$

$$I=\frac{U}{R} \tag{4-3}$$

上式表明，在正弦电压的作用下，电阻中通过的电流也是一个同频率的正弦交流电流，且与加在电阻两端的电压同相位，如图 4-4（c）所示。

二、电路的功率

在交流电路中，电压和电流是不断变化的，我们把电压瞬时值 u 和电流瞬时值 i 的乘积称为瞬时功率，用小写字母 p 来表示，即式（4-4）：

$$p=ui \tag{4-4}$$

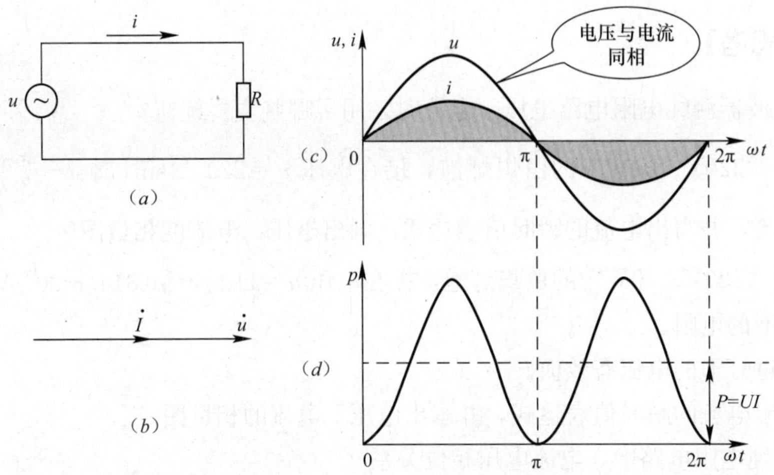

图 4-4　纯电阻电路、相量图及波形图

所以，纯电阻正弦交流电路的瞬时功率为式（4-5）：

$$p = u_R i = U_{Rm}\sin\omega t I_m \sin\omega t = U_{Rm} I_m \sin^2\omega t$$

$$= \frac{1}{2}U_{Rm}I_m(1-\cos 2\omega t) = U_R I - U_R I\cos 2\omega t \qquad (4\text{-}5)$$

瞬时功率的变化曲线如图 4-4（*d*）所示。由于电流和电压同相，所以 P 在任一瞬间的数值都大于或等于零，这说明电阻是一种耗能元件。

瞬时功率的计算和测量很不方便，一般只用于分析能量的转换过程。为了反映电阻所消耗的功率大小，通常用电阻在交流电一个周期内消耗功率的平均值来表示功率的大小，称为平均功率，又称有功功率，用 P 表示，单位仍是瓦（W）。

由式（4-5）可看出，第一项 $U_R I$ 是不随时间变化的，第二项 $-U_R I\cos 2\omega t$ 是随时间按余弦规律变化的，所以瞬时功率的平均值为式（4-6）：

$$P = U_R I \qquad (4\text{-}6)$$

也可以表示为式(4-7)：

$$P = I^2 R = \frac{U_R{}^2}{R} \qquad (4\text{-}7)$$

计算公式和直流电路中计算电阻功率的公式相同，但应注意的是，这里的 P 是平均功率，U_R 和 I 是有效值。

【例 4-1】 一个 $R=10\Omega$ 的电阻接在 $u=220\sqrt{2}\sin(314t+30°)$V 的交流电源上。

（1）试写出电流的瞬时值表达式；（2）画出电压、电流的相量图；（3）求电阻消耗的功率。

【解】（1）$I=\frac{U}{R}=\frac{220}{10}=22\text{A}$

$$i = 22\sqrt{2}\sin(314t+30°)\text{A}$$

（2）相量图如图 4-5 所示。

（3）$P=\frac{U^2}{R}=\frac{220^2}{10}=4840\text{W}$

图 4-5

【复习思考】

1. 用示波器测纯电阻电路电压、电流时，用了哪些主要旋钮？

2. 一只“220V、60W”的白炽灯泡，接在电压 $u=220\sqrt{2}\sin\left(314t-\frac{\pi}{3}\right)\text{V}$，试求流过灯泡的电流，并写出电流的瞬时值表达式，画出电压、电流的相量图。

3. 一只“220V、60W”的白炽灯泡，接在电压 $u=110\sqrt{2}\sin(314t+30°)\text{V}$，试求

(1) 灯泡的电阻。

(2) 流过灯泡的电流有效值。

(3) 写出电流的瞬时值表达式，并画出电压、电流的相量图。

4. 说明纯电阻电路中，电流电压相位关系。

5. 说明有功功率的含义。

任务 4.2 单相正弦交流电纯电感电路的测量

【任务描述】

通过单相正弦交流纯电感电路中电压与电流波形图的测量，了解单相纯电感电路中电压与电流的大小和相位关系以及电压超前电流 90°的概念；理解无功功率的概念。通过操作，了解单相纯电感电路中电压与电流的测量和读数，进一步掌握函数信号发生器和示波器的使用方法。

【学习支持】

一、现场演示（见图 4-6）

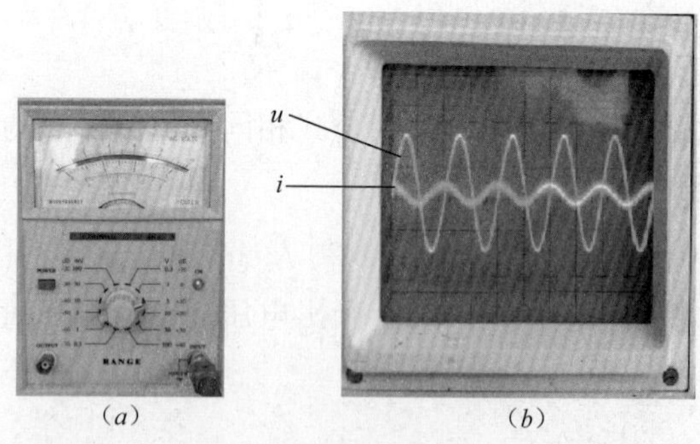

图 4-6 单相纯电感电路中电压与电流的波形演示

(a) $U=1\text{V}$；(b) u 与 i 实际相位相反的波形图

二、所用设备

1. 函数信号发生器 1 台（信号频率范围为 1～159000Hz，振幅≥5V）；

2. 双踪示波器 1 台（如：XJ4328）：

(1) 打开双踪示波器电源开关，预热 3 分钟；

(2) 将 t/DIV 旋钮置于 0.5ms 处，V_1/DIV、V_2/DIV 旋钮置于合适位置；

(3) 调节各旋钮，使屏幕上显示两条光迹，不断电待用。

3. 交流毫伏表 1 台（如：WY2174）；

4. 电阻 0.1Ω1 个、电感 30mH1 个；

5. 信号通道线 2 路，导线若干。

【任务实施】

一、电路图如图 4-7 所示。

二、开启电源，调节函数信号发生器主调和辅调旋钮，用毫伏表测量，使其输出电压 $U=1V$，$f=100Hz$ 的正弦交流电（如：采用某设备上的 A 口输出）；测量结束后，断电待用。

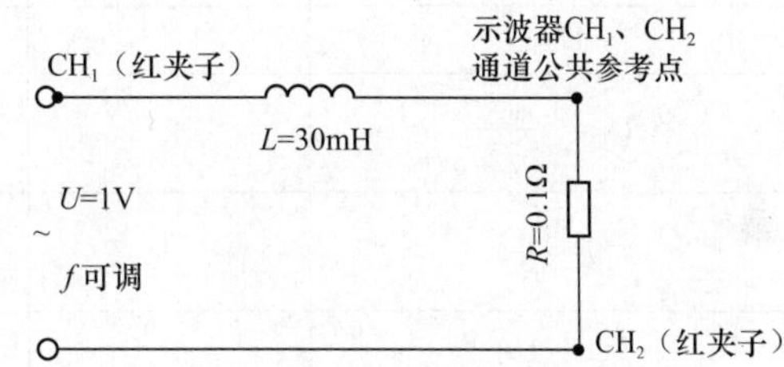

图 4-7　单相交流纯电感电路

三、根据电路图 4-7 所示电路接线。

四、通电测试电压与电流波形并记录相关参数。

用双踪示波器显示电源在 100Hz 下的电压与电流波形：

1. 用 CH_1 通道测试该电路电源电压 U 的波形，因为 $R \ll X_L$，所以 U_L 可以近似看成电源电压；

2. 用 CH_2 通道测试该电路中电流波形，因为 R 取 0.1Ω，所以 U_R 的波形可近似看成该电路的电流。

注：由于使用双踪示波器来测电路中电压与电流，而示波器只能测电压波形，并且双踪示波器在使用时，两信号通道一定要用同一个公共参考点，故将电阻 R 上的电压视为电流，且 R 上的电压是规定正方向电压的反方向。

五、观察 U_L 和 U_R 的波形，读出两个波形的峰-峰值、最大值、有效值、周期以及相位差关系，对应填入表格 4-3 中，并画出其波形图。

表 4-3

测量值 信通	U_{p-p}	U_m	U	T	f	$\Delta\varphi$
U_L						
U_R						

画出其波形图：

六、不改变电源电压不变$U=1V$，改变单相交流电的频率分别为：500Hz、1000Hz、2000Hz，依次通过XJ4328双踪示波器观察电感L和R两端的电压波形，读出两个波形的峰-峰值、最大值、有效值、周期以及相位关系，对应填入表格4-4中。

表4-4

测量计算值 \ 频率Hz	$f=100$	$f=500$	$f=1000$	$f=2000$
U_{Lp-p}				
U_{Lm}				
$U_L=\frac{U_{Lp-p}}{2\sqrt{2}}$				
U_{Rp-p}				
U_{Rm}				
$U_R=\frac{U_{Rp-p}}{2\sqrt{2}}$				
$I=\frac{U_R}{R}$				
$X_L=\frac{U_L}{I}$				
$\Delta\varphi$				
T				

【评价】

接线	有无故障	故障排除		通电测试		规范性	得分
		独立排故	教师帮助下排故	示波器有无波形	读数正确		

【知识链接】

在交流电路中，如果只用电感线圈做负载，而且线圈的电阻和分布电容均可忽略不计，这样的电路就叫纯电感电路（如发电机的励磁线圈、电风扇的调速器等）。

一、电流与电压的关系，如图4-8（a）所示，此电路是由纯电感组成的交流电路，该电路的负载是一个忽略了电阻和分布电容的空心线圈。

在纯电感电路中，电感线圈两端所加的电压为u_L，线圈中必定有交流电流i产生。由于交流电流时刻都在变化，因而在线圈内将产生自感电动势e_L，其大小为式（4-8）：

$$e_L=-L\frac{\Delta i}{\Delta t} \tag{4-8}$$

则线圈两端的电压为式（4-9）：

$$u_L=-e_L=L\frac{\Delta i}{\Delta t} \tag{4-9}$$

设通过线圈的电流为：$i=I_m\sin\omega t$，电流波形如图4-8（b）所示，现将一个周期的电

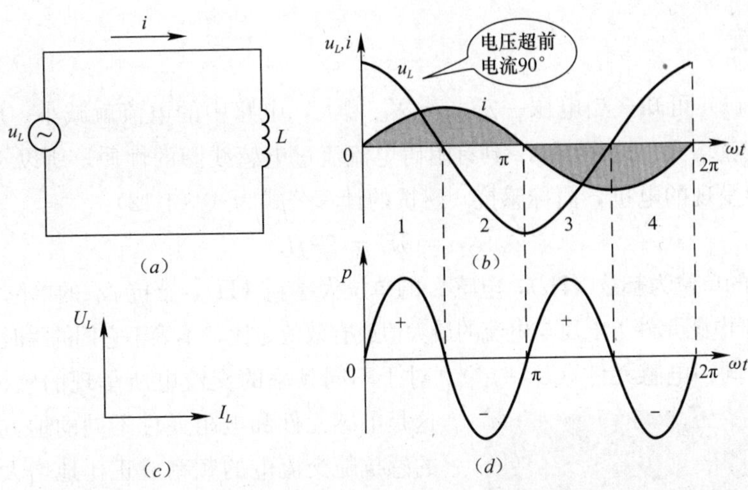

图 4-8　纯电感电路、相量图及波形图

流分成四个阶段来分析：

在第一个$\frac{1}{4}$周期内，即 $0\sim\frac{\pi}{2}$，电流从零增加到最大正值。电流变化率$\frac{\Delta i}{\Delta t}$为正值，且开始时最大，然后逐渐减小到零，电压 u_L 也从最大正值逐渐变为零，如图 4-8（b）所示。

在第二个$\frac{1}{4}$周期内，即$\frac{\pi}{2}\sim\pi$，电流从最大正值减小到零。电流变化率$\frac{\Delta i}{\Delta t}$为负值，且从零逐渐变到最大负值，电压 u_L 也从零逐渐变为最大负值。

在第三个$\frac{1}{4}$周期内，即 $\pi\sim\frac{3\pi}{2}$，电流从零增加到最大负值。电流变化率$\frac{\Delta i}{\Delta t}$为负值，且最大负值逐渐减小到零，电压 u_L 也从最大负值逐渐变为零。

在第四个$\frac{1}{4}$周期内，即$\frac{3\pi}{2}\sim 2\pi$，电流从最大负值减小到零。电流变化率$\frac{\Delta i}{\Delta t}$为正值，且从零逐渐变到最大正值，电压 u_L 也从零逐渐变为最大正值。

由此我们可以得出：在纯电感电路中，电感两端的电压超前电流 90°，或者说流过电感两端的电流滞后电压 90°。

设流过电感的正弦电流的初相为零，则电流、电压的瞬时值表达式为式（4-10）：

$$i = I_m \sin\omega t$$

$$u_L = U_{Lm}\sin\left(\omega t + \frac{\pi}{2}\right) \tag{4-10}$$

电流、电压的相量图如图 4-8（c）。

经数学推导可以证明，电流与电压最大值之间的关系：$U_{Lm}=\omega L I_m$；电流与电压有效值之间的关系：$U=\omega L I$ 或 $I=\frac{U}{\omega L}$。

若将 ωL 用符号 X_L 表示，则可得到式（4-11）：

$$I_L = \frac{U_L}{X_L} \tag{4-11}$$

这表明在纯电感正弦交流电路中，电流与电压的最大值及有效值之间也符合欧姆定律。

二、感抗

由式（4-11）可知，当电压一定，若 X_L 增大，电路中的电流就减小；反之，若 X_L 减小，则电流就增大。这表明 X_L 具有阻碍电流流过电感线圈的性质，所以 X_L 称为电感元件在电路中呈现的电抗，简称感抗。感抗的计算公式为式（4-12）：

$$X_L = \omega L = 2\pi fL \tag{4-12}$$

式中，频率 f 的单位为赫兹（Hz），电感 L 的单位为亨利（H），感抗 X_L 的单位为欧姆（Ω）。感抗 X_2 只等于电感元件上电压与电流的最大值或有效值之比，不等于它们的瞬时值之比。

这说明，同一电感元件（L 一定），对于不同频率的交流电所呈现的感抗是不同的，这是电感元件和电阻元件不同的地方。电感元件的感抗随交流电的频率成正比地增大。电感元件对高频交流电的感抗大，限流作用大，而对直流电流，因其 $f=0$，故 $X_L=0$，相当短路，所以电感元件在交流电路中的基本作用之一就是“阻交流通直流”或“阻高频通低频”。

图 4-9　常见扼流圈

一般用据此原理做成的一种电子器件——扼流圈，如图 4-9 所示。

低频扼流圈：通直流、阻交流。高频扼流圈：通低频、阻高频。

三、电路的功率

1. 瞬时功率

纯电感正弦交流电路中的瞬时功率等于电流瞬时值与电压瞬时值的乘积，即式（4-13）：

$$\begin{aligned} p &= u_L i = U_{Lm}\sin\left(\omega t+\frac{\pi}{2}\right)I_m\sin\omega t = U_{Lm}I_m\sin\omega t\cos\omega t \\ &= \frac{1}{2}U_{Lm}I_m\sin2\omega t = U_L I\sin2\omega t \end{aligned} \tag{4-13}$$

故电感元件的瞬时功率 p 也是按正弦规律变化的，其频率为电流频率的 2 倍。如图 4-8（d）所示。从图可知，在电流变化一个周期内，瞬时功率变化两周，即两次为正、两次为负，数值相等，则平均功率为零，也就是说，纯电感元件在交流电路中不消耗电能，它是一种储能元件。

2. 无功功率

电感线圈不消耗电源的能量，但电感元件与电源之间在不断地进行周期性的能量交换。

为了反映电感元件与电源之间进行能量交换的规模，我们把瞬时功率的最大值，叫做电感元件的无功功率，用 Q_L 表示，单位为乏（var），其数学表达式为式（4-14）：

$$Q_L = U_L I = I^2 X_L = \frac{U_L^2}{X_L} \tag{4-14}$$

无功功率反映的是储能元件与外界交换能量的规模。因此，“无功”的含义是“交

换”而不是消耗，是相对“有功”而言的，不能理解为“无用”。

【例 4-2】 一个 0.7H 的电感线圈，电阻可以忽略不计。

(1) 先将它接在 220V、50Hz 的交流电源上，试求流过线圈的电流和电路的无功功率。

(2) 若电源频率为 50Hz，其他条件不变，流过线圈的电流将如何变化？

【解】 (1) 线圈的感抗：$X_L=2\pi fL=2\times3.14\times50\times0.7=219.8\Omega$

流过线圈的电流：$I=\dfrac{U}{X_L}=\dfrac{220}{219.8}\approx1\text{A}$

电路的无功功率：$Q_L=I^2X_L=1\times219.8=219.8\text{var}$

(2) 当 $f=500\text{Hz}$ 时

线圈的感抗：$X_L=2\pi fL=2\times3.14\times500\times0.7=2198\Omega$

流过线圈的电流：$I=\dfrac{U}{X_L}=\dfrac{220}{2198}\approx0.1\text{A}$

电路的无功功率：$Q_L=I^2X_L=0.01\times219.8\approx2.2\text{var}$

可见，频率增高，感抗增大，电流减小。

【例 4-3】 在纯电感电路中，已知 $L=0.1\text{H}$，$i=2.2\sqrt{2}\sin(1000t+30°)\text{A}$，求 (1) 电压的瞬时值表达式；(2) 画出电流和电压相量图；(3) 求有功功率和无功功率。

【解】 (1) 线圈的感抗：$X_L=\omega L=1000\times0.1=100\Omega$

线圈两端的电压：$U=IX_L=2.2\times100=220\text{V}$

因为纯电感电路电压超前电流 90°，则电压的瞬时表达式为：

$$u=220\sqrt{2}\sin(1000t+120°)\text{V}$$

(2) 相量图如图 4-10 所示。

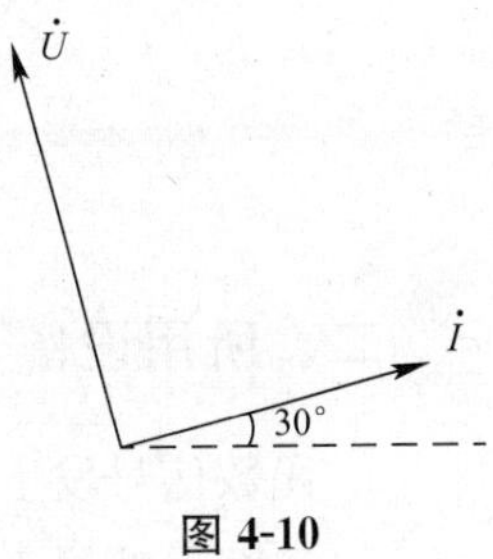

图 4-10

(3) $P=0$

$$Q=UI=220\times2.2=484\text{var}$$

【复习思考】

1. 在纯电感电路中，已知 $L=63.7\text{mH}$，$u=100\sqrt{2}\sin(314t-30°)\text{V}$。试写出电流的瞬时表达式，并画出电压、电流的相量图。

2. 一个 $L=0.5\text{H}$ 的线圈接在 220V、50Hz 的交流电源上。求线圈中的电流有效值和无功功率。当电源频率变为 100Hz，其他条件不变，线圈中的电流又是多少？

3. 说明纯电感电路中，电流电压相位关系。

4. 说明电感线圈在电路中所起的作用。

任务 4.3　单相正弦交流电纯电容电路的测量

【任务描述】

通过单相正弦交流纯电容电路中电压与电流波形的测量，了解单相纯电容电路中电压与电流的大小和相位关系以及电压滞后电流 90°的概念；理解无功功率的概念。通过操作，了解单相纯电容电路中电压与电流的测量和读数，进一步掌握函数信号发生器和示波器的使用。

【学习支持】

一、现场演示（见图 4-11）

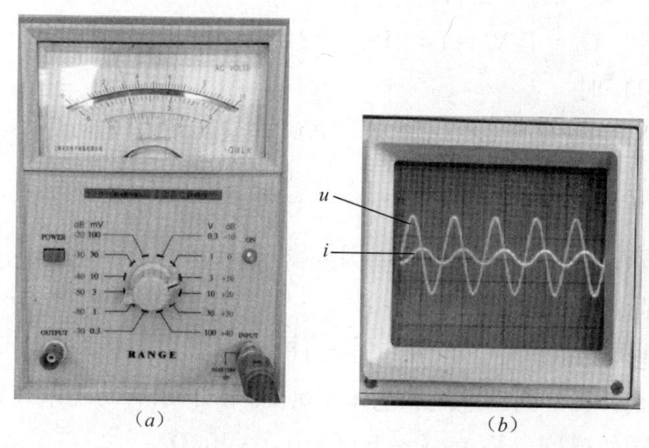

图 4-11 单相纯电容电路中电压、电流的波形演示

(*a*) U=1V；(*b*) u 与 i 实际相位相反的波形图

二、所用设备

1. 函数信号发生器 1 台（信号频率范围为 1～159000Hz，振幅≥5V）；
2. 双踪示波器 1 台（如：XJ4328）：

(1) 打开双踪示波器电源开关，预热 3 分钟；

(2) 将 t/DIV 旋钮置于 0.5ms 处，V_1/DIV、V_2/DIV 旋钮置于合适位置；

(3) 调节各旋钮，使屏幕上显示两条光迹，不断电待用。

3. 交流毫伏表 1 台（如：WY2174）；
4. 电阻 1Ω 1 个、电容 4.7μF 1 个；
5. 信号通道线 2 路，导线若干。

【任务实施】

一、电路如图 4-12 所示。

二、开启电源，调节函数信号发生器主调和辅调旋钮，用毫伏表测量，使其输出电压 U=5V，f=100Hz 的正弦交流电（如：采用某设备上的 A 口输出）；测量结束后，断电待用。

三、根据电路图 4-12 所示电路接线。

四、通电测试电压与电流波形并记录相关参数。

用双踪示波器显示电源在 100Hz 下的电压与电流波形：

1. 用 CH_1 通道测试该电路电源电压 U 的波形，因为 $R \ll X_C$，所以 U_C 可以近似看成电源电压；

2. 用 CH_2 通道测试该电路中电流波形，因为 R 取 1Ω，所以 U_R 的波形可近似看成该电路的电流。

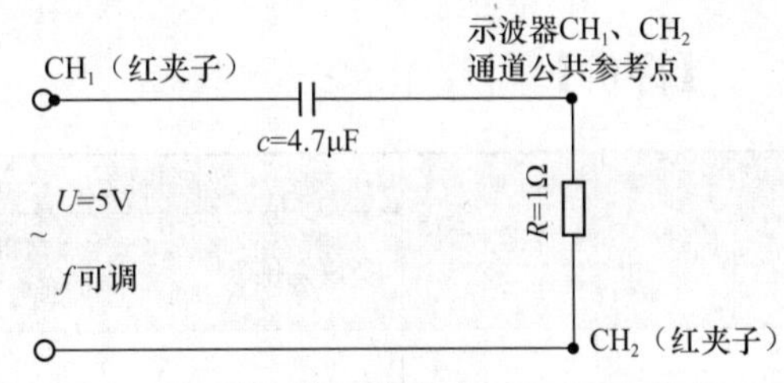

图 4-12　单相交流纯电容电路

注：由于使用双踪示波器来测电路中电压与电流，而示波器只能测电压波形，并且双踪示波器在使用时，两信号通道一定要用同一个公共参考点，故将电阻 R 上的电压视为电流，且 R 上的电压是规定正方向电压的反方向。

五、观察 U_C 和 U_R 的波形，读出两个波形的峰-峰值、最大值、有效值、周期以及相位差关系，对应填入表格 4-5 中，并画出其波形图。

表 4-5

测量值 / 信通	U_{p-p}	U_m	U	T	f	$\Delta\varphi$
U_C						
U_R						

画出其波形图：

六、改变单相交流电的频率分别为：500Hz、1000Hz、2000Hz，依次通过 XJ4328 双踪示波器观察电容 C 和 R 两端的电压波形，读出两个波形的峰-峰值、最大值、有效值、周期以及相位关系，对应填入表格 4-6 中。

表 4-6

频率 Hz / 测量计算值	$f=100$	$f=500$	$f=1000$	$f=2000$
U_{Cp-p}				
U_{Cm}				
$U_C=\frac{U_{Cp-p}}{2\sqrt{2}}$				
U_{Rp-p}				
U_{Rm}				
$U_R=\frac{U_{Rp-p}}{2\sqrt{2}}$				
$I=\frac{U_R}{R}$				
$X_C=\frac{U_C}{I}$				
$\Delta\varphi$				
T				

【评价】

<table>
<tr><th rowspan="2">接线</th><th rowspan="2">有无故障</th><th colspan="2">故障排除</th><th colspan="2">通电测试</th><th rowspan="2">规范性</th><th rowspan="2">得分</th></tr>
<tr><th>独立排故</th><th>教师帮助下排故</th><th>示波器有无波形</th><th>读数正确</th></tr>
<tr><td></td><td></td><td></td><td></td><td></td><td></td><td></td><td></td></tr>
</table>

【知识链接】

在交流电路中，只有电容作负载，且电容的绝缘电阻很大，介质损耗和分布电感均忽略不计，这样的电路叫纯电容电路，如图 4-13（*a*）所示。

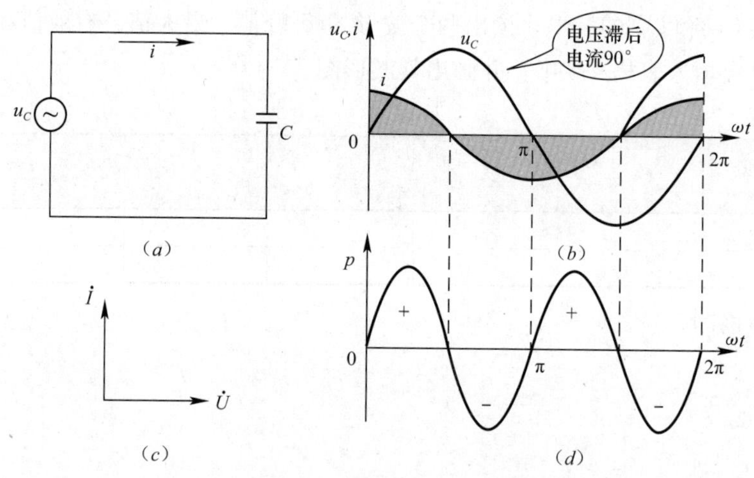

图 4-13 纯电容电路、相量图及波形图

一、电流与电压的关系

当把正弦交流电压 $u=U_m\sin\omega t$ 加到电容器时，由于电压随时间变化，电容器就不断进行充、放电，电路中也就有了电流，好似交流电“通过”了电容器。电容器两端的电压是随着电荷的积累（即充电）而升高，随着电荷的释放（即放电）而降低的。由于电荷的积累和释放都需要一定的时间，因此电容器两端的电压变化总是滞后电流的变化。

电容器极板上的电量也随着变化。这样在电容器电路中就有电荷移动。如果在 Δt 时间内，电容器极板上的电荷变化 ΔQ，因此电路中的电流为式（4-15）：

$$i=\frac{\Delta Q}{\Delta t}=C\frac{\Delta u_c}{\Delta t} \tag{4-15}$$

式（4-15）表明，电容器中的电流与电容器两端的电压的变化率成正比。电流波形如图 4-13（*b*）所示，现将一个周期的电流分成四个阶段来分析：

在第一个$\frac{1}{4}$周期内，即 $0\sim\frac{\pi}{2}$，u_c 从零增加到最大正值。电压变化率$\frac{\Delta u_c}{\Delta t}$为正值，且开始时最大，然后逐渐减小到零，则电流从最大正值逐渐变化到零；

在第二个$\frac{1}{4}$周期内，即$\frac{\pi}{2}\sim\pi$，u_c 从最大正值减小到零。电压变化率$\frac{\Delta u_c}{\Delta t}$为负值，且

从零逐渐变到最大负值，电流也从零逐渐变为最大负值；

在第三个$\frac{1}{4}$周期内，即 $\pi\sim\frac{3\pi}{2}$，u_c 从零增加到最大负值。电压变化率$\frac{\Delta u_c}{\Delta t}$为负值，且最大负值逐渐减小到零，电流也从最大负值逐渐变为零；

在第四个$\frac{1}{4}$周期内，即$\frac{3\pi}{2}\sim 2\pi$，u_c 从最大负值减小到零。电压变化率$\frac{\Delta u_c}{\Delta t}$为正值，且从零逐渐变到最大正值，电流也从零逐渐变为最大正值。

由上述分析可得：纯电容电路中，电流超前电压 90°，这与纯电感电路的电流、电压相位关系正好相反。电流、电压的相量图如图 4-13（c）所示。

设加在电容器两端的交流电压初相位为零，则电流、电压的瞬时表达式为式（4-16）：

$$u_c = U_{Cm}\sin\omega t$$

$$i = I_m\sin\left(\omega t + \frac{\pi}{2}\right) \tag{4-16}$$

经数学推导可以证明，电压与电流最大值的关系为式（4-17）：

$$I_m = \omega C U_{Cm} = \frac{U_{Cm}}{\frac{1}{\omega C}} \tag{4-17}$$

电压与电流有效值的关系为式（4-18）：

$$I = \omega C U_C = \frac{U_C}{\frac{1}{\omega C}} \quad 或 \quad U_C = \frac{1}{\omega C}\cdot I \tag{4-18}$$

若将$\frac{1}{\omega C}$用符号 X_C 表示，则得式（4-19）：

$$I_C = \frac{U_C}{X_C} \tag{4-19}$$

这说明与纯电感电路类似，在纯电容正弦交流电路中，电流与电压的最大值及有效值之间也符合欧姆定律。

二、容抗

由式（4-19）可以看出，X_C 起着阻碍电流通过电容器的作用，所以把 X_C 称为电容器的电抗，简称容抗。其计算式为式（4-20）：

$$X_C = \frac{1}{\omega C} = \frac{1}{2\pi f C} \tag{4-20}$$

式中频率 f 的单位为赫兹（Hz），电容 C 的单位是法拉（F），容抗 X_C 的单位为欧姆（Ω）。可见，同一电容元件（C 一定），对于不同频率的交流电所呈现的容抗是不同的。由于电容器的容抗与交流电的频率成反比，因此频率越高，容抗就越小，频率越低，容抗就越大。对直流电来讲 $f=0$，容抗为无限大，故相当于断路。所以电容元件在交流电路中的基本作用之一就是“隔直流，通交流”或“阻低频，通高频”。

与感抗相似，容抗 X_C 只等于电容元件上电压与电流的最大值或有效值之比，不等于它们的瞬时值之比。而且容抗只对正弦电流才有意义。

三、电路的功率

1. 瞬时功率

纯电容正弦交流电路中的瞬时功率等于电流瞬时值与电压瞬时值的乘积，即式（4-21）：

$$p = u_C i = U_{Cm}\sin\omega t I_m \sin\left(\omega t + \frac{\pi}{2}\right) = U_{Cm} I_m \sin\omega t \cos\omega t$$

$$= \frac{1}{2} U_{Cm} I_m \sin 2\omega t = U_C I \sin 2\omega t \tag{4-21}$$

故电感元件的瞬时功率 p 也是按正弦规律变化的，其频率为电流频率的 2 倍。如图 4-13（d）所示。

从图可知，在第一和第三个 1/4 周期内，电压的绝对值在增加，电容器处于充电状态，电压与电流同向，则瞬时功率为正，说明电容器吸收电源的能量，建立电场，储存电场能量，此时电容器起着一个负载的作用。

在第二和第四个 1/4 周期内，电压的绝对值在减小，电容器处于放电状态，电压与电流反向，则瞬时功率为负，说明电容器释放能量，将储存电场能量送给电源，此时电容器起着一个电源的作用。

所以电容元件与电感元件一样，也是一个储能元件。当然，我们这里将电容器元件看成绝缘介质材料要良好，没有漏电，电容本身没有能量损耗，所以充电时吸收的能量和放电时释放的能量相等，一个周期内的平均功率为零。

2. 无功功率

为了衡量电容元件与电源之间进行能量交换的规模，我们把电容元件的瞬时功率的最大值叫做电容元件的无功功率，用 Q_C 表示，即式（4-22）：

$$Q_C = U_C I = I^2 X_C = \frac{U_C^2}{X_C} \tag{4-22}$$

无功功率的单位为单位为乏（var）。

【例 4-4】 在纯电容电路中，已知 $i=2.2\sqrt{2}\sin(1000t+30°)$A，电容量 $C=100\mu$F，求：（1）电容器两端电压的瞬时值表达式；

（2）用相量表示电压和电流，并作出相量图；

（3）求有功功率和无功功率。

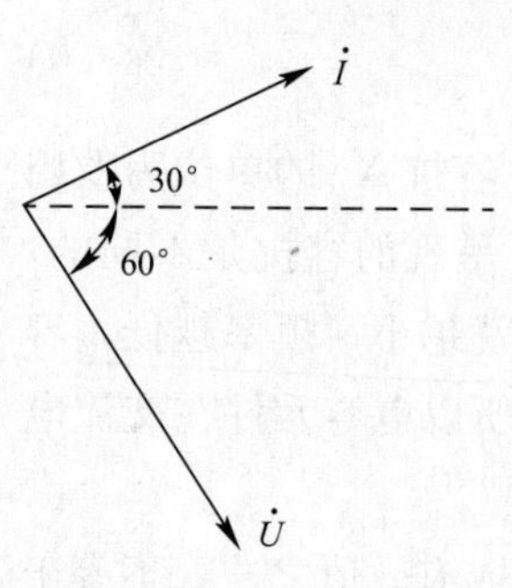

图 4-14

【解】（1）电容器的容抗：$X_C = \frac{1}{\omega C} = \frac{1}{1000 \times 100 \times 10^{-6}} = 10\Omega$

电容器两端的电压有效值：$U = IX_C = 2.2 \times 10 = 22$V

因为纯电容电路电流超前电压 90 °，则电压的瞬时表达式为：$u=22\sqrt{2}\sin(1000t-60°)$V

（2）相量图如图 4-14 所示。

（3）$P=0$

$$Q = UI = 22 \times 2.2 = 48.4\text{var}$$

【复习思考】

1. 在一个 $15\mu\text{F}$ 的电容器两端加一 $u=100\sin\left(314t+\frac{\pi}{3}\right)\text{V}$ 的正弦电压，求：

(1) 通过电容器的电流有效值及瞬时值表达式；

(2) 并画出电压、电流的相量图；

(3) 该电容器的有功功率和无功功率。

2. 说明纯电容电路中，电流、电压、相位的关系。

3. 说明电容器在电路中所起的作用。

项目 5
日光灯电路的测试

【项目概述】

生活中常见单相交流电路的负载是否一定为单一类型负载呢？答案肯定不是的，例如日光灯电路，既含有感性负载，也含有容性负载。

任务 5.1　日光灯电路的连接与测量

【任务描述】

通过日光灯正常工作时，测量电路中的电压、电流以及功率，观察各表的读数，了解视在功率、有功功率和无功功率；并通过讲解，理解视在功率、有功功率和无功功率的概念，掌握它们的区别。通过实际操作，熟悉交流电压表、电流表以及功率表的使用。

【学习支持】

一、现场演示（如图 5-1，电路中各电表指示）

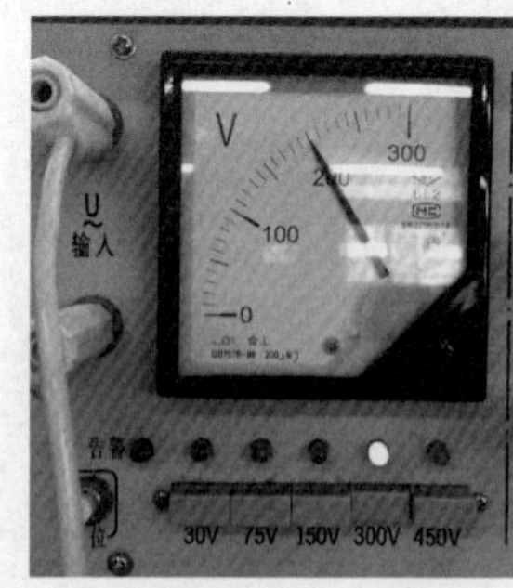

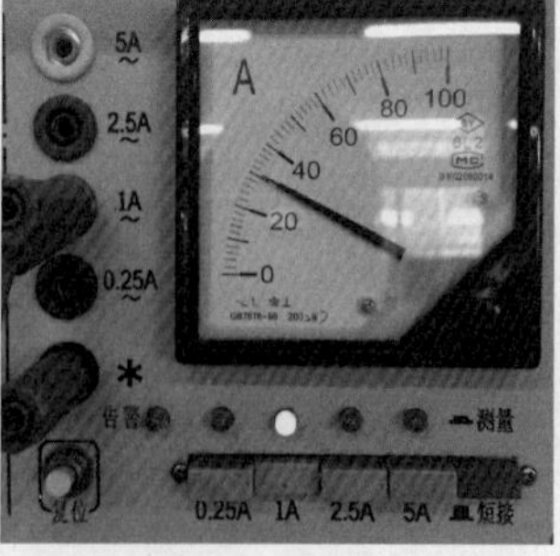

图 5-1　日光灯电路的测量

二、所用设备

1. 自耦变压器 1 台（电压可调范围 0～400V）；

2. 交流电压表 1 个（0～300V），交流电流表 1 个（0～1A）。

3. 功率表 1 个（如：D26-W）；

4. 30W（其他功率也可以）日光灯管一个，镇流器一个（与 30W 灯管配用），启辉器一个（与 30W 灯管配用）；

5. 导线若干。

【任务实施】

一、电路图如图 5-2 所示。

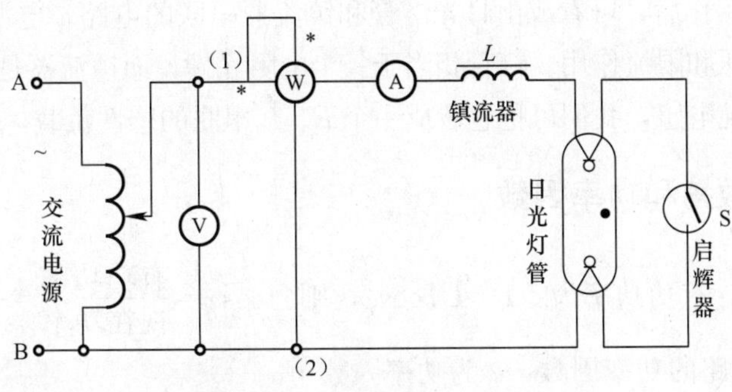

图 5-2　日光灯电路的测量

二、在接通电源前，先将自耦调压器手柄置在零位上。

三、按照电路图 5-2 所示正确接线，并查线。

四、通电初试，并观察现场有无异常情况（如冒烟等）；若有异常，应立即切断电源。

五、通电后情况正常，调节自耦调压器，使其输出电压缓慢增大，直到日光灯刚启辉点亮为止。

六、将自耦变压器电压调至 220V（即电压表读数为 220V），观察日光灯点亮情况，并测试参数并记录于表 5-1 中；若日光灯不亮，调节启辉器即可。如线路接线正确，日光灯不能启辉时，应检查启辉器及其接触是否良好等。

七、若遇故障，请在教师指导下排除故障。

表 5-1

测 量 值			计 算 值	
P（W）	I（A）	U（V）	$S=U\cdot I$（V·A）	$\cos\varphi=\frac{P}{S}$

【评价】

接线	通电测试		有无故障	故障排除		规范性	得分
	日光灯工作正常	仪器仪表读数正确		独立排故	教师帮助下排故		

【知识链接】

一、日光灯工作原理

接通电源后，启辉器内固定电极、可动电极间的氖气发生辉光放电，使可动电极的双金属片因受热膨胀而与固定电极接触，使内壁涂有发光化合物的日光灯管里的灯丝预热并发射电子。

启辉器接通后辉光放电停止，双金属片冷缩与固定电极断开，此瞬间镇流器将感应出的高电压加于灯管两端，使灯管内发射电子撞击发光化合物，然后以辐射方式发出可见荧光。

日光灯发光后，其两端电压急剧下降，下降到一定值，如 40W 日光灯下降到 110V 左右开始稳定工作。启辉器在电路启动过程中相当于一个点动开关。

当日光灯正常工作后，可看成由日光灯管和镇流器串联的电路，电源电压按比例分配。镇流器对灯管起分压和限流作用。灯管相当于一个电阻元件，而镇流器是一个具有铁心的电感线圈，但它不是纯电感，我们可把它看成一个 R、L 串联的感性负载，电流为 I_L。

二、功率因数角和功率因数

在交流电路中，有功功率为：$P=UI\cos\varphi$，则：$\cos\varphi=\dfrac{\text{有功功率}}{\text{视在功率}}=\dfrac{P}{S}$

式中的 $\cos\varphi$ 就是电路的功率因数，φ 为功率因数角。

功率因数是用电设备的一个重要技术指标。电路的功率因数是由负载中的电阻与电抗的相对大小所决定的，即电路中有功功率与无功功率的相对大小所决定。纯电阻负载电路中，$P=S$，$\varphi=0$，$\cos\varphi=1$。感性负载的功率因数是介于 0 和 1 之间。$\cos\varphi$ 越大，表示 P 越大。

图 5-3 D26-W 型功率表

三、功率的测量

直流电路和交流电路中的功率分别为 $P=UI$ 和 $P=UI\cos\varphi$，U、I 为负载电压和电流，φ 为电流相量与电压相量间夹角，$\cos\varphi$ 为功率因数。用于测量功率的仪表是功率表，如图 5-3 所示。

功率表的使用及正确接线：

1. 正确选择功率表的量程。选择功率表的量程就是选择功率表中的电流量程和电压量程。使用时应使功率表中的电流量程不小于负载电流，电压量程不小于负载电压，而不能仅从功率量程来考虑。例如，两只功率表，量程分别是 1A、300V 和 2A、150V，由计算可知其功率量程均为 300W，如果要测量一负载电压为 220V、电流为 1A 的负载功率时应选用 1A、300V 的功率表，而 2A、150V 的功率表虽功率量程也大于负载功率，但是由于负载电压高于功率表所能承受的电压 150V，故不能使用。所以，在测量功率前要根据负载的额定电压和额定电流来选择功率表的量程。

2. 功率表的正确接法必须遵守“发电机端”的接线规则。

(1) 功率表表面上标有“＊”号电流端和“＊”号的电压端，如图 5-4 所示。

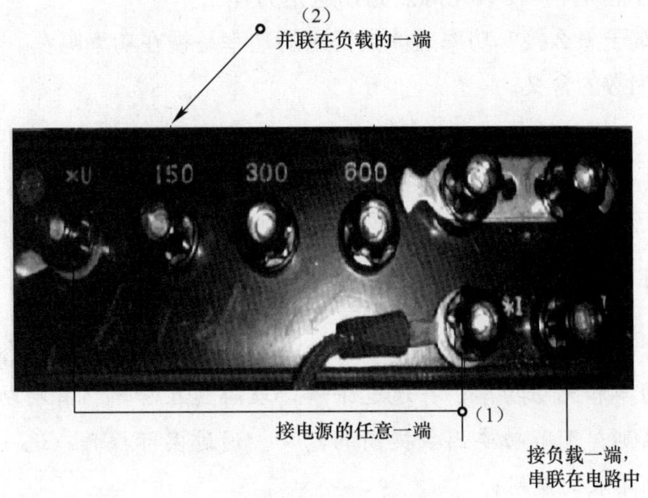

图 5-4　功率表的正确连线

(2) 功率表标有“＊”号的电流端必须接至电源的一端如图 5-2 中（1）端，而另一端则接至负载端。电流线圈是串联接入电路的。

(3) 功率表上标有“＊”号的电压端可接电流端的任一端而另一端则并联至负载的另一端，如图 5-2 所示。功率表的电压支路是并联接入电路的。

3. 正确读数

一般安装式功率表为直读单量程式，表上的示数即为功率数。

但便携式功率表一般为多量程式，在表的标度尺上不直接标注示数，只标注分格。在选用不同的电流与电压量程时，每一分格都可以表示不同的功率数。在读数时，应先根据所选的电压量程 U、电流量程 I 以及标度尺满量程时的格数 α_m，求出每格瓦数（又称功率表常数）C，然后再乘上指针偏转的格数，就可得到所测功率 P，即式（5-1）、(5-2)：

$$C=\frac{UI}{\alpha_m} \tag{5-1}$$

$$P=格数\times C \tag{5-2}$$

【例 5-1】 有一只电压量程为 250V，电流量程为 3A，标度尺分格数为 75 的功率表，现用它来测量负载的功率。当指针偏转 50 格时负载功率为多少？

【解】 先计算功率表常数 C

$$C=\frac{UI}{\alpha_m}=\frac{250\times3}{75}=10\text{W}$$

故被测功率为：$P=格数\times C=50\times10=500\text{W}$

【复习思考】

1. 日光灯的启辉器的作用是什么？

2. 日光灯电路有哪些元件组成？试说明每部分元件的作用。

3. 在日常生活中，当日光灯缺少了启辉器时，人们通常用一根导线将启辉器的两端短接一下，然后迅速断开，使日光灯点亮，这是为什么？

4. 功率表各端子怎么接？功率表读数得出的功率是视在功率吗？

5. 说明功率因数的含义。

任务 5.2　日光灯电路功率因数的提高

【任务描述】

通过日光灯并联电容后测量电路中的电压、电流以及功率，观察各表的读数，了解视在功率、有功功率和无功功率；并通过讲解，理解视在功率、有功功率和无功功率的关系以及它们的区别；理解功率因数提高的意义。通过实际操作，进一步熟悉交流电压表、电流表以及功率表的使用；

【学习支持】

一、现场演示（如图 5-5，电路中各电表指示）

(a)　(b)　(c)　(d)　(e)

图 5-5　日光灯电路功率因数的提高

(a) 电源电压；(b) 日光灯消耗的功率；(c) 并联 1μF 电容时的总电流；(d) 并联 2.2μF 电容时的总电流；(e) 并联 4.7μF 电容时的总电流

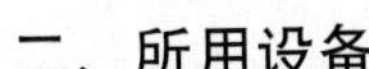

二、所用设备

1. 自耦变压器 1 台（电压可调范围 0～400V）；
2. 交流电压表 1 个（0～300V），交流电流表一个（0～1A）；
3. 功率表 1 个（如：D26-W）；
4. 30W（其他功率也可以）日光灯管 1 个，镇流器 1 个（与 30W 灯管配用），启辉器 1 个（与 30W 灯管配用）；
5. 电容器 3 个（1μF、2.2μF、4.7μF 各 1 个）；
6. 测电流专用线 1 根、导线若干。

【任务实施】

一、实验电图如图 5-6 所示。

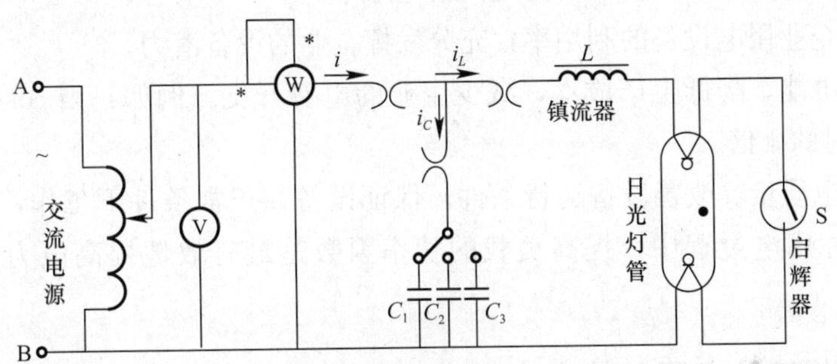

图 5-6　日光灯电路功率因数的提高

二、在接通电源前，先将自耦调压器手柄置在零位上。

三、按照电路图 5-6 正确接线，并查线。

四、通电初试，并观察现场有无异常情况（如冒烟等）；若有异常，应立即切断电源。

五、通电后情况正常，调节自耦调压器，使其输出电压缓慢增大，直到日光灯刚启辉点亮为止。

六、将自耦变压器电压调至 220V（即电压表读数为 220V），观察日光灯点亮情况，并测试参数并记录于表 5-2 中 $C=0$ 时的各电参量；若日光灯不亮，调节启辉器即可。如线路接线正确，日光灯不能启辉时，应检查启辉器及其接触是否良好。若遇故障，请在教师指导下排除故障。

七、改变电容值，进行重复测量并记录于表 5-2 中。

表 5-2

电容值	测量数值					计算值	
C（μF）	P（W）	U（V）	I_L（A）	I_C（A）	I（A）	$S=U\cdot I$	$\cos\varphi=\frac{P}{S}$
0							
1							
2.2							
4.7							

【知识链接】

对于电力系统中的供电部分，理论上发电机供电得到完全的利用，因为 $P=UI\cos\varphi$ 中的 $\cos\varphi=1$；但是当负载为感性或容性时，$\cos\varphi<1$，发电机供电就得不到充分利用。为了最大程度利用发电机的容量，就必须提高其功率因数。

对于电力系统中的输电部分，输电线上的损耗：$P=I^2R$，负载吸收的平均功率：$P=UI\cos\varphi$，因为 $I=\frac{P}{U\cos\varphi}$，所以当电压 U 及功率 P 都不变时，功率因数 $\cos\varphi$ 越大则导线上电流越小，即输电线上的损耗越小。提高功率因数 $\cos\varphi$ 会降低输电线上的功率损耗。

一、提高功率因数的意义

1. 因发电机的发电容量的限定，故提高 $\cos\varphi$ 也就使发电机能多输出有功功率。

2. 可减少线路的功率损失，提高电网输电效率。

3. 能提高企业用电设备的利用率，充分发挥企业的设备潜力。

4. 可节约电能，降低生产成本，减少企业的电费开支。例如：当 $\cos\varphi=0.5$ 时的损耗是 $\cos\varphi=1$ 时的 4 倍。

5. 提高用电质量，改善设备运行条件，保证设备在正常条件下工作，这就有利于安全生产。在实际用电过程中，提高负载的功率因数是最有效地提高电力资源利用率的方式。

二、常用提高功率因数的方法

实际中可使用电路电容器或调相机，一般多采用电力电容器补偿无功，即：在感性负载上并联电容器。

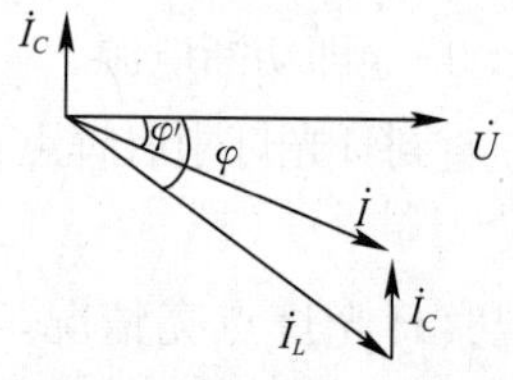

图 5-7 提高电路功率因数的相量图

$\dot{U}$——电源电压；
$\dot{I}$——补偿后电路总电流；
$\dot{I}_L$——日光灯支路电流；
$\dot{I}_C$——电容支路电流；
φ——补偿前电路的电压与电流间相位角；
φ'——补偿后电路的电压与电流间相位角。

在感性负载上并联电容器的方法可用电容器的无功功率来补偿感性负载的无功功率，从而减少甚至消除感性负载于电源之间原有的能量交换。

电力系统中的负载大部分是感性的，因此总电流将滞后电压一定角度，如图 5-7 所示，将并联电容器与负载并联，使总电流减小，功率因数将提高。

设日光灯电路两端电压 U 的相位超前于日光灯电路电流 I_L 相位 φ 角，则日光灯电路的功率因数为 $\cos\varphi$，如图 5-7 所示。

并联电容器的补偿方法又可分为：

1. 个别补偿。即在用电设备附近按其本身无功功率的需要量装设电容器组，与用电设备同时投入运行和断开，也就是在实际中将电容器直接接在用电设备附近。适合用于低压网络，优点是补偿效果好，缺点是电容器利用率低。

2. 分组补偿。即将电容器组分组安装在车间配电室或变电所各分路出线上，它可与工厂部分负荷的变动同时投入或切除，也

就是在实际中将电容器分别安装在各车间配电盘的母线上。优点是电容器利用率较高且补偿效果也较理想。

3. 集中补偿。即把电容器组集中安装在变电所的一次或二次侧的母线上。在实际中会将电容器接在变电所的高压或低压母线上，电容器组的容量按配电所的总无功负荷来选择。

优点：是电容器利用率高，能减少电网和用户变压器及供电线路的无功负荷。缺点：不能减少用户内部配电网络的无功负荷。

【复习思考】

1. 为了提高功率因数，常在感性负载上并联电容，此时增加了一条电流支路，试问电路的总电流 I、电容电流 I_c 以及流过镇流器 I_L 怎样变化？此时感性元件上的电流和功率是否改变？

2. 电力供电系统中为什么要提高功率因数？

3. 提高功率因数通常采用并联电容的方法，试问还可以采用别的方法吗？请说明。

项目 6 三相正弦交流电路不同负载的测试

【项目概述】

家里电器用得都是 220V 的单相交流电，而工厂很多地方要用 380V 的交流电，这是为什么？见过图 6-1 所示这种插头、插座吗？它又为什么需要 4 个“眼”？为什么不是所有线路上都可以安装保险丝？学习完这个项目，一切都会有答案。

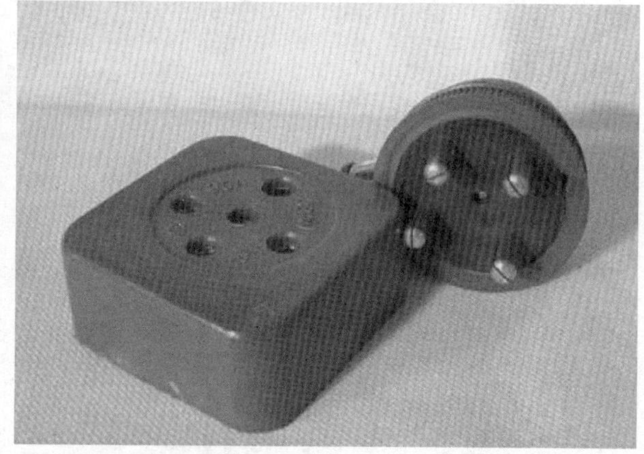

图 6-1 三相四线交流插座

任务 6.1 三相正弦交流电路的星形负载的连接与测量

【任务描述】

通过三相正弦交流电星形负载的连接与测量，观察交流电压表、电流表的读数，理解相电压、线电压以及相电流与线电流的区别；并通过讲解，了解相电压、线电压以及相电流与线电流的概念，掌握它们的区别以及中性线的作用。通过实际操作，进一步熟悉交流电压表、电流表读数与使用。

【学习支持】

一、现场演示（如图 6-2，电路中各电表指示）

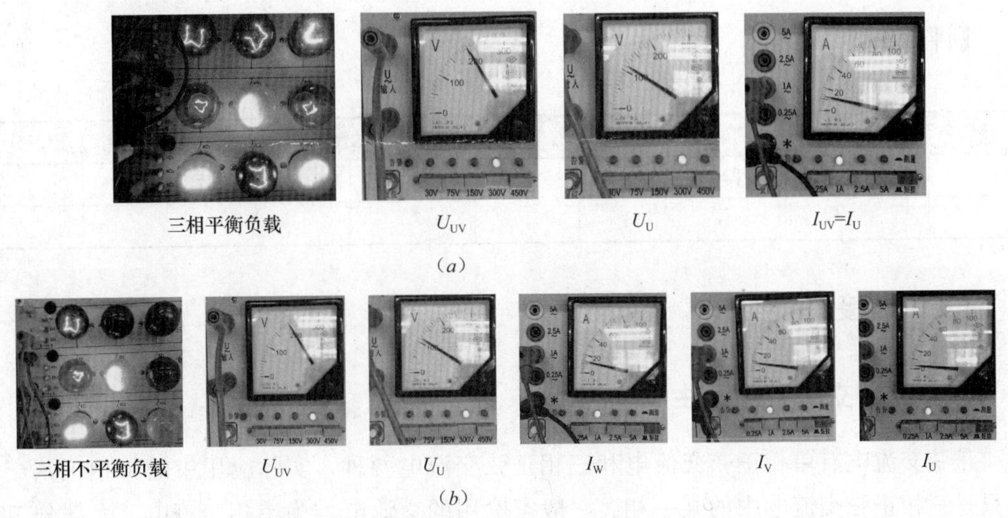

图 6-2　三相交流电星形负载电路测试

（a）星形平衡负载；（b）星形不平衡负载

二、所用设备

1. 三相自耦变压器 1 台（电压可调范围 0～400V）；
2. 交流电压表 1 个（0～300V），交流电流表 1 个（0～1A）；
3. 9 个灯泡（220V/15W，或其他小功率的灯泡）；
4. 电流专用线、导线若干。

【任务实施】

一、实验电路图如图 6-3 所示。

二、在接通电源前，先将三相自耦调压器手柄置在零位上。

三、按照电路图 6-3 正确接线，并查线。

四、通电初试，并观察现场有无异常情况（如冒烟等）；若有异常，应立即切断电源。

五、通电后情况正常，调节自耦调压器，使三相交流电源相电压调为 150V，观察各表数据，并记录于表 6-1 中。遇故障，请在教师指导下排除故障。

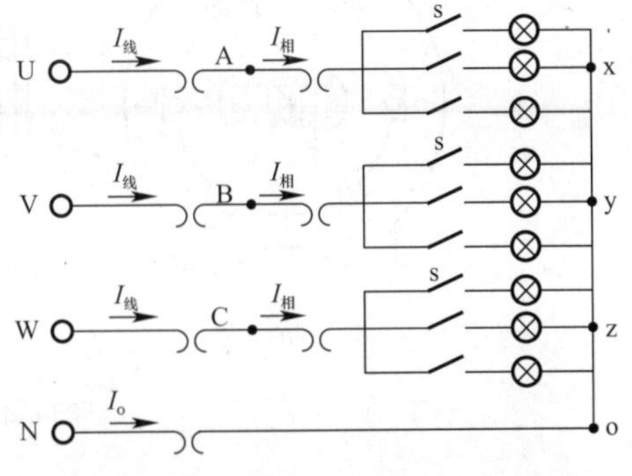

图 6-3　三相交流电路星形负载的电路图

表 6-1

测量数据 / 负载情况	开灯盏数			线电流（A）			线电压（V）			相电压（V）			中线电流 I_0（A）
	A 相	B 相	C 相	I_U	I_V	I_W	U_{UV}	U_{VW}	U_{WU}	U_U	U_V	U_W	
Y_0 接平衡负载	3	3	3										
Y_0 接不平衡负载	1	2	3										

【评价】

接线	通电测试		有无故障	故障排除		规范性	得分
	灯泡工作正常	仪器仪表读数正确		独立排故	教师帮助下排故		

【知识链接】

一、三相交流电的产生

正弦交流电有单相正弦交流电和三相正弦交流电两种，实际应用中的单相正弦交流电只是三相正弦交流电中的某一相。一般家庭用的交流电均为单相交流电，大部分工业用电，很多都是三相交流电路。

高压输电线，通常是四根线（称为三相四线，其中有一条线为中性线）。这三根导线分别对接地线的电压叫做“相电压”，三线中每两根线之间的电压叫做“线电压”。

相电压和线电压对时间的变化以正弦曲线表示，峰值和有效值之间的关系完全与单相交流电之间关系相同。三相输电线的电压值常指线路电压的有效值。

三相电动势一般是由发电厂中的三相交流发电机产生的。三相交流发电机的示意图（以一对磁极为例）如图 6-4（*a*）所示，主要有转子和定子构成。定子中嵌有三个完全相同的绕组。如图 6-4（*b*）所示，这三个绕组在空间位置上彼此相隔 120°，各绕组的始端分别用 U_1、V_1、W_1 表示，末端用 U_2、V_2、W_2 表示。转子是具有一对磁极的电磁铁，其磁极表面的磁场按正弦规律分布。

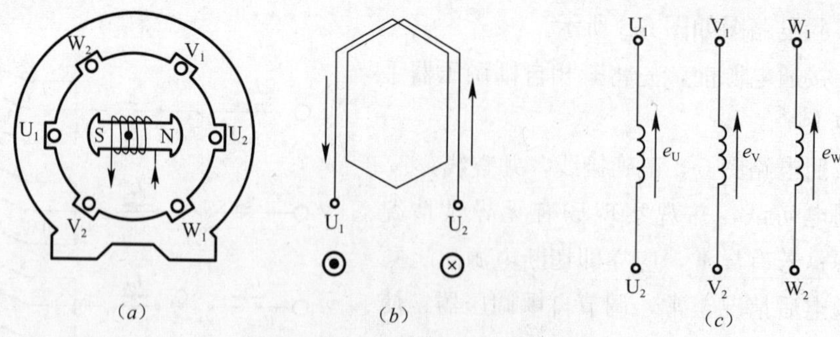

图 6-4　三相交流电的产生

当转子由原动机带动，以匀速逆时针转动时，则有每相绕组切割磁力线，产生频率

相同、幅值相等的正弦电动势 e_U、e_V、e_W。电动势的参考方向选定为绕组的末端指向始端，如图 6-4（c）所示。

由图 6-4（a）可知，当磁极的 N 极转到 U_1 处时，U 相的电动势达到正的最大值。经过 120°后，磁极的 N 极转到 V_1 处时，V 相的电动势达到正的最大值。同理，再由此经过 120°后，W 相的电动势达到正的最大值。周而复始，这三相电动势的相位互差 120°。这种最大值相等、频率相同、相位互差 120°的三个正弦电动势称为对称三相电动势。

三相正弦交流电动势的表示方法：以三相对称电动势中的 U 相为参考正弦量，可得到它们的瞬时值表达式，即式（6-1）：

$$
\begin{aligned}
e_U &= E_m \sin\omega t \\
e_V &= E_m \sin(\omega t - 120°) \\
e_W &= E_m \sin(\omega t - 240°) = E_m \sin(\omega t + 120°)
\end{aligned} \tag{6-1}
$$

其波形图和相量图分为如图 6-5（a）、（b）所示。

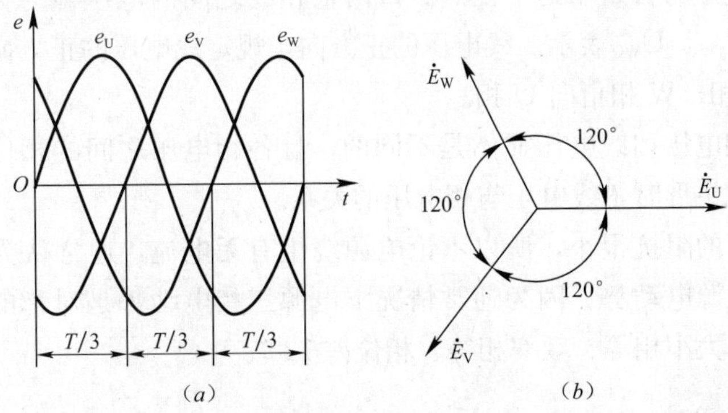

图 6-5　三相交流电的波形图和相量图

三相交流电出现正幅值（或相应零值）的顺序称为相序。在图 6-5 中三相电动势到达正幅值的顺序为 e_U、e_V、e_W，其相序为 U—V—W—U，称为正序或顺序；若最大值出现的顺序为 V—U—W—V，恰好与正序相反，称为负序或逆序。工程上常用的相序是正序。

二、三相交流电源绕组的连接

对于三相交流发电机所发出的三相电必须采取适当的连接方法才能发挥三相交流电的功效。常用的接法有：星形接法和三角形接法。

1. 三相交流电源绕组的星形连接

把三相电源三个绕组的末端 U_2、V_2、W_2 连接在一起，成为一公共点 O，从始端 U_1、V_1、W_1 引出三条端线，这种接法称为“星形接法”又称“Y 形接法”，如图 6-6 所示。从每相绕组始端引出的导线叫做“相线”，俗称“火线”。工程上将 A、B、C 三相线分别用黄、绿、红三种颜色来区别。末端 X、Y、Z 连接在一起的一点 O 称为“中性点”，用 N 表示。从中性点引出的导线称为“中性线”，简称“中线”。

这种具有中线的三相供电系统称为“三相四线制”，如图 6-6（a）。这种方式通常在低压配电系统中使用。无中性线的三相制叫做三相三线制，如图 6-6（*b*）所示。这种方式适用于远距离高压输电，可大大节省输电线路成本。

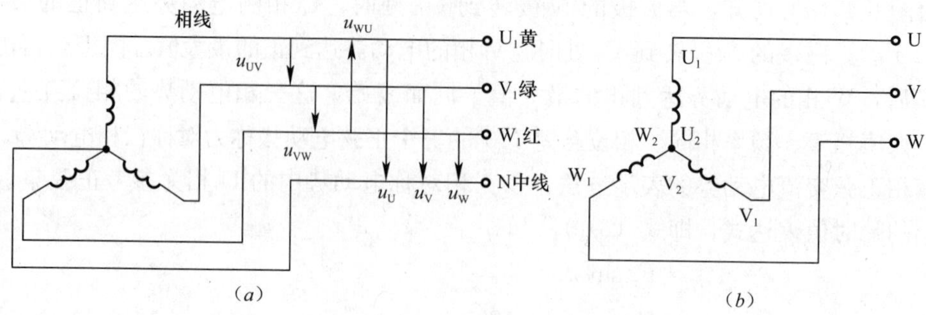

图 6-6　三相正弦交流电的 Y 连接

每相相线与中线间的电压称为“相电压”，其有效值分别用 U_U、U_V、U_W 来表示。相电压的正方向规定为自始端到中性点。每两根相线之间的电压称为“线电压，其有效值分别用 U_{UV}、U_{VW}、U_{WU}表示。线电压的正方向，规定线电压的正方向为自 U 相指向 V 相，V 相指向 W 相，W 相指向 U 相。

星形接法，相电压和线电压显然是不同的，且各相电压之间的相位不同。现来分析一下三相电源接成星形时，线电压与相电压的关系。

一般电源绕组的阻抗很小，所以不论电源绕组有无电流，通常认为电源各电压的大小就等于相应的电源电动势。因为通常情况下电源三相电动势是对称的，故电源三相电压也是对称的，即大小相等、频率相等、相位差 120°。

由图 6-5 可得式(6-2)：

$$\begin{aligned}\dot{U}_{UV} &= \dot{U}_U - \dot{U}_V \\ \dot{U}_{VW} &= \dot{U}_V - \dot{U}_W \\ \dot{U}_{WU} &= \dot{U}_W - \dot{U}_U\end{aligned} \tag{6-2}$$

相电压和线电压的相量图如图 6-7 所示。由图可见线电压也是对称的，在相位上比相应的相电压超前 30°。由此相量图通过几何知识可以得到线电压与相电压在数量上的关系为式（6-3）：

$$U_{线} = \sqrt{3}U_{相} \tag{6-3}$$

因此采用三相四线制供电时，可以从三相电源获得两种电压。一种是对称的相电压，另一种是对称的线电压。例如，我们所用的城市供给电压，其相电压为 220V，线电压 380V，常写作“电源电压 380/220V”。

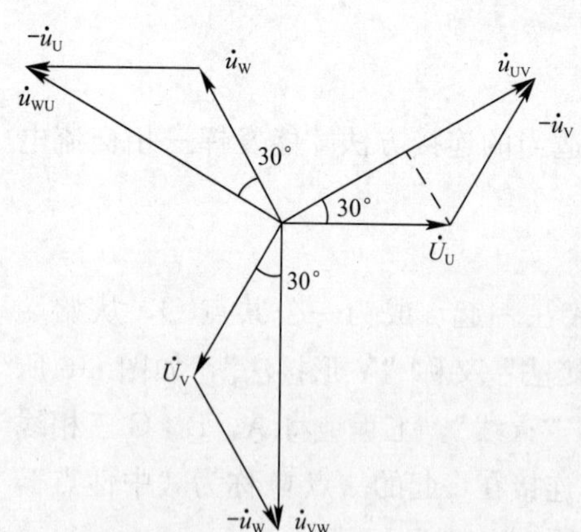

图 6-7　相电压和线电压的相量图

2. 三相交流电源绕组的三角形接法

将三相电源内每相绕组的末端和另一相绕组的始端依次相连，这样的连接法称为“三角形接法”，也称“△接法”。如图 6-8 所示。

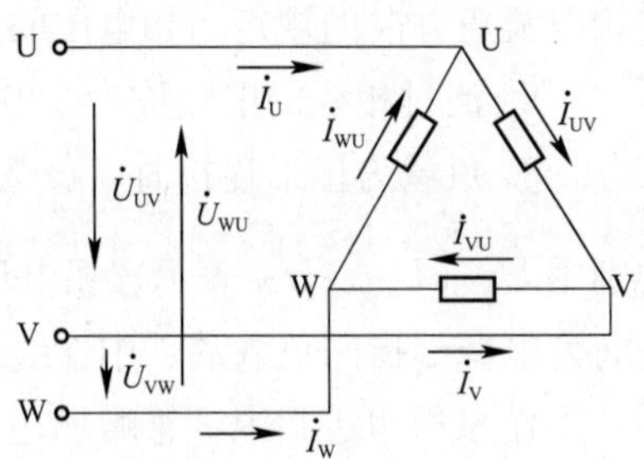

图 6-8　三相交流电源绕组的三角形接法

由图 6-8 可见，在“△接法”中，端线之间的线电压也就是电源每相绕组的相电压，即式（6-4）：

$$U_{线} = U_{相} \tag{6-4}$$

若三相电动势为对称三相正弦电动势，则三角形闭合回路的总电动势等于零，即式（6-5）：

$$\dot{E} = \dot{E}_U + \dot{E}_V + \dot{E}_W = 0 \tag{6-5}$$

电源绕组的三角形接法和星形接法不同。在连接负载以前，三角形接法就已经构成了闭合回路。这一闭合回路的阻抗是很小的。所以三角形接法只有在作用于闭合回路的电动势之和为零时才可以。

否则，在闭合回路中会有很大的电流产生，结果将使电源绕组过分发热而烧毁。因此三相发电机绕组一般不宜采用三角形接法而采用星形接法，三相变压器绕组有时采用三角形接法，但要求在连接之前必须检查三相绕组的对称性及接线顺序。

三、负载的连接方式

三相电路中的三相负载可能相同也可能不同，通常把各相负载相同（即阻抗大小相同，阻抗角也相同）的三相负载，称作对称三相负载，如三相电动机等。如果各相负载不相同，称为不对称负载。

在一个三相电路中，三相电源和三相负载都是对称的，则称为对称三相电路，反之称为不对称三相电路。由于一般情况下，三相电源都是对称的，因而通常把对称三相负载组成的电路称为三相对称电路，把有不对称负载组成的电路称为三相不对称电路。

三相负载的连接有星形连接（Y）与三角形连接（△）两种。

负载的星形连接是将三个负载的 Z_U、Z_V、Z_W 的一端连接在一起，成为负载中性点 N′，并接于三相电源的中线上，三个负载的另一端分别与三根端线（相线）U、V、W 相接。如图 6-9 所示的接法就是负载的星形接法。

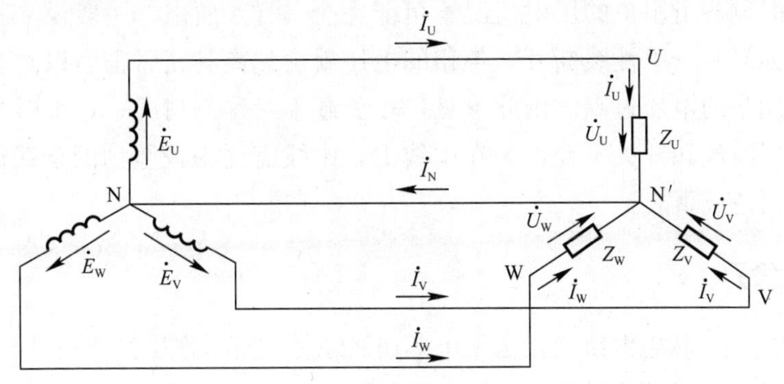

图 6-9　三相负载的星形连接

在三相电路中规定：

1. 每相负载两端的电压称为负载的相电压，流过每相负载的电流称为负载的相电流；

相电流正方向的规定与相电压的正方向一致。

2. 流过相线的电流称为线电流，相线与相线之间的电压称为线电压。

3. 负载为星形连接时，负载相电压的参考方向规定为自相线指向负载中性点 N′，分别用 $\dot{U}_U$、$\dot{U}_V$、$\dot{U}_W$ 表示。相电流的参考方向与相电压的参考方向一致。线电流的参考方向为电源端指向负载端。中性线电流的参考方向规定为由负载中性点指向电源中点。

在三相四线制中，忽略输电线阻抗时，负载的线电压就是电源的线电压，并且负载中点 N′的电位就是电源中点 N 的电位。所以每相负载的相电压就等于电源的相电压。

由于电源的相电压和线电压是对称的，因此，三相负载星形连接时，负载的相电压和线电压的关系为式（6-6）：

$$U_{Y线} = \sqrt{3}U_{Y相} \tag{6-6}$$

线电压的相位仍超前对应的相电压 30°，相量图和图 6-6 一样，并且线电流与相电流相等，即式（6-7）：

$$I_{Y线} = I_{Y相} \tag{6-7}$$

在负载是对称情况下 $Z_U = Z_V = Z_W$。由于相电压是对称的，所以各相电流相等，而且是对称的，每一相的电流与对应的相电压之间的相位差都相同。可以证明，此时中性线中的电流为零。

星形连接对称负载时，中性线上的电流为零，因此，有无中性线都对电路毫无影响，故可将中性线取去。这样就构成“三相三线制”。例如三相电动机就是三相对称负载，因此可用三相三线制星形接法。

然而，在负载不对称的情况下，中性线上的电流 I_0 将不等于零，在各相负载的差别不太大时，中性线中的电流比端线电流小得多，所以中性线可以用较细的导线。但此时中性线绝不能取消或让它断开，否则将使各相电压失去平衡，产生严重的后果。

日常照明用的单相交流电源，就是三相供电系统中的一相。通常把三相电源的各相按星形连接，分配给用电量大体相等的三组用户。所以每家用户的两根导线中，一根是端线（火线），另一根是从中性线引出的。中性线通常接地，所以又称为地线。

由于同一时刻各组用户的用电情况不可能完全一样，所以，一般说来三个相的负载是不对称的。如果一旦中性线断开，各相的电压就会偏离其正常值，以致有的用户的电压不足，有的用户的电压过高。由此可见，在负载不对称的情况下，星形接法的中线是不能断开的。保险丝和开关不允许装在中线上，中线需要用较坚韧的铜线做中性线，以免其自行断开而造成事故。

【复习思考】

1. 实验中所用三相电源绕组接法是星形连接还是三角形连接？
2. 三相交流电电源绕组的连接方式有哪几种？
3. 三相交流电电源绕组为星形连接时，相电压和线电压的大小和相量关系如何？
4. 三相交流电电源绕组为三角形连接时，相电压和线电压的大小和相量关系如何？
5. 家用电器接 220V 电压是指相电压还是线电压？是哪两根线之间的电压？

6. 说出三相交流发电机输出的电能可能由哪些能量转换而得?

任务 6.2　三相正弦交流电路的三角形负载的连接与测量

【任务描述】

通过三相正弦交流电三角形负载的连接与测量，观察交流电压表、电流表的读数，了解相电压、线电压以及相电流与线电流的区别；通过讲解，理解相电压、线电压以及相电流与线电流的概念，掌握它们的区别。通过实际操作，进一步熟悉交流电压表、电流表读数与使用。

【学习支持】

一、现场演示（如图 6-10，电路中各电表指示）

$U_{UV}=U_U$　　　　I_{UV}　　　　I_U

图 6-10　三相交流电三角形负载电路测试

二、所用设备

1. 三相自耦变压器 1 台（电压可调范围 0～400V）；
2. 交流电压表 1 个（0～300V），交流电流表 1 个（0～1A）；
3. 9 个灯泡（220V/15W，或其他小功率的灯泡）；
4. 电流专用线、导线若干。

【任务实施】

一、实验电路图如图 6-11 所示。

二、在接通电源前，先将三相自耦调压器手柄置在零位上。

三、按照电路图 6-11 正确接线，并查线。

四、通电初试，并观察现场有无异常情况（如冒烟等）；若有异常，应立即切断电源。

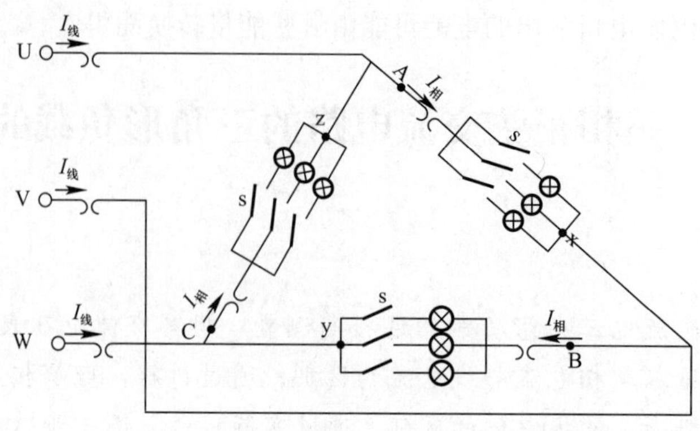

图 6-11　三相交流电路三角形负载的电路图

五、通电后情况正常，调节自耦调压器，使三相交流电源线电压调为 150V，观察各表数据，并记录于表 6-2 中。若遇故障，请在教师指导下排除故障。

表 6-2

测量数据 / 负载情况	开灯盏数			线电流（A）			线电压（V）			相电压（V）		
	A 相	B 相	C 相	I_{UV}	I_{VW}	I_{WU}	I_U	I_V	I_W	U_U	U_V	U_W
Δ 平衡负载	3	3	3									

【知识链接】

一、中线的作用

在三相四线制中，因为有中性线的存在，对于其中每一相来说就是一个单相交流电路，工作情况与单相交流电路相同。

在对称的三相电路中，各相负载的数值和性质是相同的，它们在对称三相电压作用下，产生的三相电流也一定是对称的，即每相负载的电流大小相等，相位差 120°，其相量图如图 6-12 所示。

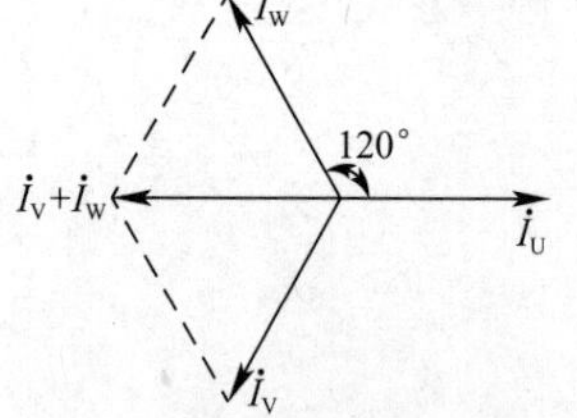

图 6-12　星形对称负载的电流相量图

各相电流与相电压间的数量关系及相位关系如同单相电路，即式（6-8）：

$$I_{Y相}=\frac{U_{Y相}}{Z_{相}}$$

$$\varphi=\arctan\frac{X}{R} \tag{6-8}$$

式中 $Z_{相}$ 为各相负载的阻抗值，R 为负载的阻值，X 为负载的电抗，φ 为各相负载电压与电流之间的相位差，即负载的阻抗角。当 φ 为正时，表示相电流滞后相电压，即为感性负载；当 φ 为负时，表示相电流超前相电压，即为容性负载；φ 值的大小只取决于负载阻抗本身。

负载星形连接时，中线电流为各相电流的相量之和。并由图 6-12 分析可知，对称负载做星形连接时的三相电流之和为零，即：$\dot{I}_U+\dot{I}_V+\dot{I}_W=0$，故 $\dot{I}_U=-(\dot{I}_V+\dot{I}_W)$。

由于在此种情况下，中线电流为零，因而此时取消中线也不影响三相电路的工作，三相四线制就变成了三相三线制。通常在高压输电线路中，由于三相负载都是对称的三相变压器，所以采用的都是三相三线制输电。另外在工厂中广泛使用的三相电动机也属于对称负载，对其供电采用的也是三相三线制。

不对称三相负载星形连接电路中，每相负载的阻抗分别为 Z_A、Z_B、Z_C，电压和电流的参考方向已在图 6-9 中标出。同电路中的电压有相电压和线电压之分一样，电流也有相电流和线电流之分，相电流是指每相负载中的电流 $I_{相}$，线电流是指每根端线中的电流 $I_{线}$。由于每相电路没有分支，线电流就等于相电流，即式（6-9）：

$$I_{相} = I_{线} \tag{6-9}$$

则每相负载中的电流可分别为式（6-10）：

$$\dot{I}_U = \frac{\dot{U}_U}{\dot{Z}_U} \qquad \dot{I}_V = \frac{\dot{U}_V}{\dot{Z}_V} \quad \dot{I}_W = \frac{\dot{U}_W}{\dot{Z}_W} \tag{6-10}$$

每相负载的电压与电流之间的相位差分别为式（6-11）：

$$\varphi_U = \arctan\frac{X_U}{R_U} \quad \varphi_V = \arctan\frac{X_V}{R_V} \quad \varphi_W = \arctan\frac{X_W}{R_W} \tag{6-11}$$

中线上的电流称为中线电流，用 $\dot{I}_N$表示，由图 6-12 可得式（6-12）：

$$\dot{I}_N = \dot{I}_U + \dot{I}_V + \dot{I}_W \tag{6-12}$$

相电压和相电流的相量图如图 6-13 所示。

二、负载的三角形接法

图 6-14 所示为负载三角形接法的连接图。每相负载接于两根端线（相线）之间，称为三相负载的三角形连接。三角形连接时的电压、电流参考方向如图 6-14 中箭头所示。由于各相负载接在两根相线之间，故负载的相电压就等于电源的线电压，即式（6-13）：

$$U_{\Delta线} = U_{\Delta相} \tag{6-13}$$

通常电源的线电压是对称的，不会因负载是否对称而改变，所以三角形连接时，负载不论对称与否，其相电压总是对称的。然而，负载的相电流与线电流却不相等。各负载中相电流的计算方法与单相电路完全相同。如果负载是对称的，则各相电流大小相等，即：$\dot{I}_{UV} = \dot{I}_{VW} = \dot{I}_{WU}$。

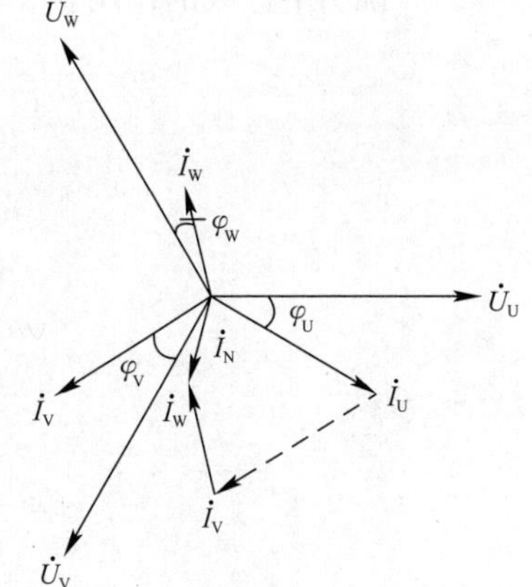

图 6-13 负载星形连接时不对称负载时的相量图

相电流与线电流的关系可根据基尔霍夫定律，通过相量图 6-15 可得出式（6-14）：

$$I_{\Delta线} = \sqrt{3} I_{\Delta相} \tag{6-14}$$

从相量图中还可以得出，当三相相电流对称时，其三相线电流也是对称的（即大小相等，频率相同、相位差 120°），并且线电流的相位总是滞后与之对应的相电流 30°。

从以上负载的两种连接方式可知，当线电压一定时，负载做三角形连接时的相电压

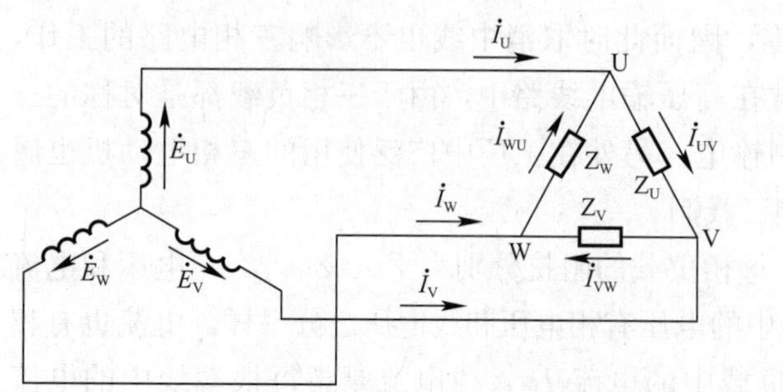

图 6-14　三相负载的三角形连接图

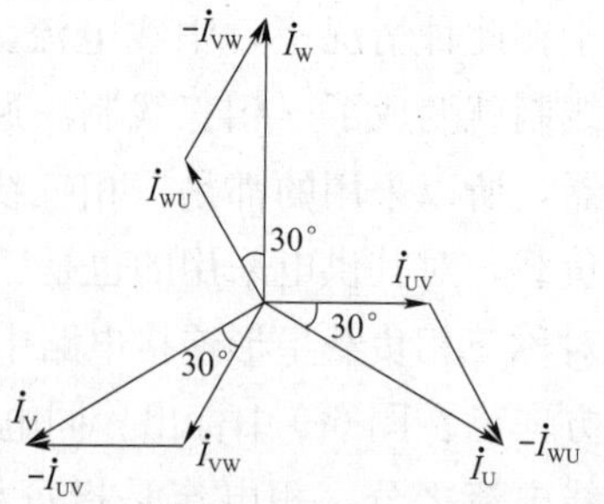

图 6-15　负载三角形连接时的电流相量图

是星形连接时的相电压的$\sqrt{3}$倍。因此，三相负载接到三相电源中，应做△形还是Y形连接，应根据负载的额定电压而定。

【复习思考】

1. 已知发电机的三相绕组接成星形，设其中某两根相线之间的电压 $u_{UV}=380\sqrt{2}\sin(\omega t-30°)$，试写出所有相电压和线电压的解析式。

2. 一个三相电炉，每相电阻值为 11Ω，接到线电压为 380V 的对称三相电源上。试问：（1）当电炉接成星形时，求相电压、相电流和线电流；（2）当电炉接成三角形时，求相电压、相电流和线电流。

3. 说明中性线的作用。

项目 7
变压器的认知及日常维护和检查

【项目概述】

变压器是一种变换电压的器材（如图 7-1 所示），实际应用中，高压输电可以大大减小电能在输送过程中的损失；焊机内用变压器是低电压大电流器材。世界上大多数电力经过一系列的变压最终才能用于负载。接下来，我们来学习变压器是如何工作的？

（a）

（b）

（c）

图 7-1　常见变压器

（a）变电站用的大型变压器（110kV）；（b）可调整输出电压的变压器；（c）油浸式电力变压器

任务 7.1　变压器的认知

【任务描述】

通过变压器的空载实验和短路试验，认识变压器设备及其参数；经讲解掌握变压器的工作原理，辨识各种变压器的型号，掌握变压器的结构；同时初步学会根据实际应用场合，选择变压器的类型。

【学习支持】

一、现场展示（如图 7-2，实验所用设备仪表）

图 7-2 是变压器的空载实验和短路试验测定变压器参数、检验变压器性能所用的设备、仪表。

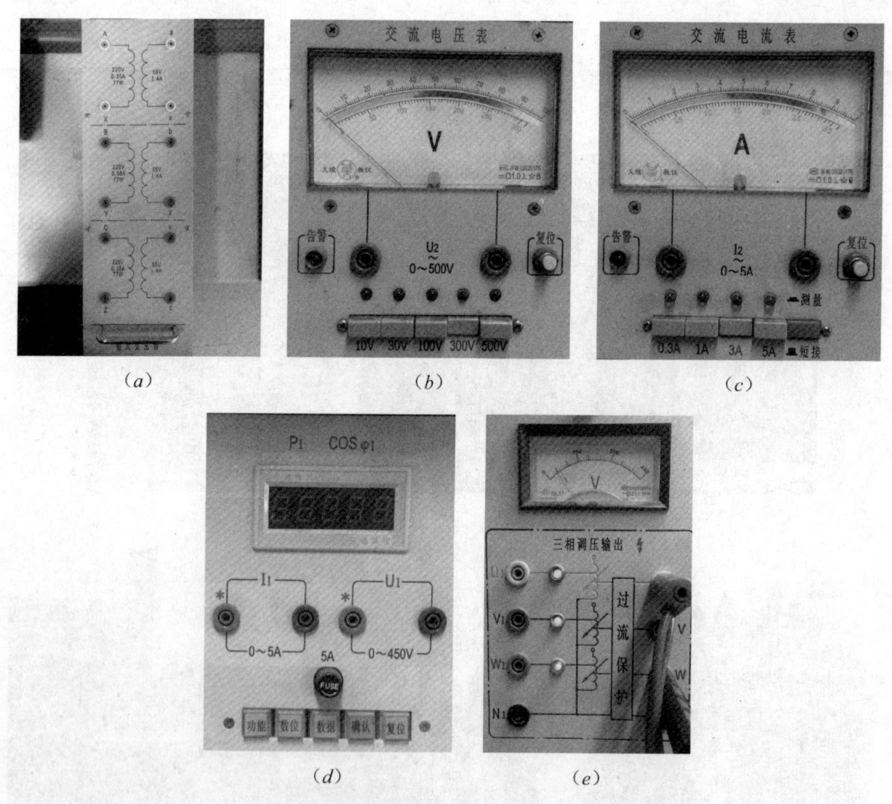

(a)　(b)　(c)　(d)　(e)

图 7-2　测定变压器参数、检验变压器性能的所用设备、仪表

(a) 三相组式变压器；(b) 交流电压表；(c) 交流电流表；(d) 功率因数表；(e) 三相调压交流电源

二、所用设备

1. 交流电压表（量程 0～100V）1 块；

2. 交流电流表（量程0～1A）1块；

3. 单相功率因数表1块；

4. 可调三相交流电源；

5. 导线若干。

【任务实施】

一、单相变压器的空载实验（图7-3，用三相组式变压器中一只做实验）

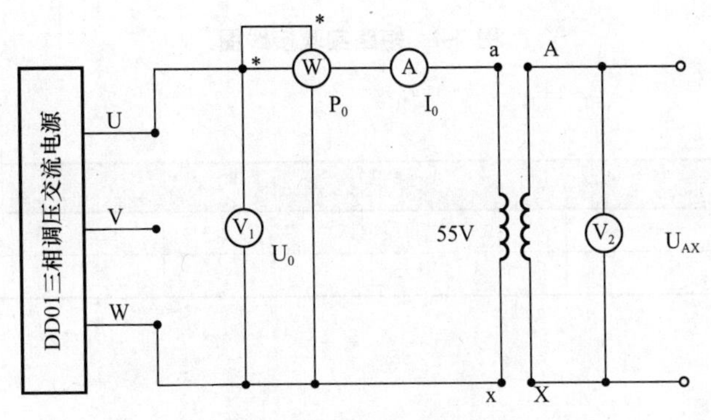

图7-3　空载实验接线图

1. 在三相调压交流电源断电的条件下，按图7-3接线。被测变压器选用三相组式变压器中的一只作为单相变压器，其额定容量 $P_N=77W$，$U_{1N}/U_{2N}=220V/55V$，$I_{1N}/I_{2N}=0.35A/1.4A$。变压器的低压线圈a、x接电源，高压线圈A、X开路。

2. 选好所有电表量程。将控制屏左侧调压器旋钮向逆时针方向旋转到底，即将其调到输出电压为零的位置。

3. 合上实验台上交流电源总开关，按下“启动”按钮，便接通了三相交流电源。调节三相调压器旋钮，使变压器空载电压 $U_0/U_{2N}=55V$，测取变压器的 U_0、I_0、P_0、U_{AX}，记录于表7-1，一般情况测得 I_0 较小。

表7-1

实验数据			
U_0（V）	I_0（A）	P_0（W）	U_{AX}（V）

二、短路实验

1. 按下控制屏上的“关”按钮，切断三相调压交流电源，按图7-4接线。将变压器的高压线圈接电源，低压线圈直接短路。

2. 选好所有电表量程，将交流调压器旋钮调到输出电压为零的位置。

3. 接通交流电源，缓慢增加输入电压，直到短路电流等于 I_N（即：$I_k=I_N=0.35A$），测取变压器的 U_K、I_K、P_K，记录于表7-2。

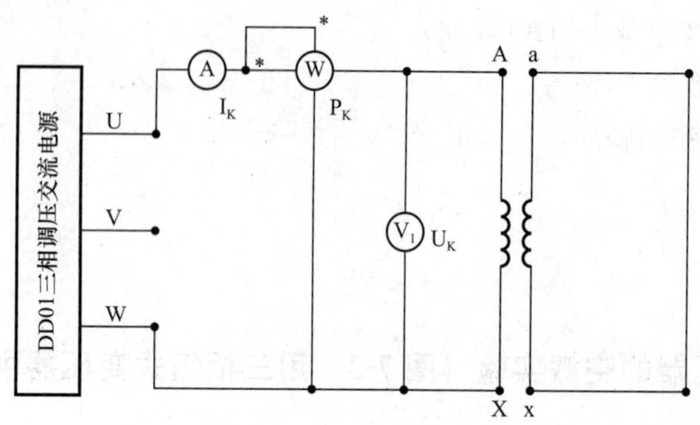

图 7-4 短路实验接线图

表 7-2

实验数据		
U_K（V）	I_K（A）	P_K（W）

【评价】

接线	通电测试		有无故障	故障排除		规范性	得分
	读数正确	电路工作状态判断		独立排故	教师帮助下排故		

【知识链接】

一、变压器及其工作原理

1. 变压器的用途与结构

变压器是应用法拉第电磁感应定律而升高或降低电压的装置。主要用途有电压变换、电流变换、阻抗变换、隔离、稳压（磁饱和变压器）等。按用途可以分为：配电变压器、电力变压器、全密封变压器、组合式变压器、干式变压器、油浸式变压器、单相变压器、电炉变压器、整流变压器等。

变压器种类很多，但其基本结构是相同的，主要由铁心和绕在铁心上的两个或多个线圈（又称绕组）组成。

（1）铁心

铁心构成变压器的磁路部分。为了减小涡流损耗和磁滞损耗，铁心采用硅钢片交错叠装或卷绕而成。根据铁心结构形式的不同，变压器分为壳式和心式两种。图 7-5（*a*）所示是心式变压器，特点是线圈包围铁心，结构简单，用铁量较少。因此多用于容量较大的变压器，如电力变压器。壳式变压器则是铁心包围线圈，如图 7-5（*b*）所示，其特点是可以省去专门的保护包装外壳。常用于小容量的变压器中，如电子线路中的变压器。

为减少交变磁通在铁心中引起的涡流损耗，变压器铁心一般用厚0.35mm或0.5mm的硅钢片或其他高磁导率的合金钢片叠成或者卷成，钢片间要有一定程度的绝缘。

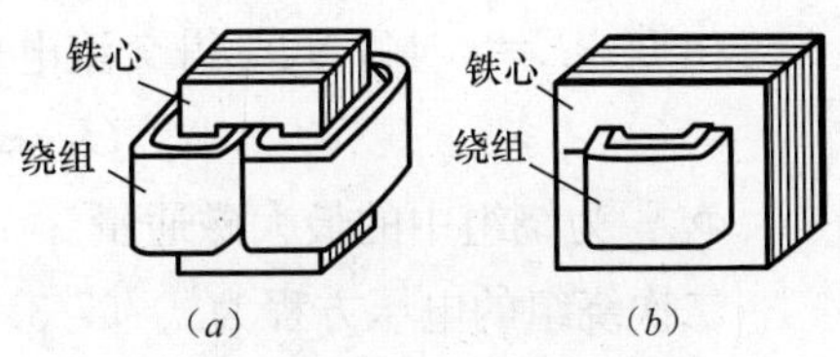

图7-5 变压器结构

(*a*) 心式变压器；(*b*) 壳式变压器

(2) 绕组

绕组构成变压器的电流部分。线圈有两个或两个以上的绕组，其中接电源的绕组叫一次线圈（或称初级绕组）；其余的绕组叫二次线圈（或称次级绕组），二次绕组与负载相连，他的两端就是变压器的输出端。一次绕组只有一个，二次绕组为一个或多个。

一般小容量变压器的绕组是用高强度漆包线绕成，大容量变压器可用绝缘扁铜线或铝线制成。

2. 变压器的基本工作原理

变压器的主要部件是铁心和套在铁心上的两个绕组。两绕组只有磁耦合、没有电的联系。在一次绕组中加上交变电压，在一、二次绕组中产生交变磁通，在两绕组中分别感应电动势。只要一、二次绕组的匝数不同，就能达到改变电压的目的。

如图7-6所示，一个单相双绕组变压器原理图。凡表示一次绕组各量的字母均标注下标“1”，如一次绕组电压 u_1、一次绕组匝数 N_1 等。凡表示二次绕组各量的字母均标注下标“2”，如二次绕组电压 u_2、二次绕组匝数 N_2 等。为了防止变压器内部短路，绕组与绕组、绕组与铁心之间要有良好的绝缘。

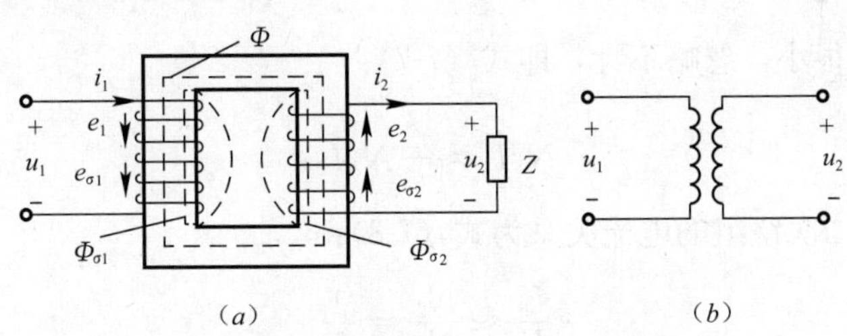

图7-6 双绕组变压器原理图

(*a*) 变压器结构示意图；(*b*) 变压器的符号

(1) 空载运行状态——变电压作用

所谓空载运行状态是指变压器一次绕组外加交流额定电压，二次绕组开路的情况。变压器在空载状态下，二次绕组电流 $i_2=0$。此时的变压器就相当于是一个交流铁心线圈，所不同的只是在铁心上又加了一个开路线圈，该开路线圈对磁路不产生影响。

变压器空载运行状态下的一次绕组电流称为空载电流，用 i_0 表示。磁通势 $N_1 i_0$ 建立磁场，主磁通 Φ 沿铁心闭合，分别在一次、二次绕组中产生正弦交变感应电动势 e_1 和 e_2。

其中 $e_1=-N_1\dfrac{\Delta\Phi}{\Delta t}$，$e_2=-N_2\dfrac{\Delta\Phi}{\Delta t}$

在一次绕组中略去极小的电阻电压降以及漏磁通的影响，可以得到式(7-1)：

$$u_1\approx -e_1 \qquad \dot{U}_1\approx -\dot{E}_1 \tag{7-1}$$

由 $U \approx E = 4.44 f N \Phi_m$ 得交流电压源的有效值为式（7-2）：

$$U_1 \approx - E_1 = - 4.44 f N_1 \Phi_m \tag{7-2}$$

Φ_m：为绕组中的最大磁通量。

二次绕组的电压方程为式（7-3）：

$$\dot{U}_2 = \dot{E}_2 - R_2 \dot{I}_2 - jX_{\delta 2} \dot{I}_2 \tag{7-3}$$

空载状态下，二次绕组的电流 $\dot{I}_2 = 0$，因此端电压 $U_{20} = E_2$，则输出电压的有效值为式（7-4）：

$$U_{20} = E_2 = - 4.44 f N_2 \Phi_m \tag{7-4}$$

由于一次、二次绕组的线圈匝数不同，感应电动势也就不同，因此输出电压与电源电压也就不相等，一、二次绕组的电压比为式（7-5）：

$$\frac{U_1}{U_{20}} \approx \frac{E_1}{E_2} = \frac{N_1}{N_2} = k \tag{7-5}$$

式中，k——一次、二次绕组的线圈匝数比，称为变压器的变比。

（2）负载运行状态——变电流作用

由 $U_1 \approx E_1 = 4.44 f N_1 \Phi_m$ 可知，U_1 和 f 不变时，E_1 和 Φ_m 也都基本不变。因此，有负载时产生主磁通的一次、二次绕组的合成磁通势（$N_1 i_1 + N_2 i_2$）和空载时产生主磁通的一次绕组的磁通势 $N_1 i_0$ 基本相等，即式（7-6）：

$$N_1 i_1 + N_2 i_2 = N_1 i_0, \quad N_1 \dot{I}_1 + N_2 \dot{I}_2 = N_1 \dot{I}_0 \tag{7-6}$$

而空载电流 i_0 很小，忽略不计，即式（7-7）：

$$N_1 \dot{I}_1 \approx - N_2 \dot{I}_2 \tag{7-7}$$

由此，一次、二次绕组的电流关系为式（7-8）：

$$\frac{I_1}{I_2} \approx \frac{N_2}{N_1} = \frac{1}{k} \tag{7-8}$$

（3）变压器的变换阻抗作用

负载接在变压器的二次侧，而电功率却是从一次侧通过工作磁通传送到二次侧的。按照等效观点，可以认为，当一次侧交流电源直接接入一个负载与变压器二次侧接上负载两种情况下，一次侧的电压、电流和电功率完全一样时，对于交流电源来说，直接接在交流电源上的阻抗与二次侧的负载阻抗是等效的。

对一次侧的阻抗 Z_1 与 $k^2 Z_2$ 等效，说明只要改变 k 就能将变换到一次侧所需要的阻抗。

其中，$|Z_1| = \frac{U_1}{I_1}$，$|Z_2| = \frac{U_2}{I_2}$，两者的关系可以根据电压与电流变换关系计算得出式（7-9）：

$$|Z_1| = \frac{U_1}{I_1} = \frac{kU_2}{\frac{I_2}{k}} = k^2 \frac{U_2}{I_2} = k^2 |Z_2| \tag{7-9}$$

3. 变压器的主要技术参数

在规定的使用环境和运行条件下，变压器的主要技术参数一般都标注在变压器的铭牌上，主要包括：额定容量、额定电压、额定频率、绕组联结、额定性能数据（阻抗电压、空载电流、空载损耗和负载损耗）和总重。额定值是制造厂对变压器在制定工作条件下运行时所规定的一些量值。在额定状态下运行时，可以保证变压器长期可靠地工作，并具有优良的性能。

（1）额定容量 S_N：变压器长时间所能连续输出的最大功率，单位是kVA。由于变压器的效率很高，通常一、二次侧的额定容量设计成相等。对三相变压器的额定容量是指三相容量之和。

（2）额定电压 U_N：正常运行时，规定加在一次侧的端电压称为变压器一次侧的额定电压 U_{1N}，二次侧的额定电压 U_{2N} 是指变压器一次侧加额定电压时二次侧的空载电压。单位是kV。对三相变压器的额定电压则是指线电压。

（3）额定电流 I_N：变压器在额定电压下允许长期通过的电流，单位是A。对三相变压器的额定电流则是指线电流。

对于单相变压器，一次侧和二次侧额定电流分别为式（7-10）：

$$I_{1N}=\frac{S_N}{U_{1N}},\quad I_{2N}=\frac{S_N}{U_{2N}} \tag{7-10}$$

对于三相变压器，一次侧和二次侧额定电流分别为式（7-11）：

$$I_{1N}=\frac{S_N}{\sqrt{3}U_{1N}},\quad I_{2N}=\frac{S_N}{\sqrt{3}U_{2N}} \tag{7-11}$$

（4）额定频率 f_N：我国的标准工频规定为50Hz。

（5）电压比：变压器各侧额定电压之比。

（6）阻抗（或短路）电压（%）：把变压器二次绕组短路，在一次绕组上逐渐升压到二次绕组的短路电流达额定值时，一次绕组所施加的电压值。常用额定电压的百分数来表示。

（7）短路损耗（即铜损）：把变压器二次绕组短路，在一次绕组通入额定电流时变压器消耗的功率，单位是kW。

（8）空载损耗（即铁损）：变压器在额定电压下，二次空载（开路）时变压器铁芯（励磁和涡流）所产生的损耗，单位是kW。

（9）空载电流（%）：变压器在额定电压下，二次空载（开路）时在一次绕组通过的（励磁）电流。常用额定电流的百分数来表示。

（10）温升与冷却：变压器绕组或上层油温与变压器周围环境的温度之差，称为绕组或上层油面的温升。油浸式变压器绕组温升限值为65K（K为华氏温度）、油面温升限值为55K。冷却方式也有多种：油浸自冷、强迫风冷，水冷，管式、片式等。

（11）绝缘水平：有绝缘等级标准。绝缘水平的表示方法举例如下：高压额定电压为35kV级，低压额定电压为10kV级的变压器绝缘水平表示为LI 200 AC 85/LI75 AC 35，其中LI200表示该变压器高压雷电冲击耐受电压为200kV，工频耐受电压为85kV，低压雷电冲击耐受电压为75kV，工频耐受电压为35kV。

（12）接线（或联结）组别：根据变压器一、二次绕组的相位关系，把变压器绕组连接成各种不同的组合，称为绕组的联结组。为了区别不同的联结组，常采用时钟表示法，即把高压侧线电压的相量作为时钟的长针，固定在 12 上，低压侧线电压的相量作为时钟的短针，看短针指在哪一个数字上，就作为该联结组的标号。如 Dyn11 表示一次绕组是（三角形）联结，二次绕组是带有中心点的（星形）联结，组号为 11 点。

二、变压器的分类与规格型号

1. 变压器的分类

（1）按冷却方式分类：有自然冷式、风冷式、水冷式、强迫油循环风（水）冷方式及水内冷式等。

（2）按防潮方式分类：开放式变压器、灌封式变压器、密封式变压器。

（3）按铁芯或线圈结构分类：芯式变压器（插片铁芯、C 型铁芯、铁氧体铁芯）、壳式变压器（插片铁芯、C 型铁芯、铁氧体铁芯）、环型变压器、金属箔变压器、辐射式变压器等。

（4）按电源相数分类：单相变压器、三相变压器、多相变压器。

（5）按用途分类：有电力变压器、特种变压器（电炉变压器、整流变压器、工频试验变压器、调压器、矿用变压器、音频变压器、中频变压器、高频变压器、冲击变压器、仪用变压器、电子变压器、电抗器、互感器等）。

（6）按冷却介质分类：有干式变压器、液（油）浸变压器及充气变压器等。

（7）按线圈数量分类：有自耦变压器、双绕组、三绕组、多绕组变压器等。

（8）按导电材质分类：有铜线变压器、铝线变压器及半铜半铝、超导等变压器。

（9）按调压方式分类：可分为无励磁调压变压器、有载调压变压器。

（10）按中性点绝缘水平分类：有全绝缘变压器、半绝缘（分级绝缘）变压器。

（11）按电压等级分：1000kV，750kV，500kV，330kV，220kV，110kV，66kV，35kV，20kV，10kV，6kV 等。

2. 电力变压器的规格型号

（1）电力变压器的型号

变压器的型号包括说明结构性能特点的基本代号、额定容量和额定电压。基本代号按表 7-3 所列的代表符号依规定的顺序排列组成。例如 SL7-100/10，其中“S”表示三相，“L”表示铝导线，“7”表示设计序号，“100”表示额定容量为 100kVA，“10”表示高压绕组电压等级为 10kV。

变压器型号代表符号的含义 表 7-3

类别项目	代表符号	类别项目	代表符号
自耦变压器	O	强迫油循环	P
单相变压器	D	强迫油导向循环	D
三相变压器	S	双绕组	—
油绝缘介质	—	三绕组	S
空气绝缘介质	G	双分裂绕组	F

续表

类别项目	代表符号	类别项目	代表符号
空气自冷式	—	无励磁调压	—
风冷式	F	有载调压	Z
水冷式	W	铜导线	—
油自然循环	—	铝导线	L

例1：SFPZ9-120000/110

指的是三相（双绕组变压器省略绕组数，如果是三绕则前面还有个S）双分裂绕组强迫油循环风冷有载调压，设计序号为9，容量为120000kVA，高压侧额定电压为110kV的变压器。

（2）电力变压器的主要系列

目前我国生产的各种系列变压器产品有SJL1（三相油浸铝线电力变压器）、SL7（三相铝线低损耗电力变压器）、S7和S9（三相铜线低损耗电力变压器）、SJ1和SJ6（三相油浸铜线电力变压器）、SFL1（三相强油风冷铝线电力变压器）、SFPSL1（三相强油风冷三线圈铝线电力变压器）、SWP0（三相强油水冷自耦电力变压器）等，基本上满足了生产、生活等方面发展的需要。

通常750kVA以下的电力变压器称为小型变压器；1000～6300kVA称为中型变压器；8000～63000kVA称为大型变压器；90000kVA及以上的变压器称为特大型变压器。

【复习思考】

1. 变压器是根据什么原理变换电压的？

2. 变压器由哪些部件组成？各部件的作用是什么？

3. 变压器的容量为1kVA，电压为220V/36V，每匝线圈的感应电动势为0.2V，变压器工作在额定状态。求一、二次绕组的匝数各为多少？变压比为多少？一、二次绕组的电流各位多少？

4. 电源变压器一次侧额定电压为220V，二次侧有两个绕组，额定电压和额定电流分别为450V、0.5A和110V、2A。求一次侧的额定电流和容量？

任务7.2　变压器的常规检查

【任务描述】

根据变压器的日常使用情况，学会变压器的常规检查维护方法（图7-7）。

【学习支持】

一、现场演示（如图7-8，充电器内变压器）

通过常见的手机充电器来检测其内部所用变压器的好坏，学习用万用表检测这种变压器的方法。

(a)

(b)

图 7-7 电力变压器外部常规检查

(a) 检查变压器依次触头的松紧；(b) 检查绝缘子

(a)

(b)

图 7-8 手机充电器内部变压器的检查

(a) 充电器外观；(b) 取出变压器

二、所用设备

1. 手机变压器型充电器 1 台；
2. 万用表 1 只。

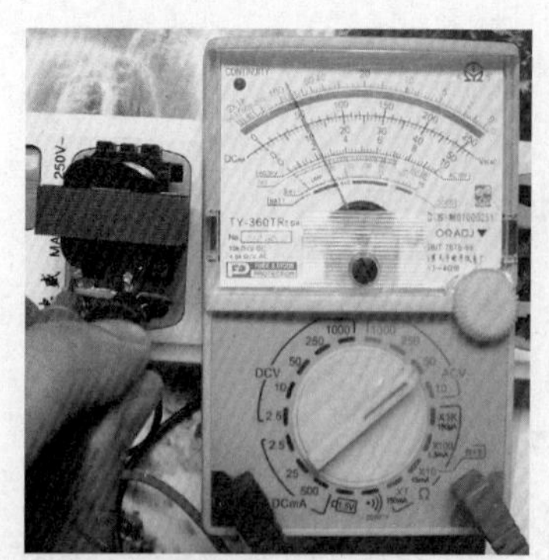

图 7-9 测量变压器线圈电阻图

【任务实施】

一、打开充电器，取出变压器及电路板。

二、测量变压器的初、次级线圈电阻。

1. 将万用表档位调到电阻档的 1Ω 档。

2. 测量初级线圈（交流插头端）的电阻，如图 7-9 所示，记录于表 7-4 中。如果所测电阻是无穷大则为线圈断路和电阻为 0Ω 为线圈短路。

3. 次级比较圈（交流输出端，即连接电路板端）电阻的测量，记录于表 7-4 中。如果测得的电阻大约是 15Ω 左

右，说明这个变压器的线圈没有问题。大于 15Ω 太多或者无穷大，说明线圈断路。如果测得的电阻为 0，说明线圈匝间短路。

表 7-4

实验数据	
初级线圈电阻值	次级线圈电阻值

【评价】

万用表的操作		有无故障	故障排除		规范性	得分
自检	读数正确		独立排故	教师帮助下排故		

【知识链接】

一、电力变压器的日常维护

1. 运行状况的检查

定时检查电压、电流、负荷、功率因数、环境温度有无异常；及时记录各种上限制，发现问题及时处理。

2. 变压器温度检查

不定时测量变压器运行温度，并与变压器本身温度计进行对比，确保测温升正常，如图 7-10 所示。

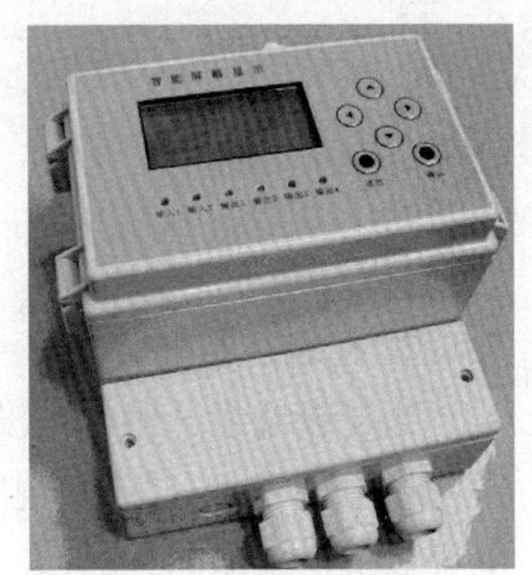

图 7-10　变压器油温智能显示屏

3. 鼓风机的检查

查看声音是否正常，并确认无震动和异常温度。

4. 外观检查

查看变压器两侧母线有无悬挂物，各接点处有无发黑、发热现象。

5. 嗅味

当温度异常升高时，变压器附着的赃物或绝缘件是否烧焦，发生臭味，应及时清扫、处理。

6. 日常巡点检

（1）变压器金具连接是否紧固，如图 7-7（*a*）所示；引线不应过松或过紧。

（2）瓷瓶、套管是否清洁，有无破损裂纹、放电痕迹及其他异常现象，并检查变压器高低压接头是否牢固，有没有接触不良或发热的现象。

（3）变压器外壳接地点接触是否良好，基础是否完整，有无下沉、水泥脱落或裂纹。

（4）检查变压器的运行声音是否正常；正常运行时有均匀的嗡嗡的电磁声，如内部有噼啪的放电声则可能是绕组绝缘的击穿现象，如出现不均匀的电磁声，可能是铁芯的穿芯螺栓或螺母有松动。

（5）变压器油色、油位是否正常，各部位有无渗漏油现象。

（6）瓦斯继电器有无渗漏油，防雨罩有无脱落。

（7）有载调压装置电源指示正确，分接头指示正确。

（8）风扇运转正常、无异常声音、端子箱内二次接线接头有无送动、发热。

二、变压器常见故障

变压器常见的故障是初级（或次级）绕组开路或短路，引起开路故障的原因之一是在超过额定值的条件下工作。

1. 次级绕组开路

当次级绕组开路时，副边电路中没有电流，因此负载端没有电压，同时次级绕组开路会导致原边的电流非常小（这里仅有小的磁化电流），事实上，原边电流几乎为零。图 7-11（*a*）说明了这种情况，图 7-11（*b*）给出了变压器从电源断开后应用欧姆表进行检测的方法。

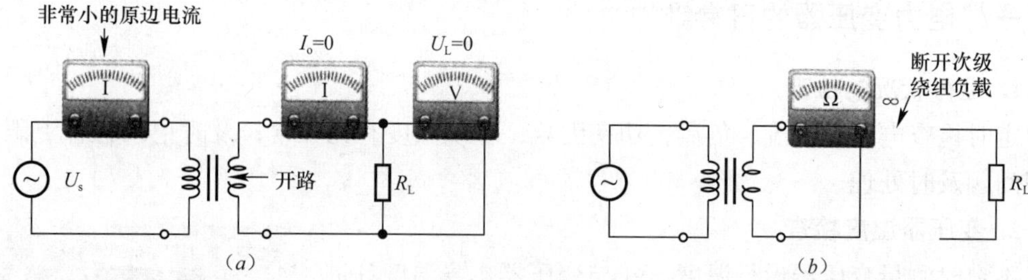

图 7-11　次级绕组开路

（*a*）当次级绕组开路时的情形；（*b*）断开初级绕组电源后应用欧姆表检测次级绕组

2. 初级绕组开路

当初级绕组开路时，没有原边电流，从而副边也没有感应电压（或感应电流）存在不能供电。图 7-12（*a*）说明了这种情况，图 7-12（*b*）给出了变压器从电源断开后应用欧姆表进行检测的方法。

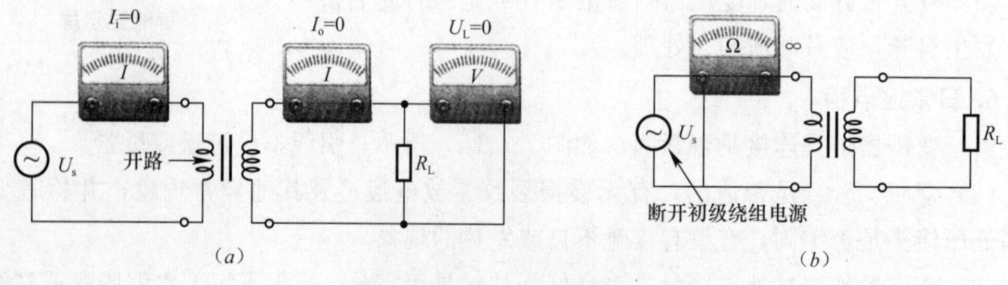

图 7-12　初级绕组开路

（*a*）当初级绕组开路时的情形；（*b*）应用欧姆表检测初级绕组

3. 绕组短路

初级绕组部分短路（或全短路）时，可以引起比正常值高得多、甚至非常大的原边电流，导致保险丝烧断或断路器动作。当次级绕组短路或部分短路时，由于短路时的“折算电阻”非常低，因此导致过高的原边电流。通常这种过高的原边电流将烧坏初级绕组，导致开路。次级绕组中的短路电流将导致负载电压为零（完全短路），或者比正常值小（部分短路），分别如图 7-13（*a*）、（*b*）所示。图 7-13（*c*）说明了应用欧姆表进行检测的方法。

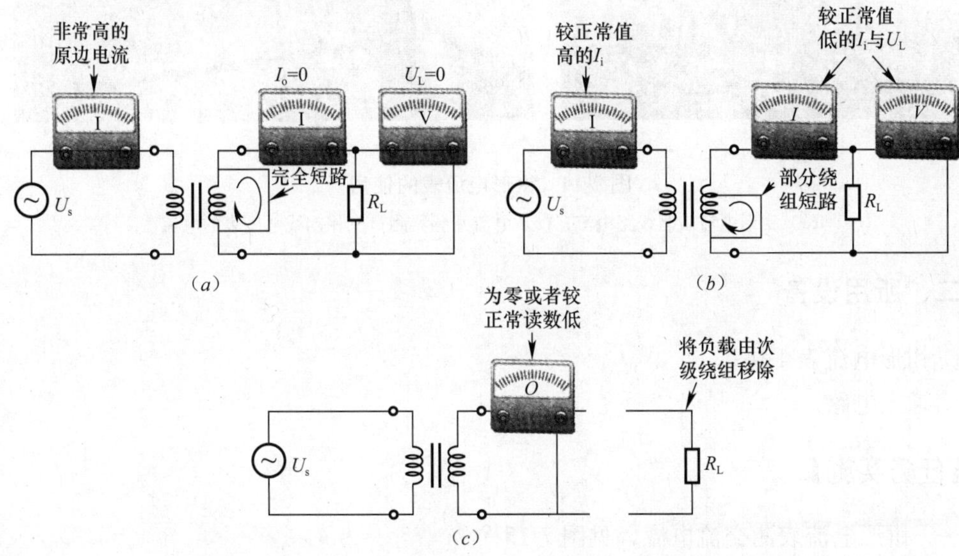

图 7-13　次级绕组部分短路（或全短路）

（*a*）次级绕组完全短路；（*b*）次级绕组部分短路；（*c*）断开初级绕组电源后应用欧姆表检测次级绕组

【复习思考】

1. 变压器的日常维护内容有哪些？
2. 变压器常见的故障有哪些？

任务 7.3　仪用互感器的识别

【任务描述】

通过钳形电流表的使用，认识仪用互感器设备；经讲解掌握仪用互感器的工作原理及使用注意事项；识别仪用互感器的型号。

【学习支持】

一、现场演示（见图 7-14）

钳形电流表又简称为钳形表，它是测量交流电流的专用电工仪表。一般用于不断开电路测量电流的场合。

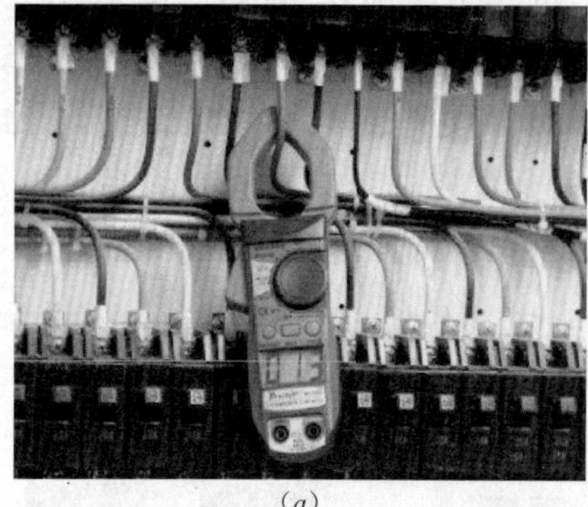

(a)

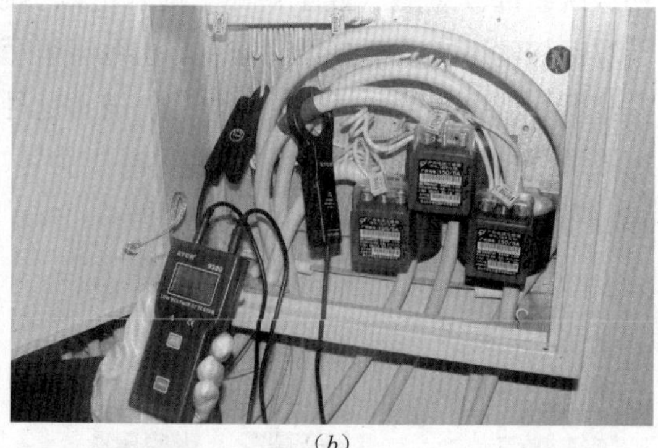

(b)

图 7-14　钳形电流表的使用

(a) 钳形电流表测线路电流；(b) 电流互感器测量三相四线电度表的电流

二、所用设备

1. 钳形电流表 1 块；

2. 通电电路。

【任务实施】

一、钳形电流表测交流电流，见图 7-15。

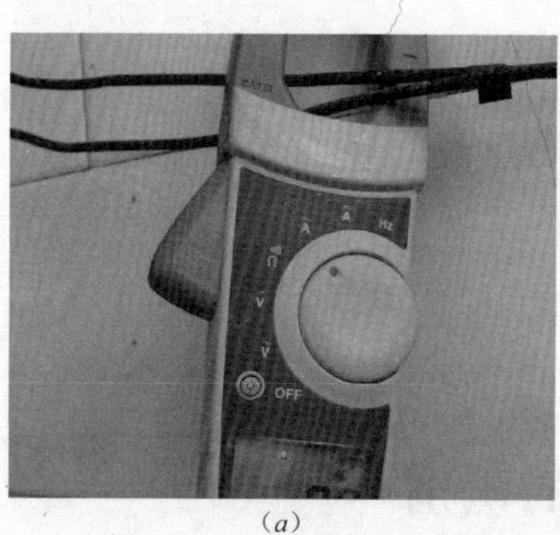

(a)

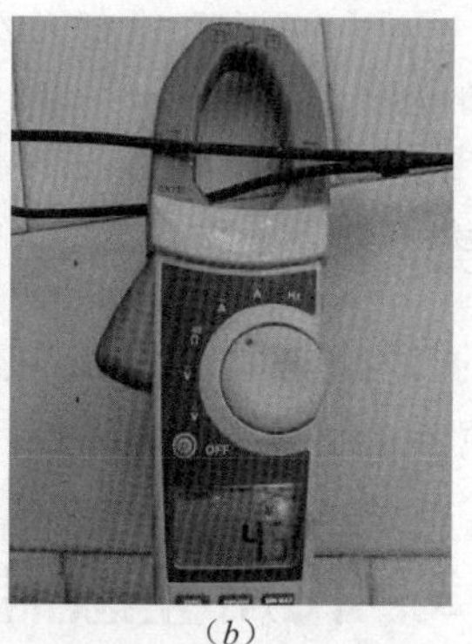

(b)

图 7-15　钳形电流表测交流电流

(a) 错误（所测为电路的泄漏电流）；(b) 正确接法

1. 检查电池电压。功能选择开关选择“OFF”外的位置。无“BATT”显示且显示清楚时，可进行测量。

2. 将功能选择开关转到“400A”或“600A”位置。

3. 按下钳口扳打开钳口并钳在测量导体上，请将被测导体夹于钳口中央。

二、读取显示读数，记录于表 7-5。

表 7-5

档位选择	测量交流电流读数

【评价】

检查设备	通电测试		有无故障	故障排除		规范性	得分
	档位选择	读数正确		独立排故	教师帮助下排故		

【知识链接】

仪用互感器是在交流电路中，专供电工测量和自动保护装置使用的变压器。它的作用是扩大测量仪表的量程；为高压电路的控制、保护设备提供所需的低电压、小电流；同时可使仪表、设备与高压电路隔离，保护仪表、设备和工作人员的安全，并可使仪表、设备的结构简单，价格低廉。

根据仪用互感器的用途不同，可分为电压互感器和电流互感器两种。

1. 电压互感器

电压互感器是一台小容量的降压变压器。如图 7-16 所示，一次绕组匝数很多，并联于待测电路两端；二次绕组匝数较少，与电压表及电度表、功率表、继电器的电压线圈并联。使用时二次绕组不允许短路，二次绕组的一端和铁壳应可靠接地，以确保安全。

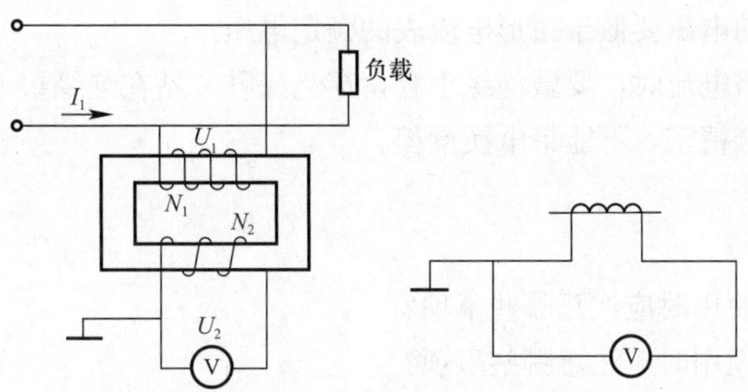

图 7-16　电压互感器原理图

通常电压互感器二次侧额定电压均设计为 100V。例如电压互感器的额定电压等级有 6000V/100V、10000V/100V 等。

2. 电流互感器

电流互感器是利用变压器交换电流的作用，将大电流变换成小电流的升压变压器，用于将大电流变换为小电流。如图 7-17 所示，一次绕组线径较粗，匝数很少，与被测电路负载串联；二次绕组线径较细，匝数很多，与电流表及功率表、电度表、继电器的电流线圈串联。使用时二次绕组电路不允许开路，二次绕组的一端和铁壳应可靠接地。

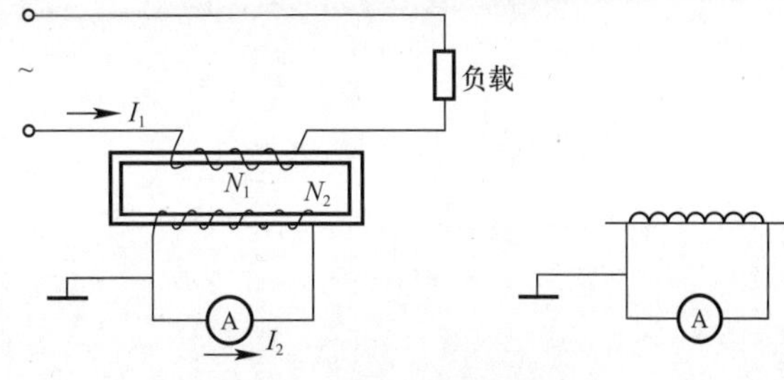

图 7-17　电流互感器原理图

通常电流互感器二次侧额定电压均设计为5A。例如电流互感器的额定电流等级有30A/5A、75A/5A、100A/5A等。

3. 钳形电流表

钳形电流表实质上是由一只电流互感器、钳形扳手和一只整流式磁电系有反作用力仪表所组成。

钳形电流表的工作原理和变压器一样，初级线圈就是穿过钳型铁芯的导线，相当于一匝的变压器的一次线圈，这是一个升压变压器。二次线圈和测量用的电流构成二次回路。当导线有交流电流通过时，就是这一匝线圈产生了交变磁场，在二次回路中产生了感应电流，一次和二次电流的大小比例，相当于一次和二次线圈的匝数的反比。

钳形电流表的使用方法：

(1) 测量前要机械调零；

(2) 选择合适的量程，先选大的量程，后慢慢调小；

(3) 当使用最小量程测量，其读数还不明显时，可将被测导线绕几匝，匝数要以钳口中央的匝数为准，则：读数$=\frac{指示值\times 量程}{满刻度\times 匝数}$；

(4) 测量时，应使被测导线处在钳口的中央，并使钳口闭合精密，以减少误差；

(5) 测量完毕，要将转换开关放在最大量程处。

钳形电流表使用注意事项：

(1) 被测线路的电压要低于钳形电流表的额定电压；

(2) 测高压线路电流时，要戴绝缘手套，穿绝缘鞋，站在绝缘垫上；

(3) 钳口要闭合精密，不能带电换量程。

【复习思考】

1. 电压互感器使用时应注意哪些事项？
2. 电流互感器使用时应注意哪些事项？

项目 8 电动机的拆装检查及故障判断

【项目概述】

三相异步电机又称三相感应电机，常用作电动机运行，在日常生活、生产中应用广泛：电风扇、洗衣机；机床、水泵、轻工机械等都由异步电机提供动力，如图 8-1 所示。

异步电动机结构简单、容易制造、运行可靠、维修方便、价格低廉、效率较高等是其主要优点；但异步电机在启动、大范围平滑调速等方面性能较差，要通过其他措施改善，随着电力电子技术发展，调速系统成本也逐渐降低，进一步拓宽其适用范围。

(a)　　(b)

图 8-1　常用电机

(a) 节能型电动机；(b) Y2 系列三相异步电动机

任务 8.1　三相异步电动机构成部件的认知

【任务描述】

通过拆卸、装配三相异步电机，了解三相异步电机拆装步骤；结合 PPT 展示相关图片，熟悉三相异步电动机定子、转子等主要部件名称。通过对电机额定参数讲解，掌握异步电机额定参数含义，并能够依据铭牌初步判断电机类型及功能。

【学习支持】

一、拆装步骤示范

1. 展示三相异步电动机，在拆卸前做定位记号，以方便安装，如图 8-2 所示。

2. 利用扳手拆卸风罩，如图 8-3 所示。

图 8-2 三相异步电动机做定位标记

图 8-3 去除风罩后三相异步电机

3. 用卡簧钳拆卸固定风扇的簧环，从而拆下电机风扇。如图 8-4 所示。

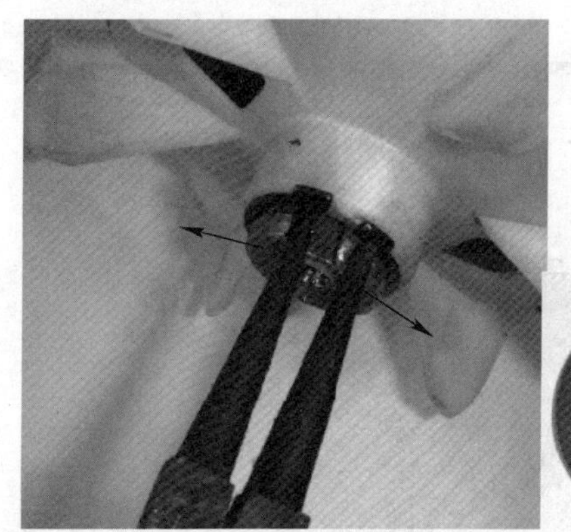

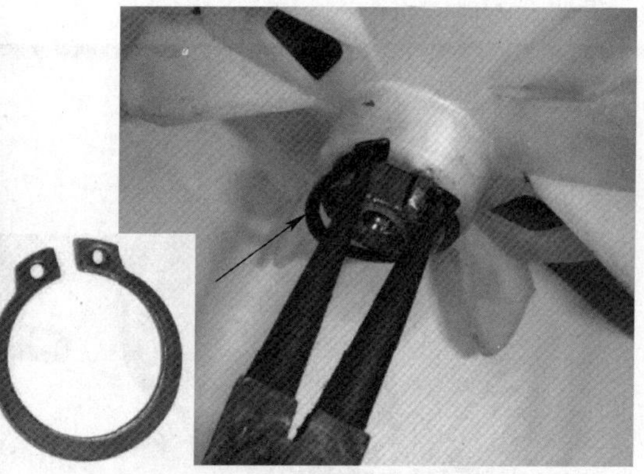

图 8-4 卡簧钳拆卸簧环

4. 卸下端盖固定螺栓，将三爪拉马的螺旋杆对准转轴中心孔，使拉爪挂钩钩住端盖外环，旋转旋柄使拉爪带动端盖，抽出转子。如图 8-5 所示。

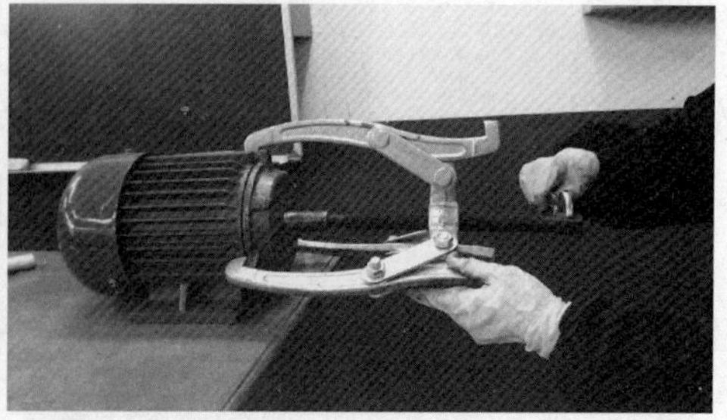

图 8-5 三爪拉马拉出端盖，抽出转子

5. 从图 8-6 中卸下端盖（见图 8-7），观察转子铁芯片式、斜槽叠装，及转子导条等结构（见图 8-8）。

图 8-6　转子与端盖

图 8-7　端盖

图 8-8　转子

6. 观察图 8-9 所示异步电机定子结构：定子铁芯、定子绕组、机座等。

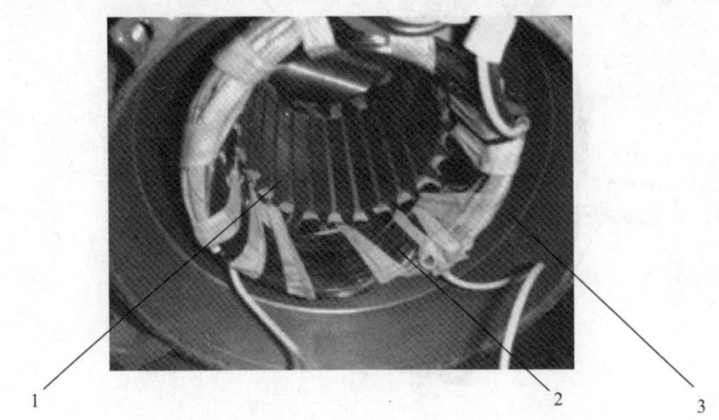

图 8-9　定子

1—定子铁芯；2—定子绕组；3—机座

7. 按照拆卸过程地反步骤安装三相异步笼形电机。

二、所用设备

1. 三相异步电机 1 台；
2. 扳手；
3. 螺丝刀；
4. 三爪拉马；

5. 橡胶锤；

6. 卡簧钳。

【任务实施】

1. 请标识出图 8-10 各部件名称，填入表 8-1 中。

异步电机结构标识 表 8-1

序　号	名　称
1	
2	
3	
4	
5	
6	
7	
8	
9	
定子组成	
转子组成	

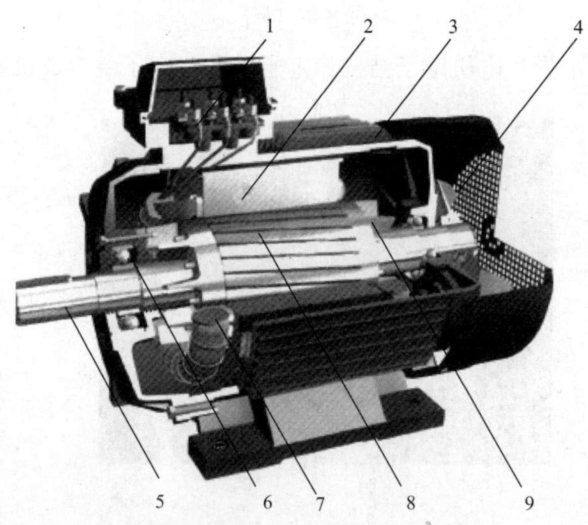

图 8-10　三相异步电机结构剖视图

2. 请依据表 8-2 所示的铭牌数据完成表 8-3。

三相异步电机铭牌 表 8-2

三相异步电机			
型号	Y208-2	编号	291759
额定功率 1.5kW（P_N）	额定电压 380V（U_N）	额定电流 3.4A（I_N）	额定转速 2840r/min（n_N）
IP44	50Hz	转差率 S1	B级
效率 75%	功率因数（$\cos\varphi$）	0.85	重量 21kg

铭牌参数辨识及功率计算　　表 8-3

P_N=		P（极对数）=	
n_N=		U_N=	
I_N=		$\cos\phi$=	
η=		s_N=	
$n_1=\frac{60f_1}{2p}$		若效率为 80%，P_N=	

【评价】

异步电机结构标识表 8-1 填写	铭牌参数辨识及功率计算表 8-3 填写	评　价

【知识链接】

一、三相异步电机结构

三相异步电机结构由三大部分组成——静止的定子部分，旋转的转子部分及两者间的气隙组成，如图 8-11 所示。

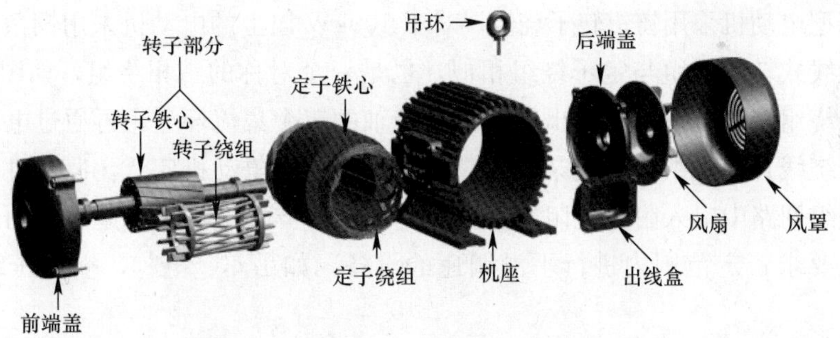

图 8-11　鼠笼型异步电动机结构拆分图

1. 定子

定子主要由定子铁心、定子绕组、机座构成。

定子铁芯是电机磁路的一部分，其机械构造能固定放置在其中的定子绕组。通常由 0.35～0.5mm 厚表面具有绝缘层的硅钢片冲制、叠压而成，在铁心的内圆中有均匀分布的槽，用以嵌放定子绕组。

定子绕组是电动机的电路部分。每相绕组在空间互隔 120°，按一定规律分别嵌放在定子各槽内。通入平衡三相交流电后，每一时刻合成的磁势大小相等，形成三相圆形旋转磁场。嵌放定子绕组后，需检测以下三种主要绝缘项目，以保证绕组的各导电部分与铁心间的可靠绝缘以及绕组本身间的可靠绝缘。

（1）对地绝缘：定子绕组整体与定子铁心间的绝缘。

（2）相间绝缘：各相定子绕组间的绝缘。

(3) 匝间绝缘：每相定子绕组各线匝间的绝缘。

机座有固定定子铁心、前后端盖配合支撑转子的机械功能，也是构成磁路回路的磁轭，并具有防护、散热等作用。机座通常为铸铁件，大型异步电动机机座一般用钢板焊成，微型电动机的机座采用铸铝件。机座上铸有电动机接线盒，盒内有一块接线板如图 8-12，三相绕组的六个线头排成上下两排，并规定上排三个接线桩自左至右排列的编号为 1（U_1）、2（V_1）、3（W_1），下排三个接线桩自左至右排列的编号为 6（W_2）、4（U_2）、5（V_2），如图 8-12 所示，可依据铭牌将三相绕组接成星形接法或三角形接法。

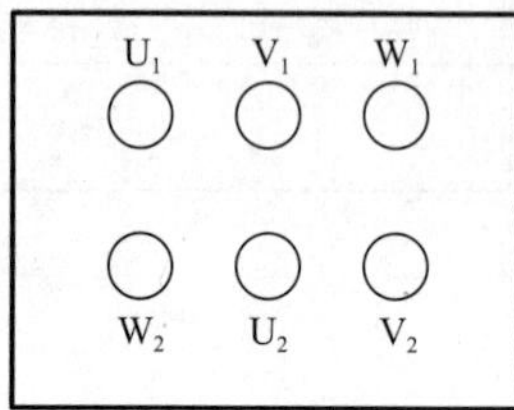

图 8-12　接线板示意图

2. 转子

转子由转子铁芯、转子绕组、转轴组成。

转子铁芯是电机磁路的一部分，其机械作用是在铁心槽内固定转子绕组。所用材料与定子一样，由 0.5mm 厚的硅钢片冲制、叠压而成，硅钢片外圆冲有均匀分布的孔，用来安置转子绕组。一般小型异步电动机的转子铁心直接压装在转轴上，大、中型异步电动机（转子直径在 300～400mm 以上）的转子铁心则借助与转子支架压在转轴上。

转子绕组切割定子旋转磁场产生感应电动势及电流，并形成电磁转矩而使电动机旋转。按转子绕组的结构不同可分为鼠笼式转子和绕线式转子。鼠笼式转子绕组由插入转子槽中的多根导条和两个环行的端环组成，若去掉转子铁心，整个绕组的外形像一个鼠笼，故称笼型绕组，如图 8-13 所示。

小型笼型电动机采用铸铝转子绕组，对于 100kW 以上的电动机采用铜条和铜端环焊接而成。绕线式转子绕组与定子绕组相似，也是一个对称的三相绕组，如图 8-14 所示。一般其定子绕组接成星形，三个出线头接到转轴的三个集流环上，再通过电刷与外电路联接。由于绕线式绕组结构较复杂，故应用不如鼠笼式电动机广泛。但通过集流环和电刷在转子绕组回路中串入附加电阻等元件，用以改善异步电动机的起、制动性能及调速性能，故在要求一定范围内进行平滑调速的设备，如吊车、电梯、空气压缩机等上面采用。

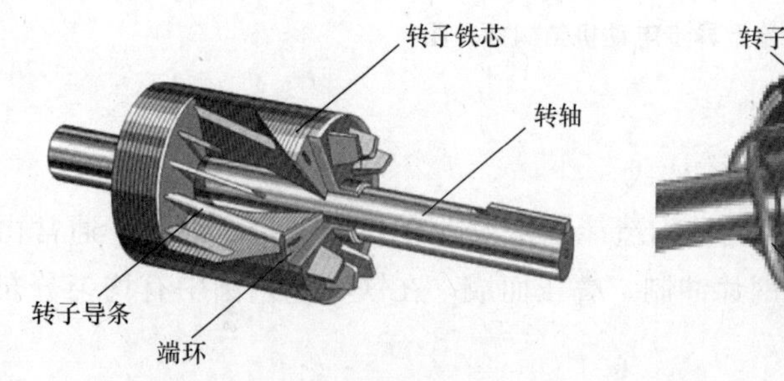

图 8-13　鼠笼转子结构

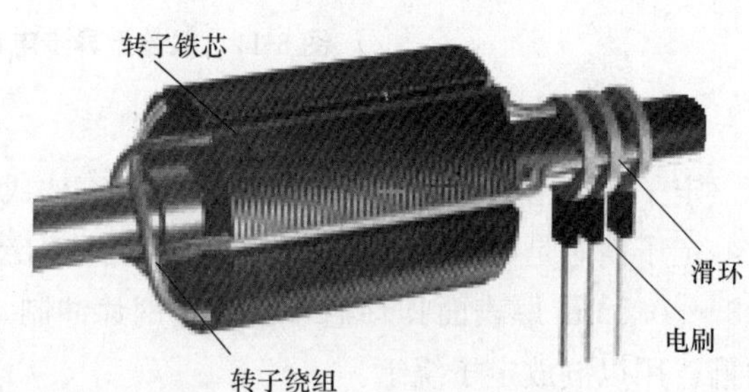

图 8-14　绕线转子结构

3. 气隙

气隙是定子和转子间的间隙，空气的磁阻大，因此气隙虽小却对电动机性能有很大影响。如果气隙过大，则磁阻增大，建立主磁通的励磁电流同比增大，而励磁电流较大是异步电动机功率因数较低的主要原因，因此气隙不能过大。如果气隙太小，则对机械加工、组装时的同心度、精度有极高要求，增加了制造成本。一般异步电动机的气隙大小控制在 0.2～1.5mm 左右。

二、三相异步电机主要额定值

1. 额定功率 P_N(kW)：指电动机在额定工作情况时，转轴输出的机械功率；若是发电机，则为额定工作情况时输出的电能。

$$P_N = \sqrt{3}U_N I_N \eta_N \cos\varphi_N \tag{8-1}$$

2. 额定电压 U_N(V，kV)：指电动机在额定运行条件下，定子绕组出线端上施加线电压的有效值。

3. 额定电流 I_N(A)：指额定运行时，定子绕组加额定电压，转轴输出额定功率时的定子绕组线电流。

4. 额定频率 f_N(Hz)：我国工频为 50Hz。

5. 额定转速 n_N(r/min)：对于电动机，指定子绕组加额定电压、转轴输出额定功率时的转速。

6. 额定功率因数 $\cos\phi_N$：指电动机在额定运行条件下的定子侧功率因数。

7. 额定效率 η_N：指电动机输出的额定功率与输入的电功率之比。

8. 联结方式：常用联结方法有星形、三角形。

9. 铭牌参数：Y90S-6。其中 Y 指电机的系列号，90 为电机的中心高，S 标示出铁心的长短（L 长、M 中、S 短），6 指电机磁极数。

除此之外，异步电动机铭牌上还应标相数（三相、单相等），绝缘等级（A 级、E 级、B 级、F 级、H 级、C 级、N 级、R 级等），额定温升等。

三、三相异步电机工作原理

1. 旋转磁场

三相异步电机定子槽内嵌入匝数相同、均匀分布的三相绕组，每一相绕组的等效轴线，在空间上互差 120°，这样绕组称为三相对称绕组。若规定对称绕组首端为 U_1、V_1、W_1，尾端为 U_2、V_2、W_2，通入对称三相电流后，在 $\omega t=0°(t=0)$、$\omega t=120°(t=2T/3)$、$\omega t=240°(t=4T/3)$、$\omega t=360°(t=T)$ 时刻，定子绕组产生合成磁场如图 8-15 所示。根据右手螺旋定则能发现随着时间推移，三相绕组产生的合成磁场是大小不变、转速恒定、顺时针旋转的磁场，这个转速称为同步速，其大小为：

$$n_1 = \frac{60f_1}{p}(r/\min) \tag{8-2}$$

式中：f_1：为流入定子绕组的交流电频率

p：磁极对数

2. 运行原理

定子绕组产生以同步转速 n_1 旋转的旋转磁场，切割转子绕组或导条后，用右手定则可判定，在转子绕组或导条中产生感应电流的方向，因此异步电机又称感应电机。转子

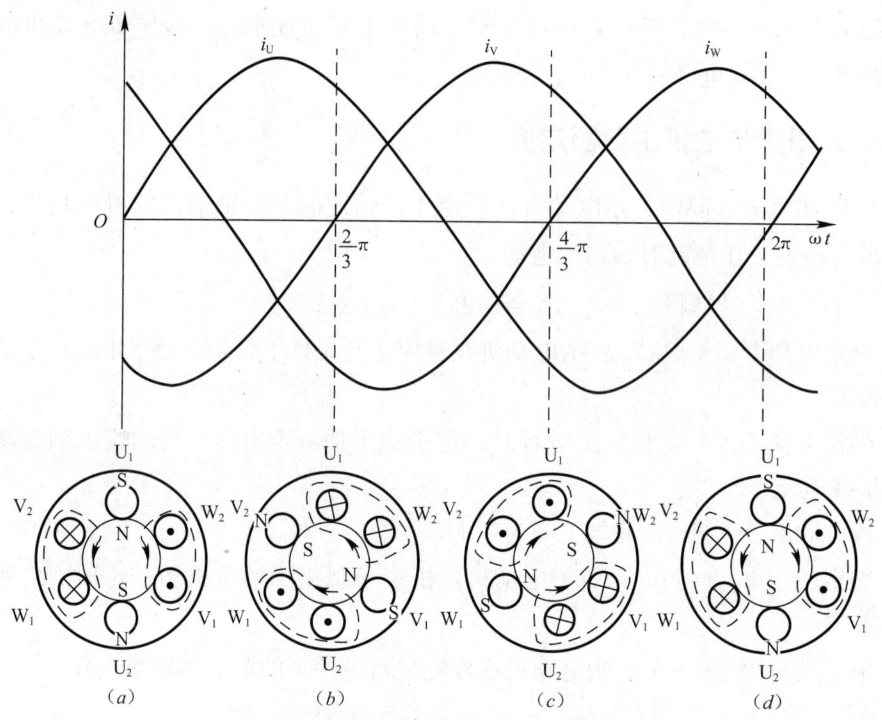

图 8-15　两极电机不同时刻旋转磁场示意图

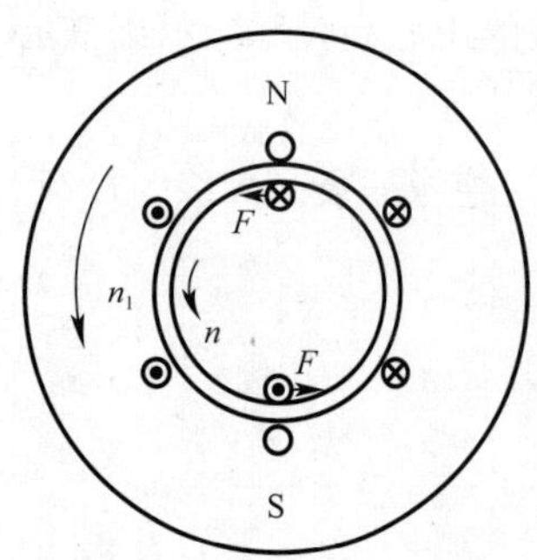

图 8-16　两极三相异步电机运行原理图

绕组/导条中的感应电流与旋转磁场间相互作用后，可用左手定则确定电磁转矩的方向，如图 8-16 所示。由于该电磁转矩由定子旋转磁场和转子绕组/导条相对切割产生，因此若当转子转速与定子磁场同速时，转子中无感应电流，转子无法建立电磁转矩，正因为转子转速与定子转速不同，故感应电机又称异步电机。

3. 转差率与异步电机的三种运行状态

因为异步电动机额定运行时，定子旋转磁场的转速即同步速 n_1，永远比转子转速 n 大，故（n_1-n）与同步转速的比值被定义为转差率 S，即

$$S=\frac{n_1-n}{n_1} \tag{8-3}$$

转差率是判断异步电机运行状态地重要参数，电机工作状态有：（1）电磁制动状态；（2）电动机运行状态；（3）发电机运行状态。

（1）电磁制动状态：在外力作用下转子转向与旋转磁场转向相反，$n<0$，相应转差率在 $S>1$ 的范围内。此时电磁转矩是制动性的。

（2）电动机运行状态：该运行状态下，转子转速 n 低于同步速 n_1，即 $0\leqslant n<n_1$，对应转差率在 $0<S\leqslant 1$ 的范围内，此时电磁转矩是驱动性的。

（3）发电机运行状态：该状态下转子由外力拖动，此时转子转速超过同步速，即 $n>n_1$ 相应转差率在 $S<0$ 的范围内，此时电磁转矩是制动性的，异步电机输入机械能，输出

电能。

【复习思考】

1. 三相异步动机定子部分起什么作用？转子部分起什么作用？

2. 说明异步电动机的工作原理。

3. 图 8-17 中（*a*）图为异步电机电动机运行状态下，转子受力方向及旋转方向，请依照（*a*）图，在（*b*）图、（*c*）图中分别标出发电机、电磁制动状态时转子受力方向及旋转方向。

4. 一台三相异步电动机接到 50Hz 的交流电源上，其额定转速 $n_N = 1455$r/min，试求：(1) 该电动机的极对数 p；(2) 额定转差率 S。

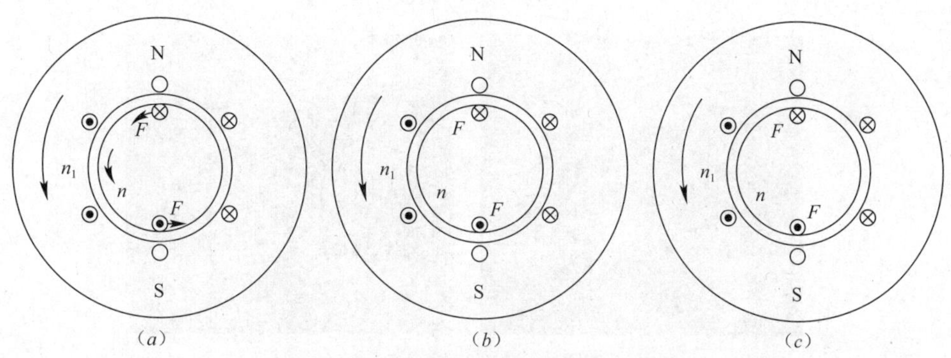

图 8-17 异步电机三种运行状态

（*a*）电动机运行；（*b*）发电机运行；（*c*）电磁制动

任务 8.2 三相异步电动机的检查及故障判断

【任务描述】

久未使用或新安装的异步电机，在运行前要作一些必要的检查，以防安装、接线过程中有错，导致运行故障。由于检测项目繁多，分为电气、机械两部分，本任务主要介绍三相异步电动机电气部分检查的主要项目。

【学习支持】

一、教学示范

新投入使用的电机需要进行安装、接线等操作，正确地安装电气部分是保障电机不出故障地基础。通过在电动机安装、排故练习板上动手操作，学会检测故障电动机的故障点，并能够独立排除。练习板的构成如图 8-18 所示。

1. 用三用表电阻档测量异步电动机绕组的两端。

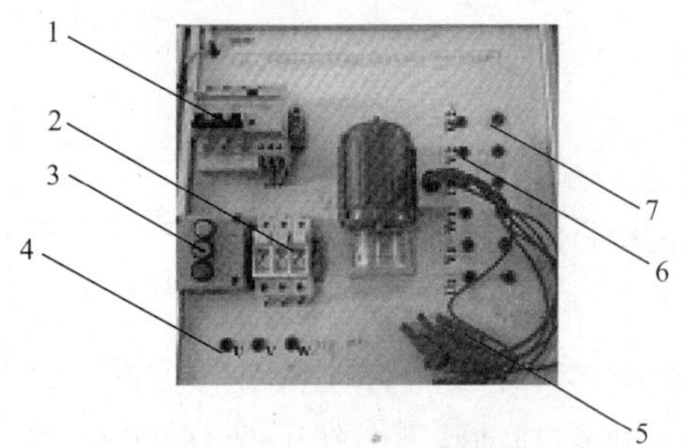

图 8-18　练习板构成

1—三极刀开关；2—熔断器；3—电源指示灯；4—三相电源引出端；5—电机绕组引出线；6—三相异步电机；7—绕组接线端

测量时若非同相绕组，阻值为无穷大如图 8-19（*a*）所示；测量时若为同相绕组的首尾端，阻值相对较小，如图 8-19（*b*）所示。任意设定所测量绕组为 U 相、V 相、W 相，放置在相应位置，此时不需判定三相绕组的同名端，将绕组两端分别假定为首端 U_1、尾端 U_2，接到指定位置，如图 8-19（*c*）～（*e*）所示。

2. 判断三相异步电动机定子绕组的同名端，并连接到对应位置，如图 8-20 所示。

3. 用摇表测量各相绕组的对地绝缘电阻，如图 8-21 所示。

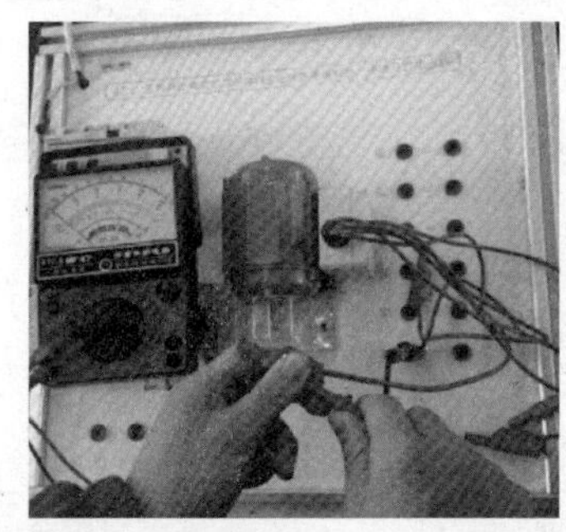

（*a*）

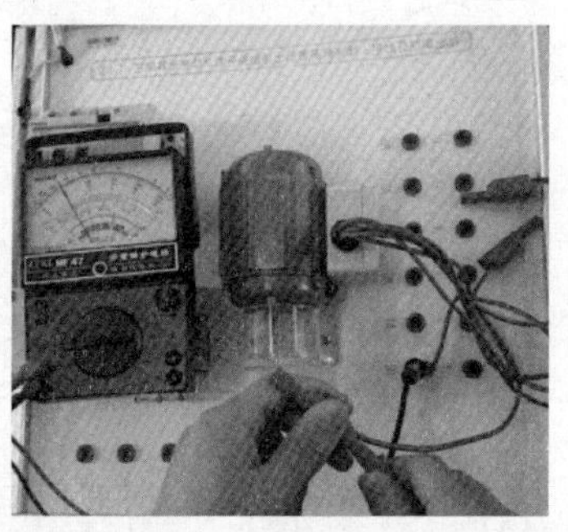

（*b*）

（*c*）

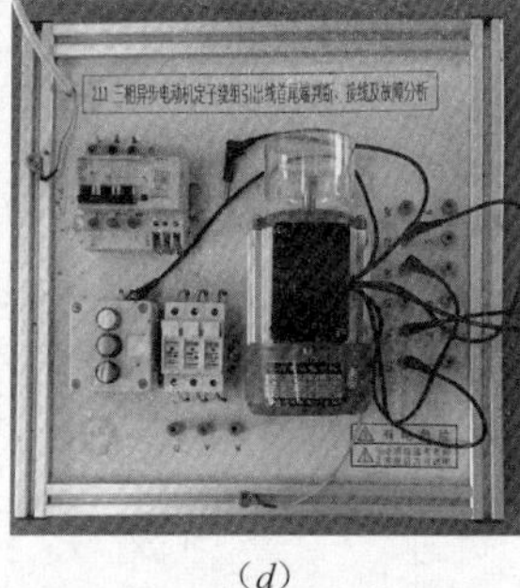

（*d*）

（*e*）

图 8-19　确定同相绕组

（*a*）非同相绕组；（*b*）同相绕组；（*c*）同相绕组 U_1-U_2 阻值测量接线；（*d*）同相绕组 V_1-V_2 阻值测量（约 600Ω）；（*e*）同相绕组 W_1-W_2 阻值测量（约 600Ω）

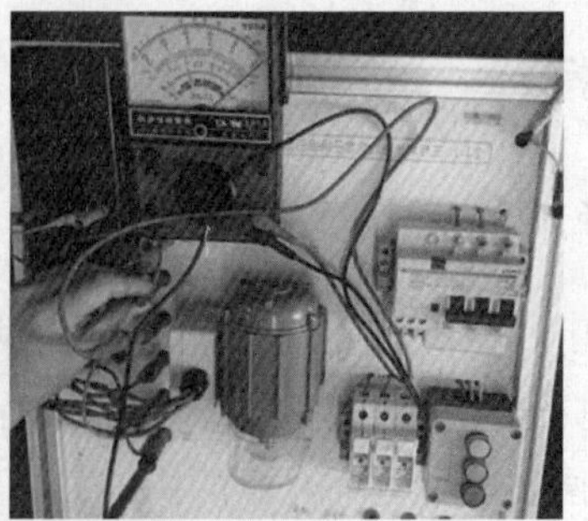

图 8-20　判断同名端

4. 用摇表测量各相绕组的相间绝缘电阻，如图 8-22 所示。

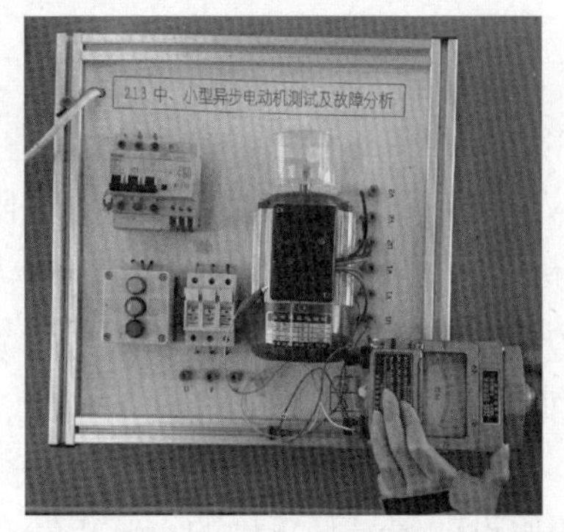

图 8-21　对地绝缘电阻测试

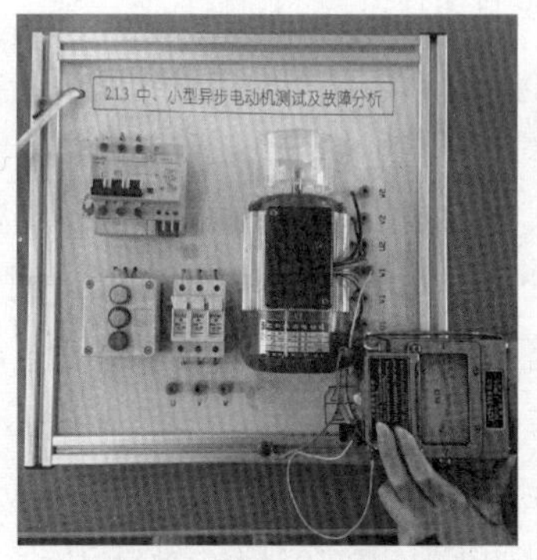

图 8-22　相间绝缘电阻测试

5. 按三相异步电机铭牌接线方式画出定子绕组接线图。

6. 按第 5 步所画接线图接线，接线如图 8-23 所示。

7. 通电观察电机运行过程中有无过热、异响、振动或不能启动的情况。若出现所述状况立即断开电源进行排故，校对之前操作步骤是否正确；若电机正常运行，使用钳形电流表测量三相空载电流。由于钳形电流表为感应式仪表，在测量过程中可能读数会滞后或波动，当读数基本稳定后，可按住 HOLD 键截屏读数，应准确读取并记录，如图 8-24 所示。

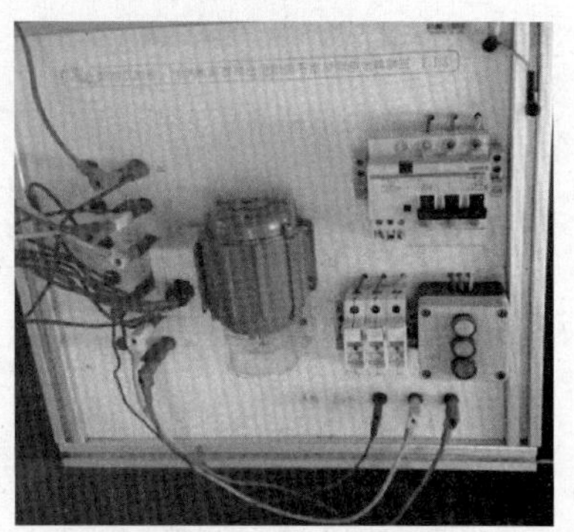

图 8-23　按铭牌要求接线

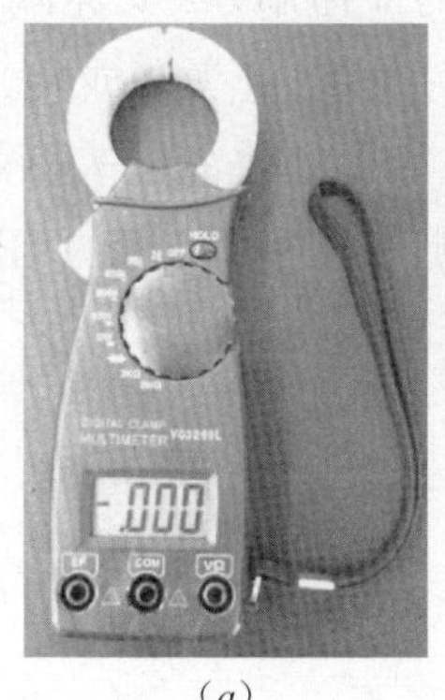

(*a*)

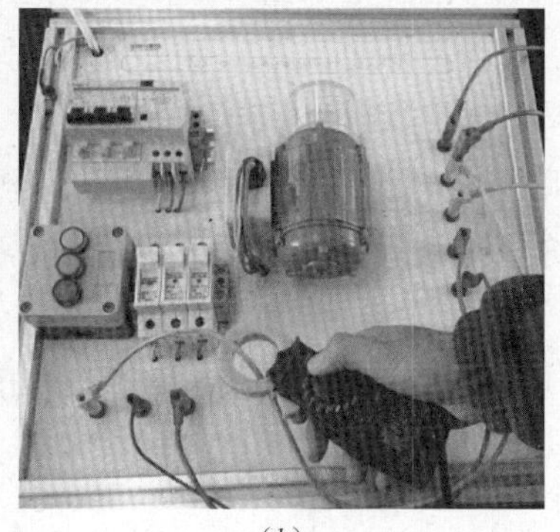

(*b*)

图 8-24　每相电流测试

(*a*) 钳形电流表；(*b*) 钳形电流表使用方法

二、所用设备

1. 万用表 1 只；

2. 兆欧表 1 只；

3. 钳形电流表 1 只；

4. 三相异步电动机 1 台；

5. 导线及电工工具 1 套。

【任务实施】

一、找出异步电动机三对绕组并放置在相应位置，测量每组绕组的直流电阻。

电动机三相对称绕组阻值接近，测量电动机绕组直流电阻目的是判断电动机绕组是否存在断路、短路情况。若其阻值较小，可用万用表测量，将测量结果记录于表 8-4 中。

二、三相异步电动机定子绕组引出线判断同名端。

给各相绕组假设编号为 U_1、U_2、V_1、V_2、W_1、W_2。按图 8-25 接线。用手转动电动机的转子，如万用表 μA 档，指针不动，则证明假设的编号是正确的；若指针有偏转，说明其中有一相首末端假设编号不对，需逐相对调重测，直至正确为止。

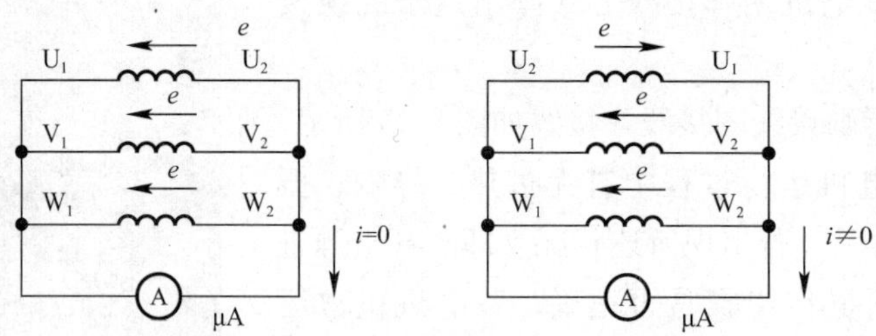

图 8-25 用万用表判断电动机绕组的同名端

三、绝缘电阻测量

经修复、拆装的电机需要重新测量绕组对地绝缘电阻、绕组相间绝缘电阻，绝缘电阻一般在冷态（室温）下测定。测量对地绝缘电阻时应使用 500V 兆欧表测量，表上标示的接地端与机座或接地端相连，另一端分别与每一相绕组头（或尾）相连。将摇柄以 120r/min 的速度旋转，记录每一相绝缘电阻读数。相似地将兆欧表两端与一相绕组首尾端相连，旋转摇柄以 120r/min 的速度旋转，可以测得每一相绕组的相间绝缘电阻，并记录于表 8-4 中。绝缘电阻大于 0.5MΩ 时认为合格，可以使用。

四、通电测试

1. 按三相异步电机铭牌接线方式画出定子绕组接线图。

2. 按所画图接线。

3. 通电观察电机运行过程中有无过热、异响、振动或不能启动的情况，若有故障予以排除。

4. 测量三相空载电流，并填入表 8-4 中。

参数测试　　表 8-4

	U-V 相	V-W 相	W-U 相
相间绝缘电阻			
	U 相	V 相	W 相
直流电阻			
对地绝缘电阻			
空载电流			

【评价】

定子绕组接线图	定子接线	通电调试	参数测试表 8-4	得分

【知识链接】

一、绕组连接方法

电动机在额定电压下定子绕组常采用的连接方法有两种，即：星形接法、三角形接法，如图 8-26 所示。

将始端 U_1、V_1、W_1 与三相电源线相接，末端 U_2、V_2、W_2 短接，这种接法为星形接法，末端短接点称中性点，中性点引出导线称中性线，用 N 表示。在低压供电系统中，中性点直接接地，可直接称接地的中性线为零线。采用星形接法时得式（8-4），（8-5）：

$$U_{线} = \sqrt{3}U_{相} \tag{8-4}$$

$$I_{线} = I_{相} \tag{8-5}$$

将每相绕组的首端与另一相绕组的末端依次相连，这种方法称为三角形接法。采用三角形接法时得式（8-6），式（8-7）：

$$U_{线} = U_{相} \tag{8-6}$$

$$I_{线} = \sqrt{3}I_{相} \tag{8-7}$$

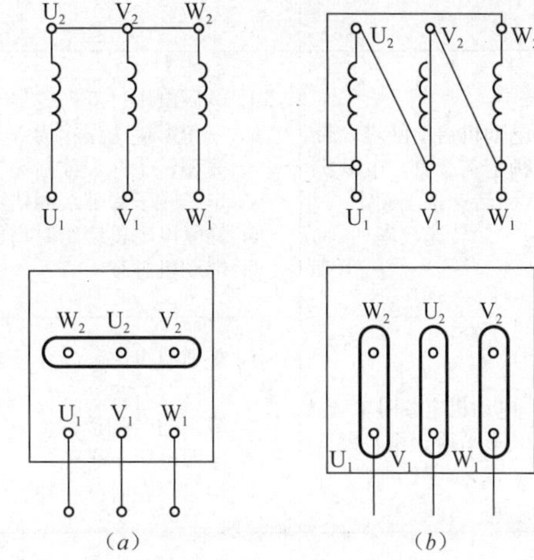

图 8-26　绕组连接方式

(a) 定子绕组星形接法；

(b) 定子绕组三角形接法

当铭牌标注“额定电压：380/220V，Y/△”，电机定子绕组可采用两种接法：说明当电源电压为 380V 时，应该使用星形接法；如果电源电压为 220V，应该使用三角形接法。当电动机铭牌标注“380V，△”时，则电机定子绕组只能使用三角形接法。

二、常见故障及检查方法

电动机的故障种类有很多，但故障产生总有一定的原因。如电机运行时震动大，可能是缺相运行、安装不可靠；运行时过热，可能是绕组绝缘损坏、电流过大等。因此修理前要通过观察电机故障现象，具体分析所需检查项目。检查包括机械、电气两个部分。

机械部分检测有：观察机座、端盖有无裂纹、转轴可否灵活转动、风道是否被堵等。若外部无硬伤，则需拆开电动机检查定、转子铁心表面是否有擦伤痕迹，若有多处可能是转轴弯曲造成，若集中于一处可能是定、转子同心度差造成的。电气部分常见的故障如表 8-5 所示。

三相异步电机常见电气故障 **表 8-5**

故障现象	故障原因	处理方法
通电后电动机不能转动，但无异响，也无异味和冒烟	1. 电源未通（至少两相未通） 2. 熔丝熔断（至少两相熔断） 3. 过流继电器调地过小 4. 控制设备接线错误	1. 检查电源回路开关、熔丝、接线盒处是否有断点、予以修复 2. 检查熔丝型号、熔断原因、换新熔丝 3. 调节继电器整定值与电动机配合 4. 改正接线
通电后电动机不转，有嗡嗡声	1. 定、转子绕组有一相断路或电源一相失电 2. 绕组引出线始末端接错或绕组内部反接 3. 电源回路接点松动，接触电阻大 4. 电动机负载过大或转子卡住 5. 电源电压过低	1. 查明断点，予以修复 2. 检查绕组极性；判断绕组首末端是否正确 3. 坚固松动的接线螺钉，用万用表判断各接头是否假接，并修复 4. 减载或想出并消除机械故障 5. 检查绕组的连接方法是否正确；是否由于电源导线过细使压降过大
电动机启动困难，带额定负载时，电动机转速低于额定转速较多	1. 电源电压过低 2. 三角形接法误接为 Y 形接法 3. 笼型转子开焊或断裂 4. 定、转子局部线圈错接、接反 5. 修复电动机绕组时增加匝数过多 6. 电动机过载	1. 测量电源电压，设法改善 2. 纠正接法 3. 检查开焊和断开并修复 4. 查出误接处，予以改正 5. 恢复正确匝数 6. 减载
电动机空载时电流不平衡，相差大	1. 重新绕组时，定子三相绕组匝数不相等 2. 绕组同名端接错 3. 电源电压不平衡 4. 绕组存在匝间短路、线圈反接等故障	1. 重新绕制定子绕组 2. 检查并纠正 3. 测量电源电压、设法消除不平衡 4. 消除绕组故障
电动机空载电流平衡，但数值大	1. 修复时，定子绕组匝数减少过多 2. 电源电压过高 3. Y 接法误接为三角形接法	1. 重绕定子绕组，恢复正确匝数 2. 检查电源，设法恢复额定电压 3. 改正绕组接为 Y 形

电气部分检查通常包括电动机的直流电阻测定、绝缘电阻测量以及空载试验、短路试验。

1. 直流电阻测量

测定电动机直流电阻的目的是判断电动机绕组是否断线或短路，电动机每相直流电

阻值很小，原则上可用万用表 R×1 档测量，分别测量出三相阻值后求出平均值，每相直流电阻值不应超过平均值的2%。

2. 绝缘电阻测量

电动机绝缘电阻一般在冷态（室温）下测定。步骤如下：

（1）用500V兆欧表测量。将兆欧表上标明的接地端与电动机机座上接地端相连，兆欧表另一端与电动机一相绕组头或尾相连。

（2）将兆欧表摇柄以120r/min速度旋转，观察兆欧表上指针停留的读数，同法测量另两相绕组。

（3）电动机三相绕组间也应作绝缘测量，一般三相380V的电动机，绕组对机座、绕组各相间的绝缘电阻均应大于0.5MΩ方可使用。

3. 空载试验

空载试验测定电机励磁参数 r_m、x_m、铁耗 P_{Fe} 及机械损耗 P_{mec}，由这些参数值可判断电机安装质量和运行情况。试验时将三相异步电动机接到三相交流调压器上，电动机转轴上不带负载，即空载运行。启动后让电动机在额定电压、额定频率下空载运行一段时间，此时转子转速 $n \approx n_1$，$s \approx 0$，改变调压器使电动机定子绕组的电压从（1.1～1.3）U_N 开始逐渐降低，直到转速发生明显变化为止。记录期间定子电压 U_0、空载电流 I_0、和三相输入功率 P_0，绘出 $P_0 = f(U_0)$，如图8-27所示。

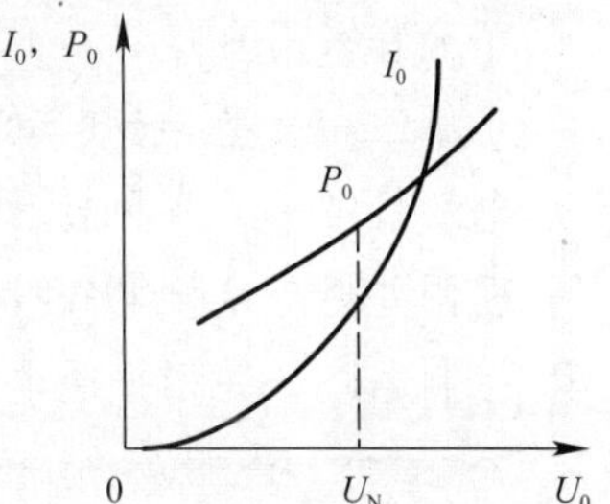

图8-27　三相异步电动机的空载特性

4. 短路试验

短路试验主要测量电机的短路电压和短路损耗。短路试验时要将电机转子卡住不转，短路绕线电动机转子绕组，定子电压从0V逐渐升高，使定子电流达到额定值，确定该时刻的短路电压。实验过程中记录定子电压 U_K（线电压）、定子电流 I_K（线电流）和定子三相输入功率 P_K。由于堵转电流很大，试验应迅速完成，以免绕组过热。

【复习思考】

1. 定子绕组有一相断路，会出现什么现象？
2. 电动机转轴卡住，试从安装上分析原因。

项目 9
电动机的拖动控制

【项目概述】

电动机是通电后能旋转的动力机械设备，在生活和生产中应用广泛，如图 9-1 所示。电动机的启动和停车的方式选择尤为重要。例如电厂中大容量的机组启动，不允许采用直接启动的方式。再如卷扬机的停车需要采用制动等等。本项目旨在了解三相笼型异步电动机的启动方式和停车方式选择的意义。掌握三相笼型异步电动机常用的几种启动方式和几种电气制动方式。在此基础上能识读电气控制原理图并规范连接电气控制电路图。了解其中需用的低压电器，通电调试电动机的控制电路，并根据通电运行现象分析、判断和排除故障等。

(*a*)

(*b*)

图 9-1　生产中的电动机

(*a*) 电厂大容量机组；(*b*) 卷扬机

任务 9.1　三相笼型异步电动机拖动控制所用低压电器的认识

【任务描述】

通过各种低压电器元件的展示和内部结构的认知，了解各种低压电器的用途和功能。经过讲解，掌握其结构、文字符号、功能以及工作原理。再通过动手拆装，进一步加深

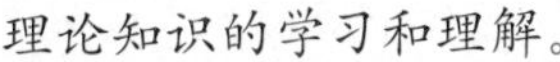

理论知识的学习和理解。

【学习支持】

一、低压电气设备展示（见图9-2）

（a）（b）（c）（d）

图9-2 部分低压电气设备

（a）交流接触器；（b）转换开关；（c）开关；（d）行程开关

二、所用设备

1. 三相交流接触器1个，熔断器1个，开关1个，按钮1个，热继电器1个，中间继电器1个；

2. 三相笼型异步电动机1台（小型）；

3. 工具1套。

【任务实施】

一、给出多种类别的低压电器元件。

二、分别列出所见电压电器元件的名称、图形文字符号以及功能和用途。

表9-1

序号	元件名称	图形文字符号	功能及用途
1			
2			
3			
4			
5			
6			

【评价】

元器件的识别	名称、图形文字符号	功能用途	得分

【知识链接】

一、刀开关

刀开关是一种手动电器，常用于电气设备中作隔离电源用，有时也用于直接启动小容量的鼠笼型异步电动机。

1. HK 型开启式负荷开关

HK 型开启式负荷开关俗称闸刀或胶壳刀开关，由于它结构简单、价格便宜、使用维修方便，故得到广泛应用。该开关主要用作电气照明电路和电热电路、小容量电动机电路的不频繁控制开关，也可用作分支电路的配电开关。

胶盖瓷底刀开关由熔丝、触刀、触点座和底座组成，如图 9-3（*a*）所示。其图形文字符号如图 9-3（*c*）所示。

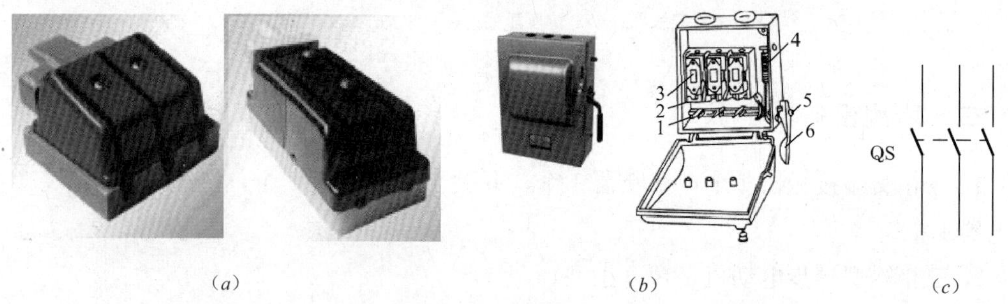

（*a*）　（*b*）　（*c*）

图 9-3　负荷开关

（*a*）开启式负荷开关；（*b*）封闭式负荷开关；（*c*）图形文字符号

1—刀式触头；2—夹座；3—熔断器；4—速断弹簧；5—转轴；6—手柄

闸刀开关在安装时，手柄要向上，不得倒装或平装，以避免由于重力自动下落而引起误动合闸。接线时，应将电源线接在上端，负载线接在下端，这样拉闸后刀开关的刀片与电源隔离，既便于更换熔丝，又可防止可能发生的意外事故。

2. HH 型封闭式负荷开关

HH 型封闭式负荷开关俗称铁壳开关，主要由钢板外壳、触刀开关、操作机构、熔断器等组成，如图 9-3（*b*）所示。刀开关带有灭弧装置，能够通断负荷电流，熔断器用于切断短路电流。一般用于小型电力排灌、电热器、电气照明线路的配电设备中，用于不频繁地接通与分断电路，也可以直接用于异步电动机的非频繁全压启动控制。

铁壳开关的操作结构有两个特点：一是采用储能合闸方式，即利用一根弹簧以执行合闸和分闸的功能，使开关的闭合和分断时的速度与操作速度无关。二是设有联锁装置，以保证开关合闸后便不能打开箱盖，而在箱盖打开后，不能再合开关，起到安全保护作用。

二、熔断器

熔断器在电路中主要起短路保护作用，用于保护线路。熔断器的熔体串接于被保护

的电路中，熔断器以其自身产生的热量使熔体熔断，从而自动切断电路，实现短路保护及过载保护。熔断器具有结构简单、体积小、重量轻、使用维护方便、价格低廉、分断能力较高、限流能力良好等优点，因此在电路中得到广泛应用。

熔断器种类很多，按结构分为开启式、半封闭式和封闭式；按有无填料分为有填料式、无填料式；按用途分为工业用熔断器、保护半导体器件熔断器及自复式熔断器等。

熔断器的主要技术参数包括额定电压、熔体额定电流、熔断器额定电流、极限分断能力等。

1. 额定电压：指保证熔断器能长期正常工作的电压。

2. 熔体额定电流：指熔体长期通过而不会熔断的电流。

3. 熔断器额定电流：指保证熔断器能长期正常工作的电流。

4. 极限分断能力：指熔断器在额定电压下所能开断的最大短路电流。在电路中出现的最大电流一般是指短路电流值，所以，极限分断能力也反映了熔断器分断短路电流的能力。

常用的熔断器有：

1. 插入式熔断器：如图 9-4（*a*）所示。常用的产品有 RC1A 系列，主要用于低压分支电路的短路保护，因其分断能力较小，多用于照明电路和小型动力电路中。

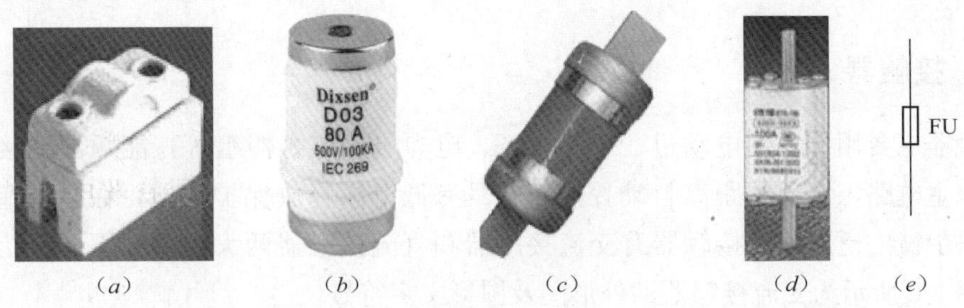

图 9-4 熔断器类型及图形符号

（*a*）插入式；（*b*）螺旋式熔体；（*c*）无填料管式熔体；（*d*）有填料密封管式；（*e*）图形文字符号

2. 螺旋式熔断器如图 9-4（*b*）所示。熔芯内装有熔丝，并填充石英砂，用于熄灭电弧，分断能力强。熔体上的上端盖有一熔断指示器，一旦熔体熔断，指示器马上弹出，可透过瓷帽上的玻璃孔观察到。

3. RM10 型密封管式熔断器为无填料管式熔断器，如图 9-4（*c*）所示。主要用于供配电系统作为线路的短路保护及过载保护，它采用变截面片状熔体和密封纤维管。

4. RT 型有填料密封管式熔断器如图 9-4（*d*）所示。熔断器中装有石英砂，用来冷却和熄灭电弧，熔体为网状，短路时可使电弧分散，由石英砂将电弧冷却熄灭，可将电弧在短路电流达到最大值之前迅速熄灭，以限制短路电流。

三、按钮

按钮是一种最常用的主令电器，其结构简单，控制方便。

按钮由按钮帽、复位弹簧、桥式触点和外壳等组成，其结构示意图及图形符号如

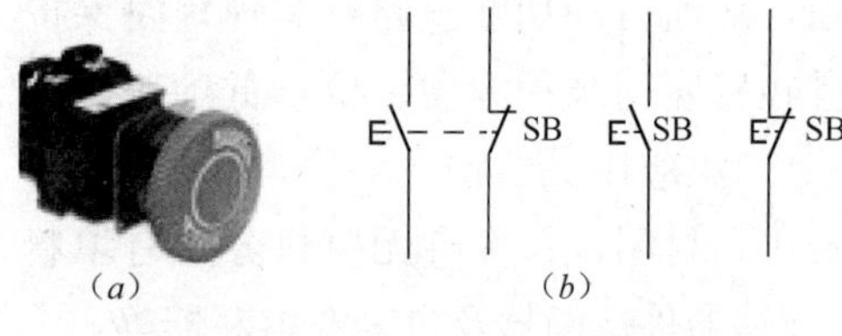

(a)　　(b)

图 9-5　按钮结构示意图及图形符号

(a) 按钮；(b) 按钮图形文字符号

图 9-5 所示。触点采用桥式触点，额定电流在 5A 以下。触点又分常开触点（动合触点）和常闭触点（动断触点）两种。

按钮从外形和操作方式上可以分为平钮和急停按钮，急停按钮也叫蘑菇头按钮，除此之外还有钥匙钮、旋钮、拉式钮、万向操纵杆式、带灯式等多种类型。

从按钮的颜色上，大体可以分为几种情况。

1. 红色按钮用于“停止”、“断电”或“事故”。绿色按钮优先用于“启动”或“通电”，但也允许选用黑、白或灰色按钮。

2. 一钮双用的“启动”与“停止”或“通电”与“断电”，即交替按压后改变功能的，不能用红色按钮，也不能用绿色按钮，而应用黑、白或灰色按钮。

3. 按压时运动，抬起时停止运动（如点动、微动），应用黑、白、灰或绿色按钮，最好是黑色按钮，而不能用红色按钮。

4. 用于单一复位功能的，用蓝、黑、白或灰色按钮。

5. 同时有“复位”、“停止”与“断电”功能的用红色按钮。灯光按钮不得用作“事故”按钮。

四、接触器

接触器主要用于控制电动机、电热设备、电焊机、电容器组等，能频繁地接通或断开交直流主电路，实现远距离自动控制。它具有低电压释放保护功能，在电力拖动自动控制线路中被广泛应用。接触器有交流接触器和直流接触器两大类型。下面介绍交流接触器。图 9-6 所示为交流接触器的外形图及图形文字符号。

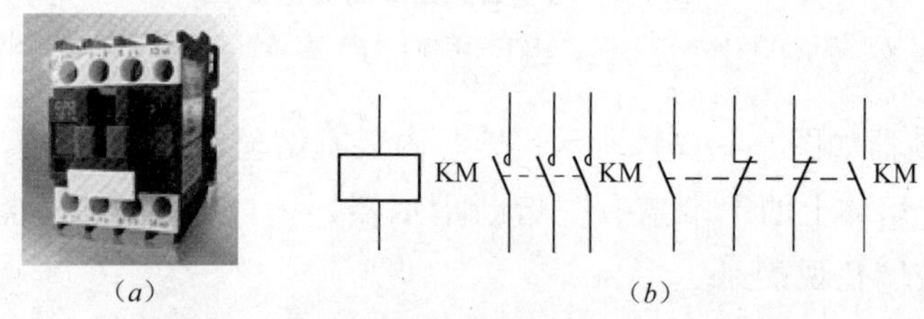

(a)　　(b)

图 9-6　交流接触器的外形图及图形文字符号

(a) 交流接触器；(b) 接触器图形文字符号

1. 交流接触器的组成部分有

(1) 电磁机构：电磁机构由线圈、动铁心（衔铁）和静铁心组成。

(2) 触头系统：交流接触器的触头系统包括主触头和辅助触头。主触头用于通断主电路，有 3 对或 4 对常开触头；辅助触头用于控制电路，起电气联锁或控制作用，通常有两对常开两对常闭触头。

(3) 灭弧装置：容量在 10A 以上的接触器都有灭弧装置。对于小容量的接触器，常采

用双断口桥形触头以利于灭弧；对于大容量的接触器，常采用纵缝灭弧罩及栅片灭弧结构。

（4）其他部件：包括反作用弹簧、缓冲弹簧、触头压力弹簧、传动机构及外壳等。

接触器的控制原理很简单，当线圈接通额定电压时，产生电磁力，克服弹簧反力，吸引动铁心向下运动，动铁心带动绝缘连杆和动触头向下运动使常开触头闭合，常闭触头断开。当线圈失电或电压低于释放电压时，电磁力小于弹簧反力，常开触头断开，常闭触头闭合。

2. 接触器的主要技术参数和类型

（1）额定电压：接触器的额定电压是指主触头的额定电压。交流有220V、380V和660V，在特殊场合应用的额定电压高达1140V，直流主要有110V、220V和440V。

（2）额定电流：接触器的额定电流是指主触头的额定工作电流。它是在一定的条件（额定电流、使用类别和操作频率等）下规定的，目前常用的电流等级为10～800A。

（3）吸引线圈的额定电压：交流有36V、127V、220V和380V，直流有24V、48V、220V和440V。

（4）机械寿命和电气寿命：接触器是频繁操作电器，应有较高的机械和电气寿命，该指标是产品质量的重要指标之一。

（5）额定操作频率：接触器的额定操作频率是指每小时允许的操作次数，一般为300次/h、600次/h和1200次/h。

（6）动作值：动作值是指接触器的吸合电压和释放电压。规定接触器的吸合电压大于线圈额定电压的85%时应可靠吸合，释放电压不高于线圈额定电压的70%。

常用的交流接触器有CJ10、CJ12、CJ10X、CJ20、CJX1、CJX2、3TB和3TD等系列。

五、中间继电器

中间继电器是最常用的继电器之一，它的结构和接触器基本相同，如图9-7（*a*）所示，其图形文字符号如图9-7（*b*）所示。中间继电器是根据输入电压的有或无而动作的，一般触点对数多，触点容量额定电流为5～10A左右。

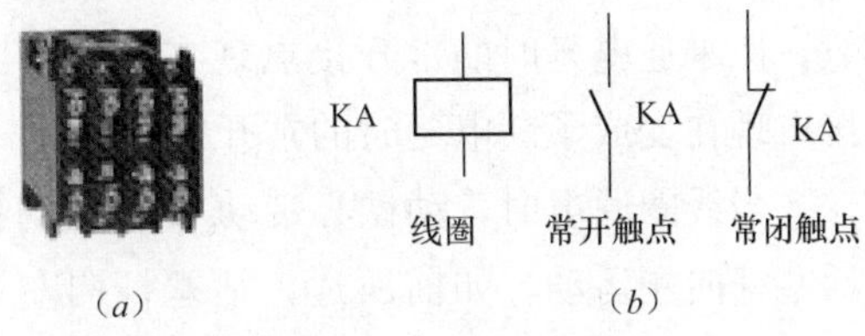

图9-7　中间继电器的结构示意图及图形文字符号

（*a*）中间继电器外形；（*b*）图形文字符号

主要用途是当其他继电器的触头对数或容量不够时，可以借助中间继电器来扩充它们的触头对数或触头容量，起到中间桥梁的作用，其工作原理和接触器一样。触点较多，一般为四常开和四常闭触点。常用的中间继电器型号有JZ7、JZ14等。

六、时间继电器

时间继电器在控制电路中用于时间的控制。其种类很多，按延时方式可分为通电延时型和断电延时型。

1. 通电延时时间继电器

图9-8（*a*）所示为电磁式时间继电器。通电延时型时间继电器当线圈通电后，动铁

心吸合，带动L型传动杆向右运动，使瞬动接点受压，其接点瞬时动作。活塞杆在塔形弹簧的作用下，带动橡皮膜向右移动，弱弹簧将橡皮膜压在活塞上，橡皮膜左方的空气不能进入气室，形成负压，只能通过进气孔进气，因此活塞杆只能缓慢地向右移动，其移动的速度和进气孔的大小有关（通过延时调节螺丝调节进气孔的大小可改变延时时间）。经过一定的延时后，活塞杆移动到右端，通过杠杆压动微动开关（通电延时接点），使其常闭触头断开，常开触头闭合，起到通电延时作用。

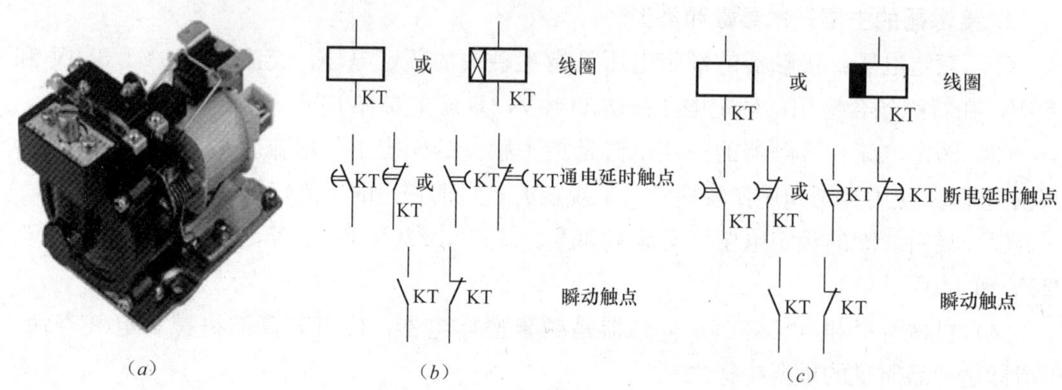

图9-8　空气阻尼式时间继电器示意图及图形符号

(*a*) 时间继电器；(*b*) 通电延时型时间继电器；(*c*) 断电延时型时间继电器

当线圈断电时，电磁吸力消失，动铁心在反力弹簧的作用下释放，并通过活塞杆将活塞推向左端，这时气室内中的空气通过橡皮膜和活塞杆之间的缝隙排掉，瞬动接点和延时接点迅速复位，无延时。

2. 断电延时型时间继电器

如果将通电延时型时间继电器的电磁机构反向安装，就可以改为断电延时型时间继电器。线圈不通电时，塔形弹簧将橡皮膜和活塞杆推向右侧，杠杆将延时接点压下（注意，原来通电延时的常开接点现在变成了断电延时的常闭接点了，原来通电延时的常闭接点现在变成了断电延时的常开接点）。

当线圈通电时，动铁心带动L型传动杆向左运动，使瞬动接点瞬时动作，同时推动活塞杆向左运动，如前所述，活塞杆向左运动不延时，延时接点瞬时动作。线圈失电时动铁心在反力弹簧的作用下返回，瞬动接点瞬时动作，延时接点延时动作。

时间继电器线圈和延时接点的图形符号都有两种画法，线圈中的延时符号可以不画，接点中的延时符号可以画在左边也可以画在右边，但是圆弧的方向不能改变，如图9-8(*b*)和(*c*)所示。

七、行程开关

行程开关又称位置开关或限位开关，是根据输入信号是否与其直接接触，可以分为行程开关和接近开关两大类。

1. 行程开关

行程开关又称限位开关，行程开关的工作原理和按钮相同，区别在于它不是靠手的按压，而是利用生产机械运动的部件碰压而使触点动作来发出控制指令的主令电器。它用于控制生产机械的运动方向、速度、行程大小或位置等，其结构形式多种多样。图 9-9 所示为几种操作类型的行程开关动作原理示意图及图形文字符号。

图 9-9　行程开关及图形符号

2. 接近开关

又称无机械接触行程开关，它可以代替有触头行程开关来完成行程控制和限位保护，还可用于高频计数、测速、液位控制、零件尺寸检测、加工程序的自动衔接等的非接触式开关。由于它具有非接触式触发、动作速度快、可在不同的检测距离内动作、发出的信号稳定无脉动、工作稳定可靠、寿命长、重复定位精度高以及能适应恶劣的工作环境等特点，所以在机床、纺织、印刷、塑料等工业生产中应用广泛。

八、热继电器

热继电器是厂矿企业使用较普遍的电气设备之一，一般由加热元件、控制触头和动作系统、复位机构等三部分组成，它是依靠通过发热元件的负载电流超过允许值时，所产生的持续增大热量使动作机构随之动作的一种保护电器。主要用于电力拖动系统中保护电动机的过载、及对其他电气设备发热状态的控制，目的是防止电动机等设备长时间严重过载，而导致的电动机等设备绝缘老化加速、使用年限缩短、甚至烧毁的现象发生。

热继电器主要是用于电气设备（主要是电动机）的过负荷保护。如图 9-10（*a*）所示是双金属片式热继电器的结构示意图，图 9-10（*b*）所示是其图形符号。由图可见，热继电器主要由双金属片、热元件、复位按钮、传动杆、拉簧、调节旋钮、复位螺丝、触点和接线端子等组成。

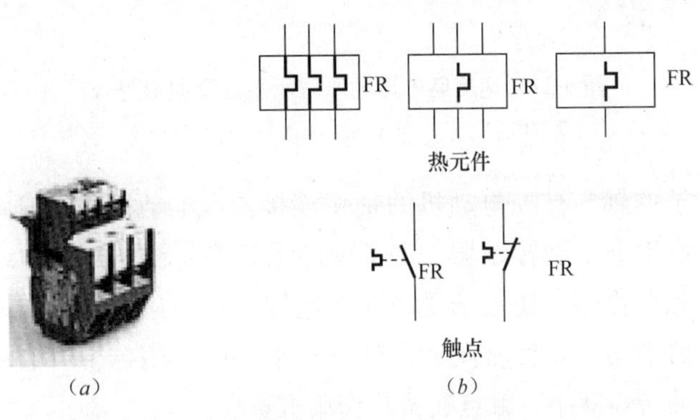

图 9-10　热继电器外形图及图形符号

（*a*）热继电器外形图；（*b*）图形文字符号

双金属片是一种将两种线膨胀系数不同的金属用机械辗压方法使之形成一体的金属片。膨胀系数大的（如铁镍铬合金、铜合金或高铝合金等）称为主动层，膨胀系数小的（如铁镍类合金）称为被动层。由于两种线膨胀系数不同的金属紧密地贴合在一起，当产生热效应时，使得双金属片向膨胀系数小的一侧弯曲，由弯曲产生的位移带动触头动作。

热元件串接于电机的定子电路中，通过热元件的电流就是电动机的工作电流（大容量的热继电器装有速饱和互感器，热元件串接在其二次回路中）。当电动机正常运行时，其工作电流通过热元件产生的热量不足以使双金属片变形，热继电器不会动作。当电动机发生过电流且超过整定值时，双金属片的热量增大而发生弯曲，经过一定时间后，使触点动作，通过控制电路切断电动机的工作电源。同时，热元件也因失电而逐渐降温，经过一段时间的冷却，双金属片恢复到原来状态。

九、速度继电器

速度继电器又称为反接制动继电器，主要用于三相鼠笼型异步电动机的反接制动控制。图 9-11 为速度继电器的原理示意图及图形符号，它主要由转子、定子和触头组成。转子是一个圆柱形永久磁铁，定子是一个鼠笼型空心圆环，由硅钢片叠成。

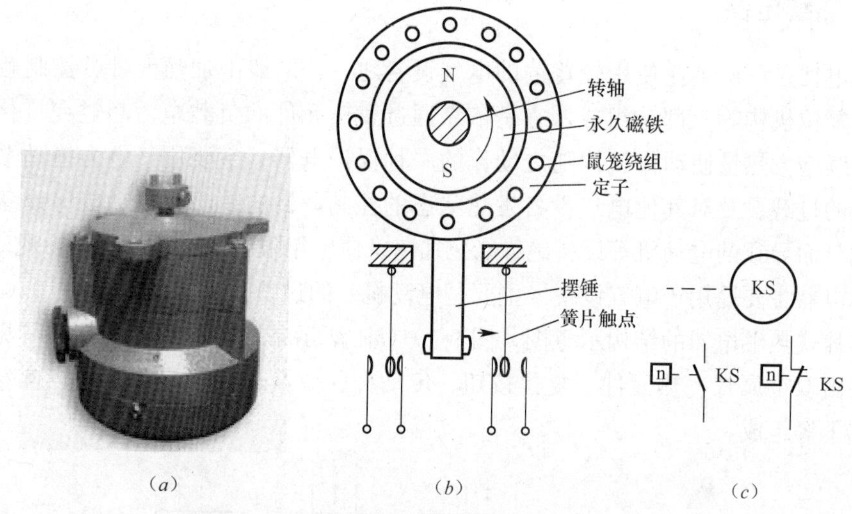

图 9-11　速度继电器的原理示意图及图形符号

(*a*) 速度继电器；(*b*) 内部结构示意图；(*c*) 图形文字符号

速度继电器转子的轴与被控电动机的轴相连接，当电动机转动时，转子（圆柱形永久磁铁）随之转动产生一个旋转磁场，定子中的鼠笼型绕组切割磁力线而产生感应电流和磁场，两个磁场相互作用，使定子受力而跟随转动，当达到一定转速时，装在定子轴上的摆锤推动簧片触点运动，使常闭触点断开，常开触点闭合。当电动机转速低于某一数值时，定子产生的转矩减小，触点在簧片作用下复位。

一般速度继电器都具有两对转换触点，一对用于正转时动作，另一对用于反转时动作。通常它的触头动作值设为 120r/min，触头复位值设为 100r/min。

【复习思考】

1. 试说明开关和按钮的区别，并画出它们的图形文字符号。
2. 交流接触器的作用是什么？画出其图形文字符号，并说明其工作原理。
3. 时间继电器有几种？分别是如何工作的？画出其图形文字符号。
4. 行程开关的作用是什么？画出其图形文字符号。
5. 热继电器的组成是什么？画出其图形文字符号。
6. 列表写出所学低压电器名称、符号和用途。

任务 9.2 三相笼型异步电动机的点动、长动控制

【任务描述】

通过三相笼型异步电动机点动、长动控制电路的接线、调试和排故，来观察三相笼型异步电动机点动、长动制动的现象、理解其目的和区别；从而理解点动、长动的概念、原理，明确哪种场合采用点动还是长动。

【学习支持】

一、现场所用设备展示（见图 9-12）

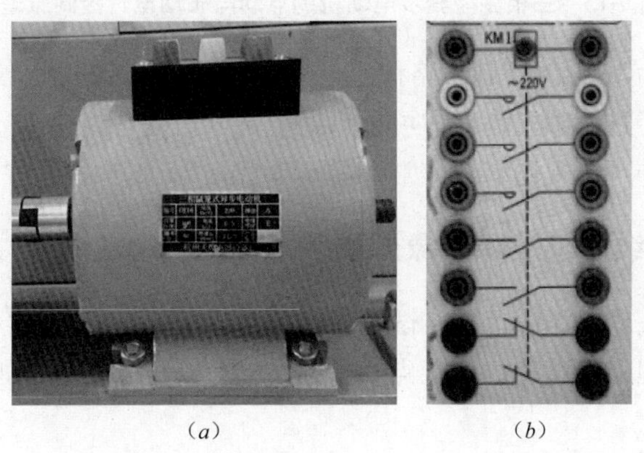

(a) (b)

图 9-12 三相笼型异步电动机的点动和长动展示

(a) 三相笼型异步电动机；(b) 交流接触器接线柱

二、所用设备

1. 三相交流电源；

2. 电动机点动、长动控制模拟板 1 块（或者电动机控制实验台 1 台）；

3. 三相交流接触器 1 个，熔断器 5 个，开关 1 个，按钮 3 个，热继电器 1 个，中间继电器 1 个；

4. 三相笼型异步电动机 1 台（小型）；

5. 导线若干，工具 1 套。

【任务实施】

一、三相笼型异步电动机的点动与长动控制接线

1. 电气控制原理图如图 9-13 所示。注意将各接线端子压紧，保证接触良好，防止振动引起脱落。控制电路中接线端子较多，防止漏接和错接，应注意检查。

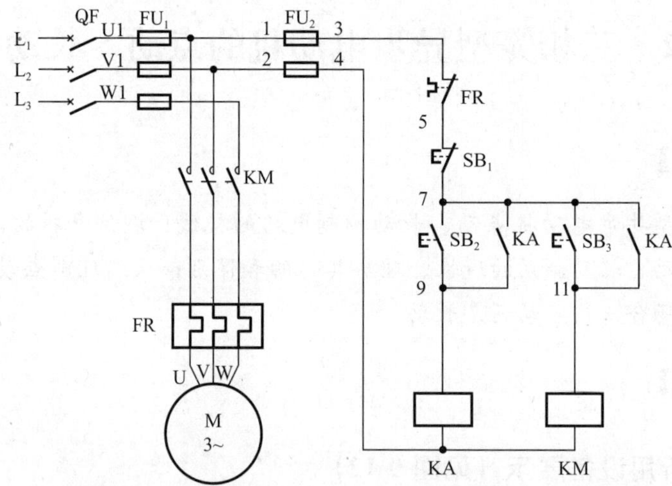

图 9-13　三相笼型异步电动机的点动与长动电气控制原理图

2. 按图 9-13 所示的电气控制线路在电气控制电路接线模拟板上进行接线；

3. 完成接线后经过老师允许后方可进行通电调试与运行；

4. 通电初试，并观察现场有无异常情况（如冒烟等）；若有异常，应立即切断电源。

二、电气控制线路及故障现象分析

1. 如果通电后电动机无法运转，试分析其故障原因。

2. 如果电路出现只能长动，不能点动的现象，试分析产生该故障的接线方面的可能原因。

【评价】

看图接线	通电测试	有无故障	故障排除		规范性	得分
			独立排故	教师帮助下排故		

【知识链接】

在许多工矿企业中，鼠笼式异步电动机的数量占电力拖动设备总数的 85%左右。在

变压器容量允许的情况下，鼠笼式异步电动机应该尽可能采用全电压直接启动，既可以提高控制线路的可靠性，又可以减少电器的维修工作量。

所谓直接启动即是将电动机三相定子绕组直接接到额定电压的电网上来启动电动机。也就是说电动机三相定子绕组启动电压等于额定电压。直接启动也叫全压启动。这种方法只用于小容量的电动机或电动机容量远小于供电变压器容量的场合。

一、三相笼型异步电动机点动控制线路

三相笼型异步电动机点动控制线路如图 9-14 所示。

1. 主电路：主电路由负荷开关 QS、熔断器 FU_1、接触器 KM 的常开主触点，热继电器 FR 的热元件和电动机 M 组成。

2. 工作原理：

启动：主电路合上三相负荷开关 QS，按点动按钮 SB_1，按触器 KM 线圈通电，其常开主触点闭合，将电动机 M 接入电源，电动机启动。

停车：当松开点动按钮 SB_1，点动按钮在反力弹簧的作用下复位断开，接触器 KM 的线圈失电，其主触点断开，电动机脱离电源，停止运转。

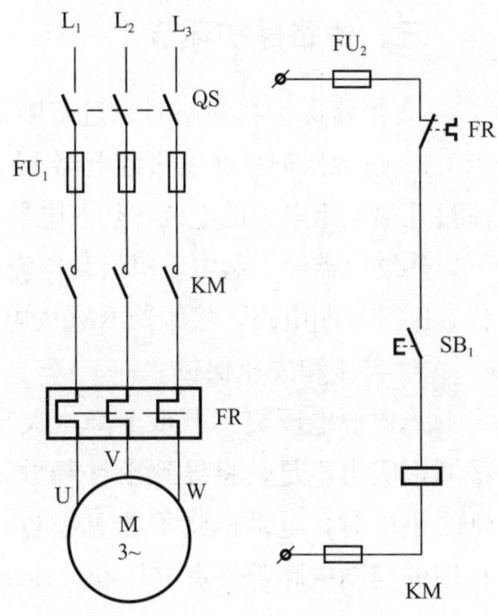

图 9-14　电动机点动控制电路

点动控制也就是瞬间控制电动机的启动、停转，例如某些设备试车、对刀等。

二、三相笼型异步电动机长动控制线路

三相笼型异步电动机长动控制线路如图 9-15 所示。

1. 主电路：主电路由负荷开关 QS、熔断器 FU、接触器 KM 的常开主触点，热继电器 FR 的热元件和电动机 M 组成。

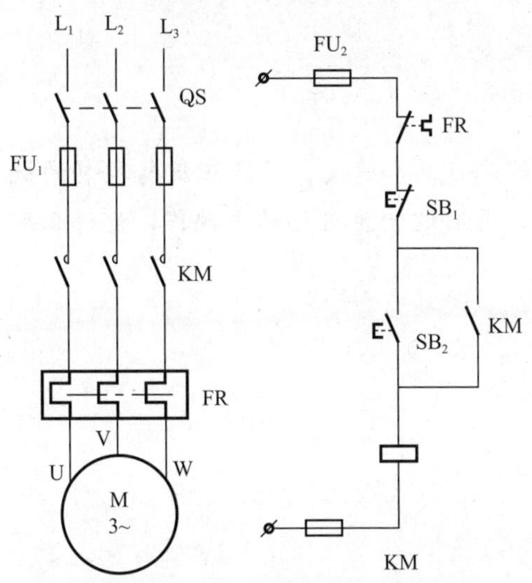

图 9-15　电动机长动控制电路

2. 控制电路：控制电路由启动按钮 SB_2、停止按钮 SB_1、接触器 KM 线圈和常开辅助触点、热继电器 FR 的常闭触头构成。

3. 工作原理：

启动：主电路合上三相负荷开关 QS，按启动按钮 SB2，按触器 KM 线圈通电，其常开主触点闭合，将电动机 M 接入电源，电动机开始启动。同时，与 SB_2 并联的 KM 的常开辅助触点闭合，即使松手断开 SB_2，线圈 KM 通过其辅助触点可以继续保持通电，维持吸合状态。

凡是接触器（或继电器）利用自己的辅助触点来保持其线圈带电的，称之为自锁（自保）。这个触点称为自锁（自保）触点。由于

KM 的自锁作用，当松开 SB_2 后，电动机 M 仍能继续启动，最后达到稳定运转。

停车：按停止按钮 SB_1，接触器 KM 的线圈失电，其主触点和辅助触点均断开，电动机脱离电源，停止运转。这时，即使松开停止按钮，由于自锁触点断开，接触器 KM 线圈不会再通电，电动机不会自行启动。只有再次按下启动按钮 SB_2 时，电动机方能再次启动运转。

电动机的长动控制适用于设备长期的正常运行。

三、线路保护环节

1. 短路保护：短路时通过熔断器 FU 的熔体熔断切开主电路。

2. 过载保护：通过热继电器 FR 实现。由于热继电器的热惯性比较大，即使热元件上流过几倍额定电流的电流，热继电器也不会立即动作。因此在电动机启动时间不太长的情况下，热继电器经得起电动机启动电流的冲击而不会动作。只有在电动机长期过载下 FR 才动作，断开控制电路，接触器 KM 失电，切断电动机主电路，电动机停转，实现过载保护。

3. 欠压和失压保护

当电源电压突然严重下降（欠压）或消失（零压）时，交流接触器或继电器的带电线圈因吸力不足，将导致衔铁释放，所有触头复位，电动机停止运行。而电源电压再次恢复供电时，电动机将不能重新自行启动，这样可以防止事故的发生，所以，凡是具有自锁的控制电路都具有欠压和失压保护功能。

【复习思考】

1. 试说明电动机点动与长动的区别，并说明其应用场合。

2. 电动机控制的基本保护环节有哪些？

3. 试画出三相笼型异步电动机既能点动又能长动的控制电路。要求有短路保护和过载保护。

任务 9.3　三相笼型异步电动机的正反转控制

【任务描述】

观察三相笼型异步电动机正反转的现象、理解其目的和意义；理解正反转控制的概念、原理以及明确哪种场合应该采用正反转控制，再通过学生自己动手操作，使得正反转控制的理论知识更具体化。

【学习支持】

一、现场所用设备展示（见图 9-16）

二、所用设备

1. 三相交流电源；

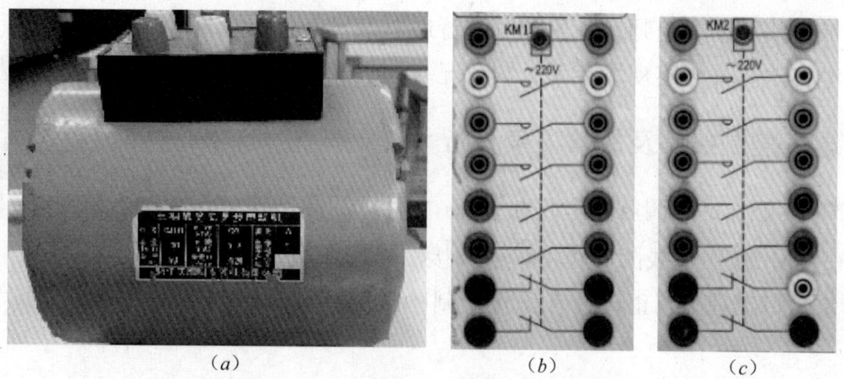

图 9-16　三相笼型异步电动机正反转控制

(a) 三相笼型异步电动机；(b) 正转交流接触器接线柱；(c) 反转交流接触器接线柱

2. 电动机正反转电气控制模拟板 1 块（或者电动机控制实验台 1 台）；
3. 三相交流接触器 2 个，熔断器 5 个，开关 1 个，按钮 3 只，热继电器 1 个；
4. 三相笼型异步电动机 1 台（小型）；
5. 导线若干，工具 1 套。

【任务实施】

一、三相笼型异步电动机的正反转控制接线

1. 电气控制原理图如图 9-17 所示。

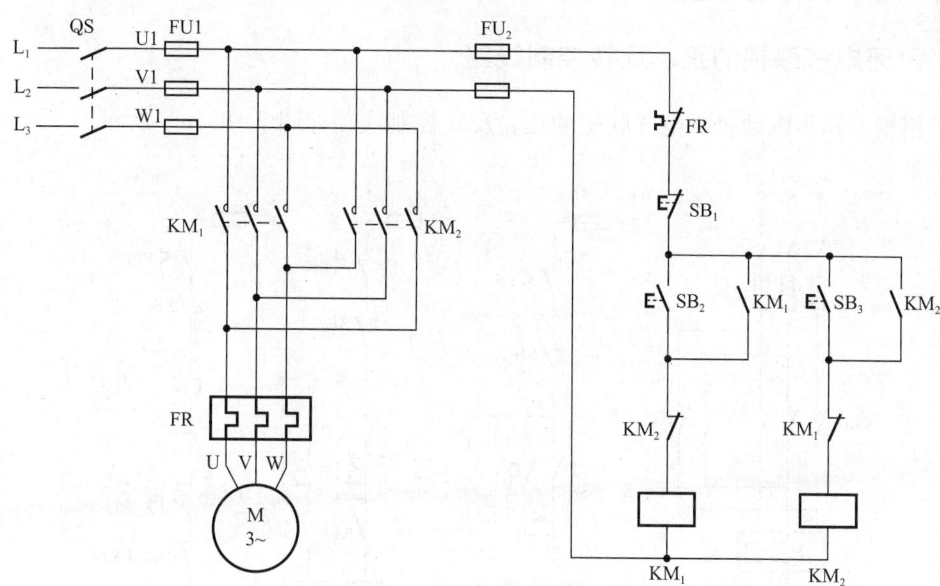

图 9-17　三相笼型异步电动机的正反转控制电气原理图

2. 按图 9-17 所示的电气控制线路在电气控制电路接线模拟板上进行接线；注意将各接线端子压紧，保证接触良好和防止振动引起脱落。控制电路中接线端子较多，防止漏接和错接，应注意检查。

3. 完成接线后经过老师允许后方可进行通电调试与运行。

4. 通电初试，并观察现场有无异常情况（如冒烟等）；若有异常，应立即切断电源。

二、电气控制线路及故障现象分析

1. KM_1 接触器的常闭触点串联在 KM_2 接触器线圈回路中，同时 KM_2 接触器的常闭触点串联在 KM_1 接触器线圈回路中，这种接法有何作用？

2. 如果电路出现只有正转没有反转控制的故障，试分析产生该故障的接线方面的可能原因。

【评价】

看图接线	通电测试	有无故障	故障排除		规范性	得分
			独立排故	教师帮助下排故		

【知识链接】

根据电动机的工作原理可以知道改变电动机旋转方向只需将接在电动机的三相电源进线中的任意两相调换相序，就可以改变电动机的旋转方向。这对于实际生产中非常有意义，尤其是机械加工工业中，要求运动部件有正反向工作，如机床主轴正反两个方向的旋转，工作台要求能往返运动等等，这些都是通过电动机的正反转来实现。

一、无电气联锁的正、反转控制线路

三相笼型异步电动机无电气联锁的正、反转控制线路如图 9-18（*a*）所示。

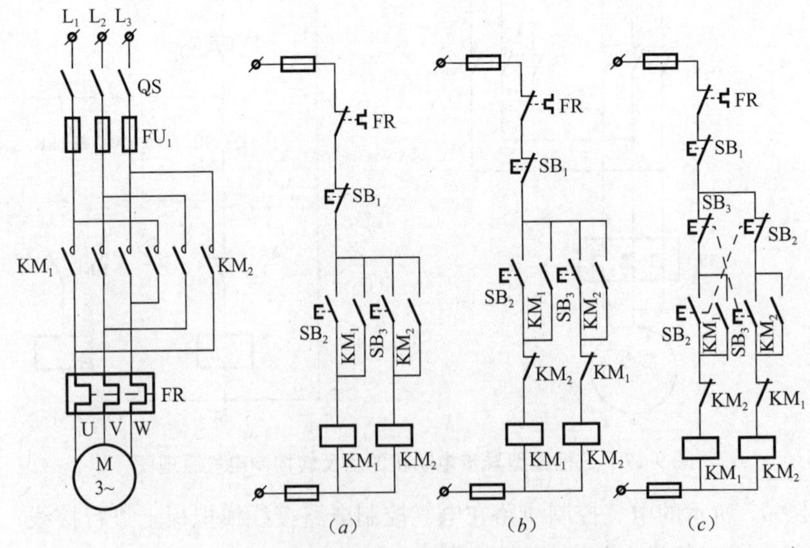

图 9-18 三相笼型异步电动机的正反转控制电路

（*a*）无电气联锁；（*b*）有电气联锁；（*c*）复合联锁

主电路：主电路由负荷开关 QS、熔断器 FU_1、接触器 KM_1 和 KM_2 的常开主触点，热继电器 FR 的热元件和电动机 M 组成。从图中可以看出，KM_2 主触头调换 L_1 和 L_3 两相电源的相序，从而实现电动机的反向运行。这实质上也是两个方向相反的单向运行主电路的组合。由 SB_2、KM_1 和 M 组成正转控制电路，SB_3、KM_2 和 M 组成反转控制电路。

控制电路：控制电路由启动按钮 SB_2 和 SB_3、停止按钮 SB_1、接触器 KM_1、KM_2 线圈及其常开辅助触点、热继电器 FR 的常闭触头构成。

工作原理：

正转：主电路合上三相负荷开关 QS，按启动按钮 SB_2，按触器 KM_1 线圈通电，常开触头闭合自锁，其常开主触点闭合，电动机 M 接入正序电源，电动机开始正向运行。

停车：按停止按钮 SB_1，接触器 KM_1 的线圈失电，其主触点和辅助触点均断开，电动机脱离电源，停止运转。

反转：按启动按钮 SB_3，按触器 KM_2 线圈通电，常开触头闭合自锁，其常开主触点闭合，电动机 M 接入负序电源，电动机开始反向运行。

缺点：当电动机在正转（反转）时，若按下启动按钮 SB_3（SB_2），则交流接触器 KM_1 和 KM_2 会同时通电，它们的主触点同时闭合，将导致电动机调换相序的两相短路。所以，这种控制线路，当电动机需要换向运行时，必须先停车，否则一旦发生误操作，会直接导致电动机的短路，损坏电动机。

二、有电气联锁的正、反转控制线路

三相笼型异步电动机有电气联锁的正、反转控制线路如图 9-18（*b*）所示。主电路同上。

控制电路：控制电路由启动按钮 SB_2 和 SB_3、停止按钮 SB_1、接触器 KM_1、KM_2 线圈及其常开辅助触点、热继电器 FR 的常闭触头构成。控制电路中 KM_1 线圈中串联了 KM_2 的常闭触点，同理 KM_2 线圈中串联了 KM_1 的常闭触点，构成了接触器互锁，即电气互锁。

工作原理：

正转：主电路合上三相负荷开关 QS，按启动按钮 SB_2，按触器 KM_1 线圈通电，常闭触头闭合自锁，其常开主触点闭合，电动机 M 接入正序电源，电动机开始正向运行。

停车：按停止按钮 SB_1，接触器 KM_1 的线圈失电，其主触点和辅助触点均断开，电动机脱离电源，停止运转。

反转：按启动按钮 SB_3，按触器 KM_2 线圈通电，常开触头闭合自锁，其常开主触点闭合，电动机 M 接入负序电源，电动机开始反向运行。

缺点：这种控制电路一旦误操作，虽然不会使 KM_1、KM_2 同时通电，但要使电动机正反转切换，还必须先停车才能进行。不能正反转直接切换，操作起来相对麻烦。

三、有复合联锁的正、反转控制线路

三相笼型异步电动机复合联锁的正、反转控制线路如图 9-18（*c*）所示。主电路同上。

控制电路：控制电路由启动按钮 SB_2 和 SB_3、停止按钮 SB_1、接触器 KM_1、KM_2 线圈及其常开辅助触点、热继电器 FR 的常闭触头构成。

工作原理：

正转：主电路合上三相负荷开关 QS，按启动按钮 SB_2，按触器 KM_1 线圈得电，常开触头闭合自锁，其常开主触点闭合，电动机 M 接入正序电源，电动机开始正向运行。

反转：直接按启动按钮 SB_3，按触器 KM_1 线圈断电，KM_2 线圈得电，常开触头闭合自锁，其常开主触点闭合，电动机 M 接入负序电源，电动机开始反向运行。

停车：按停止按钮 SB_1，接触器 KM_2 的线圈失电，其主触点和辅助触点均断开，电动机脱离电源，停止运转。

优点：这种控制线路既有接触器联锁，又有按钮联锁，正反转可直接切换，操作方便，安全可靠且切换速度快，因此应用很广泛。

四、运料小车的自动往复循环电气控制

在生产实践中，往往需要对生产机械部件进行行程控制，并在一定的范围内自动往复循环控制。这种控制只要依靠行程开关实现，通常称为行程控制原则。

运料小车的自动往复循环电气控制电路如图 9-19 所示。

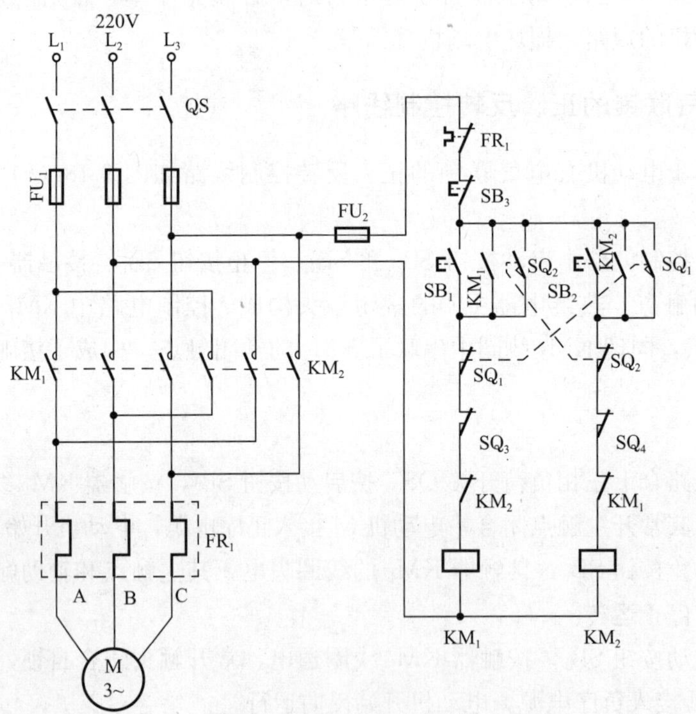

图 9-19　运料小车的自动往复循环控制电路图

运料小车的自动往复循环控制电路的工作原理如下：

启动时，按下启动按钮 SB_1 时，交流接触器 KM_1 线圈通电，主触点闭合，常开触点闭合自锁，电动机正向运行；

当前进到位后，行程开关SQ_1压合动作，其常闭触点断开，交流接触器KM_1线圈断电，其主触点打开，电动机正向运行停车；同时SQ_1常开触点闭合，交流接触器KM_2线圈通电，其主触点闭合，常开触点闭合自锁，电动机反向运行。

当后退到位后，行程开关SQ_2压合动作，其常闭触点断开，交流接触器KM_2线圈断电，其主触点打开，电动机反向运行停车；同时SQ_2常开触点闭合，交流接触器KM_1线圈通电，其主触点闭合，常开触点闭合自锁，电动机正向运行；如此一直循环往复下去。

停止时，按下启动按钮SB_3时，交流接触器KM_1（KM_2）线圈断电，其主触点打开，电动机正向（反向）停车。

控制电路中，行程开关SQ_3、SQ_4是作为运动到位后的限位保护，防止小车运行在正常工作范围之外。

【复习思考】

1. 电动机实现正反转控制的原理是什么？
2. 电动机正反转控制中，为什么要采用了电气互锁？
3. 电动机正反转控制中，已经采用了电气互锁，为什么还要加装机械联锁？

任务9.4　三相笼型异步电动机的延时启动控制

【任务描述】

观察三相笼型异步电动机延时启动的现象，理解延时启动的概念、原理以及明确哪种场合采用延时控制。

【学习支持】

一、现场所用设备展示（见图9-20）

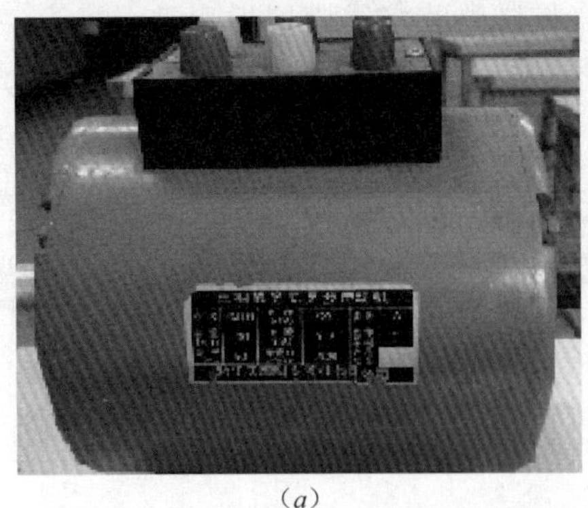

(a)

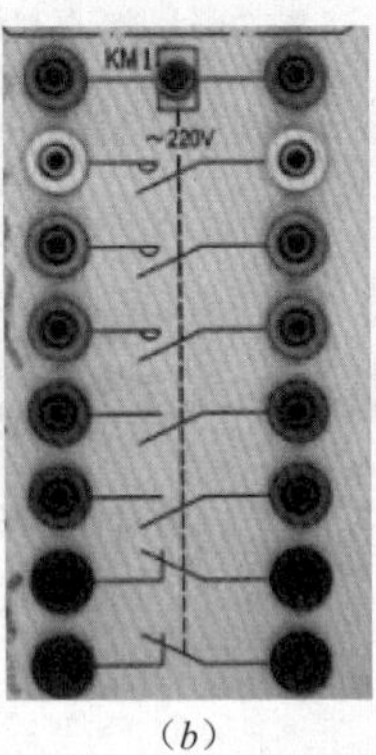

(b)

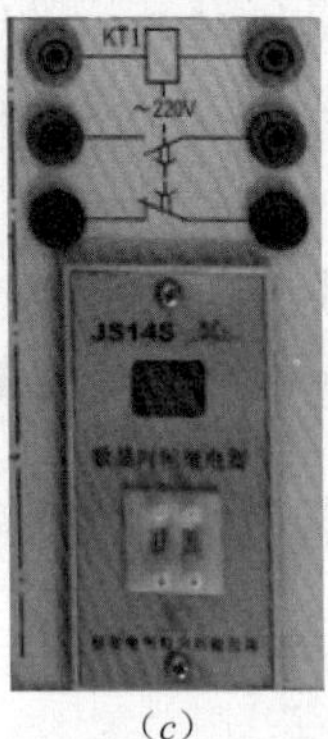

(c)

图9-20　三相笼型异步电动机延时控制

(a) 三相笼型异步电动机；(b) 交流接触器接线柱；(c) 时间继电器接线柱

二、所用设备

1. 三相交流电源；
2. 电动机延时启动电气控制模拟板 1 块（或者电动机控制实验台 1 台）；
3. 三相交流接触器 1 个，熔断器 5 个，开关 1 个，按钮 2 只，热继电器 1 个；
4. 三相笼型异步电动机两台（小型）；
5. 导线若干，工具 1 套。

【任务实施】

一、三相笼型异步电动机的延时启动控制接线

1. 电气控制原理图如图 9-21 所示。

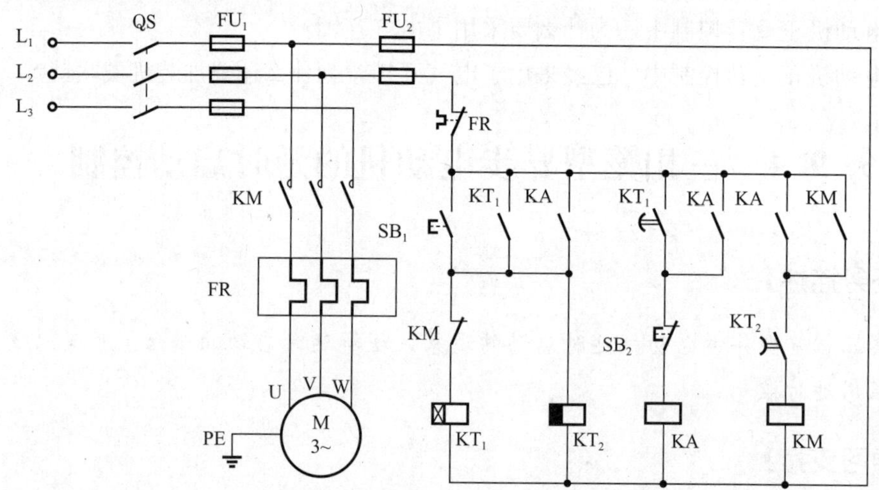

图 9-21　三相笼型异步电动机的延时启动、延时停车控制电路

2. 按图 9-21 所示的电气控制线路在电气控制电路接线模拟板上进行接线；注意将各接线端子压紧，保证接触良好和防止振动引起脱落。控制电路中接线端子较多，防止漏接和错接，应注意检查。

3. 完成接线后经过老师允许后方可进行通电调试与运行；

4. 通电初试，并观察现场有无异常情况（如冒烟等）；若有异常，应立即切断电源。

二、电气控制线路及故障现象分析

1. 如果 KT_1 时间继电器的延时触点和 KT_2 时间继电器的延时触点互换，这种接法对电路有何影响？

2. 如果电路出现只能延时启动，不能延时停止控制的现象，试分析产生该故障的接线方面的可能原因。

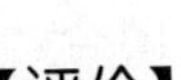

【评价】

看图接线	通电测试	有无故障	故障排除		规范性	得分
			独立排故	教师帮助下排故		

【知识链接】

在电气自动控制系统中，经常需要利用时间继电器来控制电动机的运行状态，这种控制方式即为以时间原则控制。

例：有一台二级皮带传送机，分别由两台电动机 M_1 和 M_2 拖动，其控制要求如下：

(1) 在第一台电动机 M_1 启动后，经过 4s 时间，第二台电动机 M_2 自行启动。

(2) 在第二台电动机停车后，经过 2s 时间，第一台电动机自动停车。

根据要求可以将电气控制电路设计如图 9-22 所示。

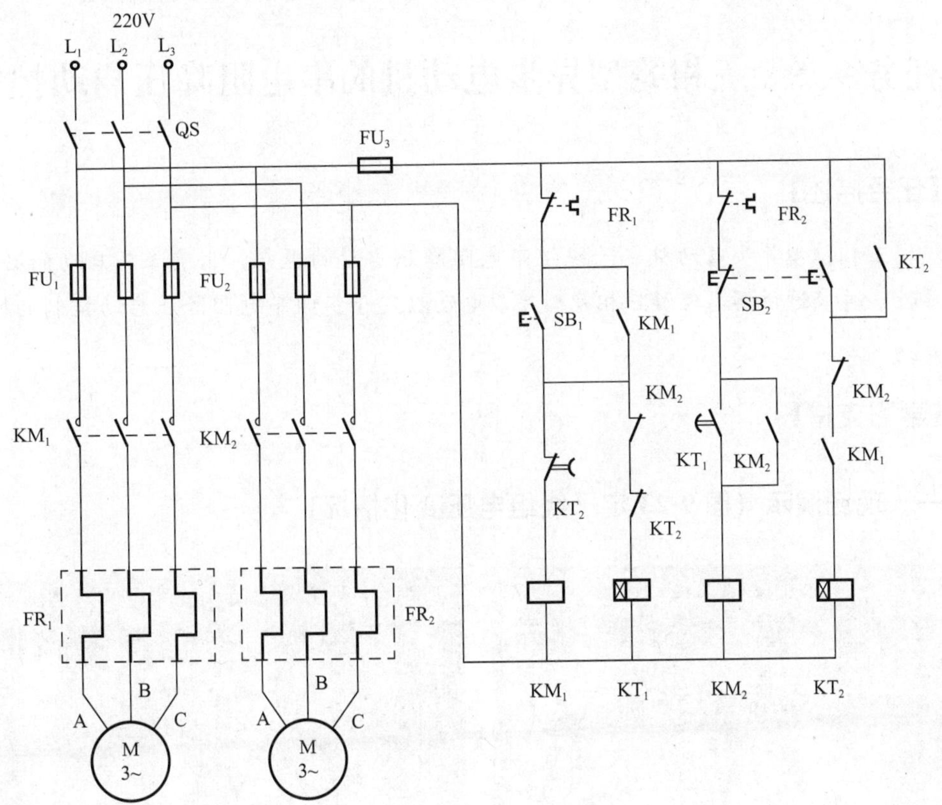

图 9-22　传送带的控制电路

图中交流接触器 KM_1、KM_2 分别控制电动机 M_1 和 M_2 的启动和停车，时间继电器 KT_1 和 KT_2 分别控制两段时间的延时时间。

其工作原理如下：

启动：按下启动按钮 SB_1，交流接触器 KM_1 线圈通电并自锁，主触点闭合，第一台电动机启动；同时时间继电器 KT_1 线圈通电，开始计时，当延时时间（4s）到，其延时常开触点闭合，交流接触器 KM_2 线圈通电并自锁，主触点闭合，第二台电动机启动；

停车：按下停车按钮 SB_2，交流接触器 KM_2 线圈断电，主触点打开，第二台电动机停车；停车按钮 SB_2 按到底的同时，时间继电器 KT_2 线圈通电，开始计时，当延时时间（2s）到，其延时常闭触点打开，交流接触器 KM_1 线圈断电，接触点打开，第一台电动机脱离三相交流电停车。

【复习思考】

1. 图 9-22 所示电路中时间继电器 KT_1 和 KT_2 各起什么作用？

2. 试画出某小车运行的控制线路，要求其动作顺序如下：

（1）小车在初始位置启动，到终点后自行停车；

（2）小车到达终点后，停留 1min 后，自动返回原位置停车；

（3）小车在运行过程中（无论都能是前进还是后退），都能停止或者启动。

任务 9.5　三相笼型异步电动机的串电阻降压启动控制

【任务描述】

观察三相笼型异步电动机定子绕组串电阻降压启动的现象，明确降压启动的必要性和重要性；再经过讲解，理解三相笼型异步电动机定子绕组串电阻降压启动控制的概念、原理。

【学习支持】

一、现场演示（图 9-23 定子绕组电压变化情况）

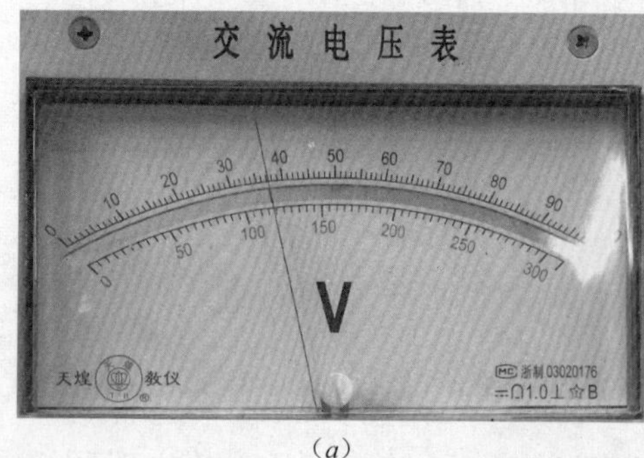

(a)

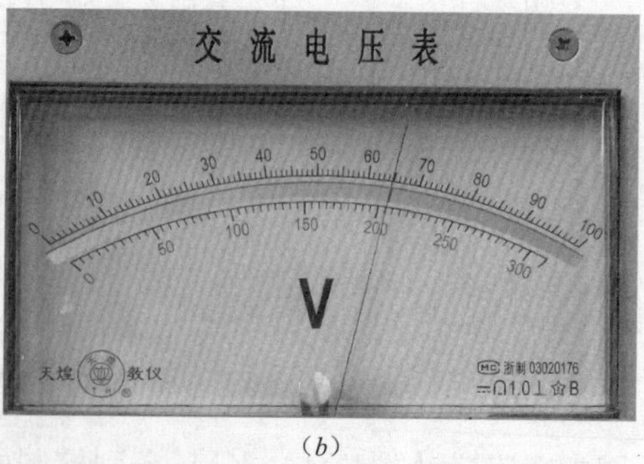

(b)

图 9-23　三相笼型异步电动机降压启动

(a) 降压启动时电动机定子绕组电压值；(b) 全压工作时电动机定子绕组电压值

二、所用设备

1. 三相交流电源；

2. 电动机延时启动电气控制模拟板1块（或者电动机控制实验台1台）；

3. 三相交流接触器2个，熔断器5个，开关1个，按钮2只，热继电器1个，电阻3个，通电延时时间继电器1个；

4. 三相笼型异步电动机1台（小型）；

5. 导线若干，工具1套。

【任务实施】

一、三相笼型异步电动机的定子绕组串电阻降压启动控制接线

1. 电气控制原理图如图9-24所示。

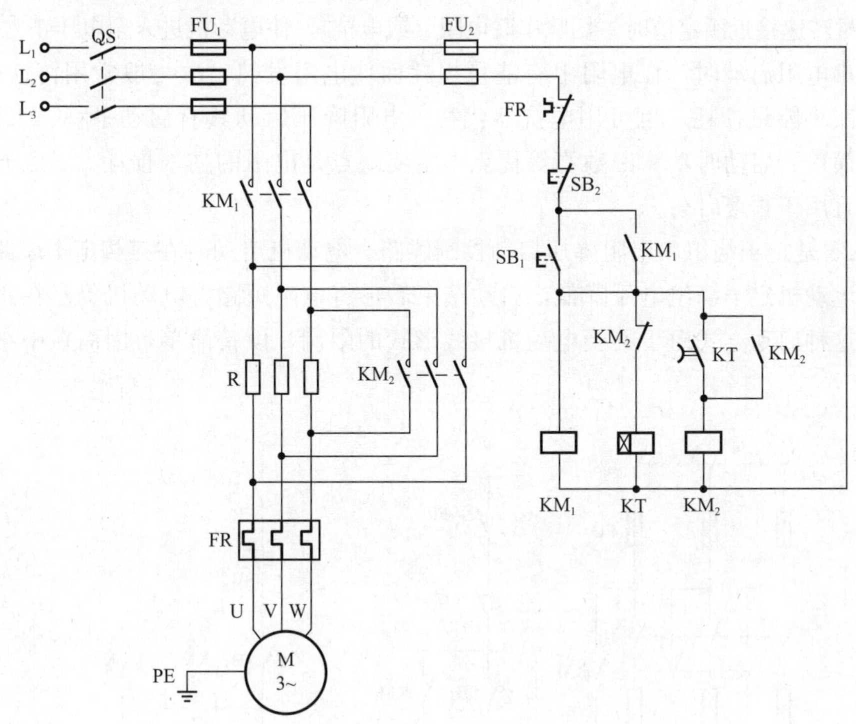

图9-24 三相笼型异步电动机的定子绕组串电阻降压启动控制

2. 按图9-24所示的电气控制线路在电气控制电路接线模拟板上进行接线；注意将各接线端子压紧，保证接触良好和防止振动引起脱落。控制电路中接线端子较多，防止漏接和错接，应注意检查。

3. 完成接线后经过老师允许后方可进行通电调试与运行。

4. 通电初试，并观察现场有无异常情况（如冒烟等）；若有异常，应立即切断电源。

二、电气控制线路及故障现象分析

1. 试述三相鼠笼式异步电动机采用减压启动的原因及实现降压启动的方法。

2. 如果 KM_2 接触器线圈断路损坏，试分析可能产生的故障现象，并说明原因。

【评价】

看图接线	通电测试	有无故障	故障排除		规范性	得分
			独立排故	教师帮助下排故		

【知识链接】

在电动机启动过程中，启动电流较大，常在三相定子电路中串接电阻（或电抗）来降低定子绕组上的电压，使电动机在降低了的电压下启动，以达到限制启动电流的目的。一旦电动机转速接近额定值时，切除串联电阻（或电抗），使电动机进入全电压正常运行。

由于串电阻启动时，在电阻上有能量损耗而使电阻发热，故一般常用铸铁电阻片。有时为了减小能量损耗，也可用电抗器代替。电阻降压启动具有启动平稳、工作可靠、设备线路简单、启动时功率因数高等优点，主要缺点是电阻的功率损耗大、温升高，所以一般不宜用于频繁启动。

图 9-25 是定子绕组串电阻降压启动控制线路。电动机启动时在三相定子电路中串接电阻，使电动机定子绕组电压降低，启动结束后再将电阻短路，电动机仍然在正常电压下运行。这种启动方式由于不受电动机接线形式的限制，设备简单，因而在中小型机床

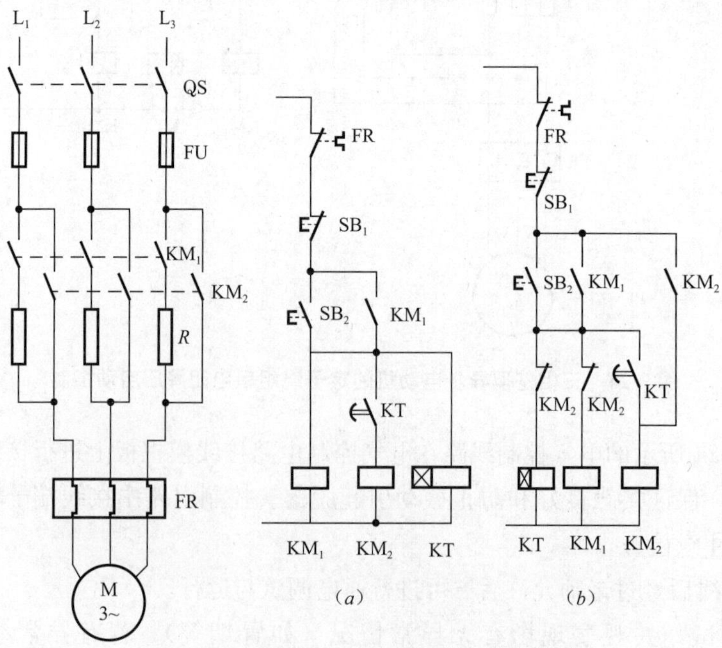

图 9-25　定子绕组串电阻降压启动控制电路

中也有应用。机床中也常用这种串接电阻的方法限制点动调整时的启动电流。

电路的工作原理如下：合上主电路的电源开关 QS，按启动按钮 SB_2，交流接触器 KM_1 线圈得电并自锁，电动机定子绕组串电阻 R 进行降压启动，同时，时间继电器 KT 线圈通电计时，经过时间继电器 KT 的一段延时到，其延时常开触点闭合，交流接触器 KM_2 线圈得电，短接电阻 R，电动机全压正常运行。按 SB_1，KM_2 断电，其主触点断开，电动机停车。

只要交流接触器 KM_2 线圈通电就能使电动机正常运行。但线路图 9-25（a）在电动机正常工作后，交流接触器 KM_1 与时间继电器 KT 一直得带电工作，一直消耗电能，这是不必要的。改进线路如图 9-25（b）就解决了这个问题，交流接触器 KM_2 通电后，其动断触点将 KM_1 及 KT 断电，KM_2 自锁。这样，在电动机正常工作后，只要交流接触器 KM_2 线圈得电，电动机便能正常运行。

串电阻启动的优点是控制线路结构简单，成本低，动作可靠，提高了功率因数，有利于保证电网质量。但是，由于定子串电阻降压启动，启动电流随定子电压成正比下降，而启动转矩则按电压下降比例的平方倍下降。同时，每次启动都要消耗大量的电能。因此，三相鼠笼式异步电动机采用电阻降压的启动方法，仅适用于要求启动平稳的中小容量电动机以及启动不频繁的场合。大容量电动机多采用串电抗降压启动。

【复习思考】

1. 什么是串电阻降压启动？
2. 三相笼型异步电动机为什么采用降压启动？

任务 9.6　三相笼型异步电动机的星三角降压启动控制

【任务描述】

观察三相笼型异步电动机星三角降压启动的现象，区别星三角降压启动和定子绕组串电阻降压启动的区别和优点，掌握星三角降压启动的概念、原理和意义。

【学习支持】

一、现场演示（图 9-26 定子绕组电压变化情况）

二、所用设备

1. 三相交流电源；
2. 电动机延时启动电气控制模拟板 1 块（或者电动机控制实验台 1 台）；
3. 三相交流接触器 3 个，熔断器 5 个，开关 1 个，按钮 2 只，热继电器 1 个，通电延时时间继电器 1 个；
4. 三相笼型异步电动机 1 台（小型）；
5. 导线若干，工具 1 套。

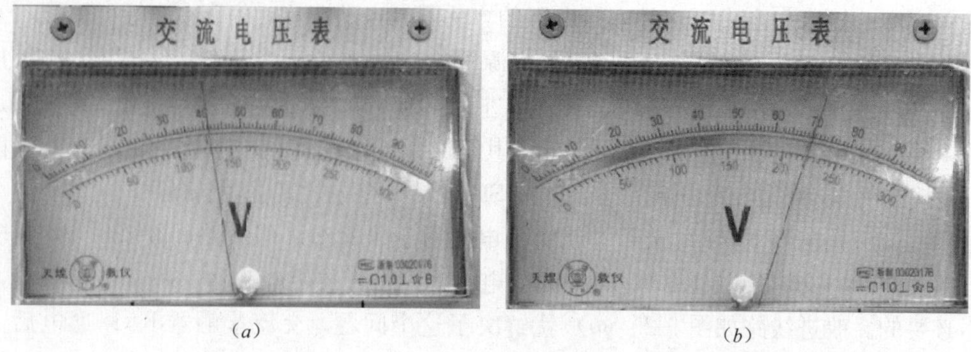

（a）　　（b）

图 9-26　三相笼型异步电动机降压启动

（a）星形接法时电动机定子绕组电压值；（b）三角形接法时电动机定子绕组电压值

【任务实施】

一、三相笼型异步电动机的星三角降压启动控制接线

1. 电气控制原理图如图 9-27 所示。

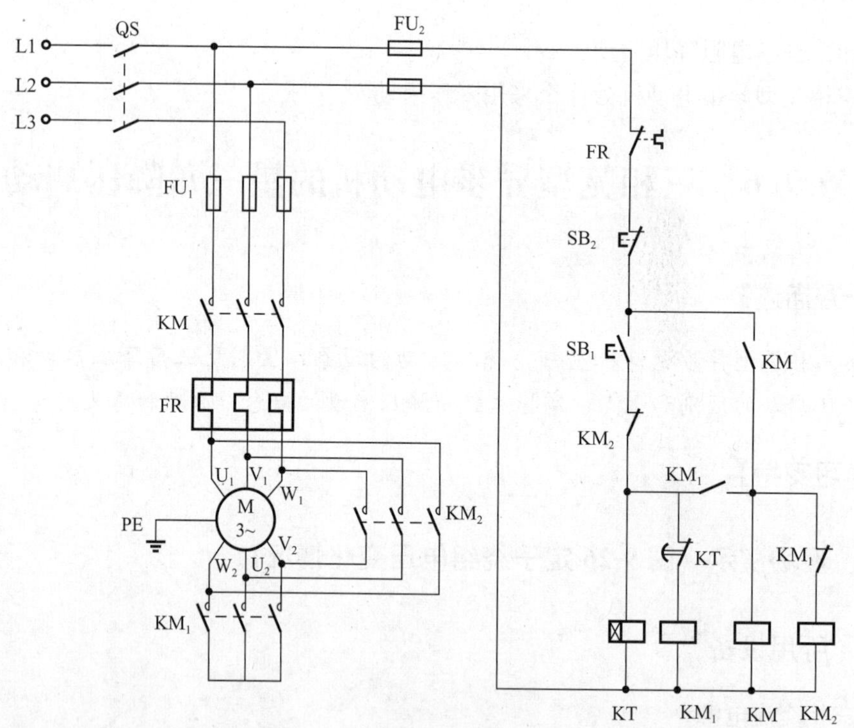

图 9-27　三相笼型异步电动机的星三角降压启动控制

2. 按图 9-27 所示的电气控制线路在电气控制电路接线模拟板上进行接线；注意将各接线端子压紧，保证接触良好和防止振动引起脱落。控制电路中接线端子较多，防止漏接和错接，应注意检查。

3. 完成接线后经过老师允许后方可进行通电调试与运行。

4. 通电初试，并观察现场有无异常情况（如冒烟等）；若有异常，应立即切断电源。

二、电气控制线路及故障现象分析

1. 如果 KT 时间继电器的常闭延时触点错接成常开延时触点，这种接法对电路有何影响？

2. 如果电路出现只有星形运转没有三角形运转控制的故障，试分析产生该故障的接线方面的可能原因。

【评价】

看图接线	通电测试	有无故障	故障排除		规范性	得分
			独立排故	教师帮助下排故		

【知识链接】

星三角降压启动是指在电动机在启动时，将电动机三相定子绕组接成星形，待转速上升到接近额定转速时，再改接成三角形。这样，在启动时就把定子每相绕组上的电压降到正常工作电压的 $1/\sqrt{3}$。启动电流仅为三角形联结时的 1/3，相应的启动转矩也是原来的 1/3，所以，Y-△降压启动仅适用于空载或轻载下的启动，而且这种启动方法具有投资少，线路简单和操作方便等优点，因而应用得相当普遍。

定子绕组接成 Y-△降压启动的自动控制线路如图 9-28 所示。

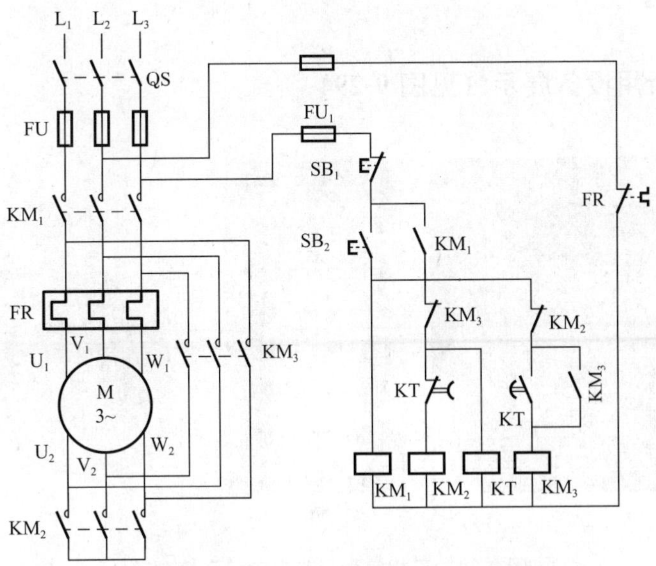

图 9-28　Y-△降压启动的自动控制线路

工作原理：主电路合上电源开关 QS，按下启动按钮 SB_2，交流接触器 KM_1、KM_2 线圈和时间继电器 KT 线圈同时通电并自锁，电动机定子绕组接成星形，并接入三相电源进入降压启动。同时，时间继电器 KT 通电计时，当延时时间到，时间继电器 KT 的延时常闭触点断开，交流接触器 KM_2 线圈断电，KT 延时常开触点闭合，交流接触器 KM_3 线圈通电并自锁，其常开主触点闭合，电动机定子绕组由星形联结切换为三角形运行，电动机进入全压工作。按停车按钮 SB_1，控制电路断电，各接触器释放，电动机断电停车。

线路在 KM_2 与 KM_3 之间设有电气互锁，防止它们同时动作造成短路；此外，线路转入三角接运行后，KM_3 的常闭触点分断，切除时间继电器 KT、接触器 KM_2，避免 KT、KM_2 线圈长时间运行而空耗电能，并延长其寿命。

【复习思考】

1. 什么是星三角降压启动控制？这种降压启动比串电阻降压启动好在哪里？
2. 电动机在启动时，定子绕组接成星形，电压降低为额定电压的多少倍？

任务 9.7　三相笼型异步电动机的反接制动控制

【任务描述】

观察三相笼型异步电动机反接制动的现象，理解反接制动的概念、原理和方法。再通过动手操作，使得反接制动的理论知识更具体化。

【学习支持】

一、现场所用设备展示（见图 9-29）

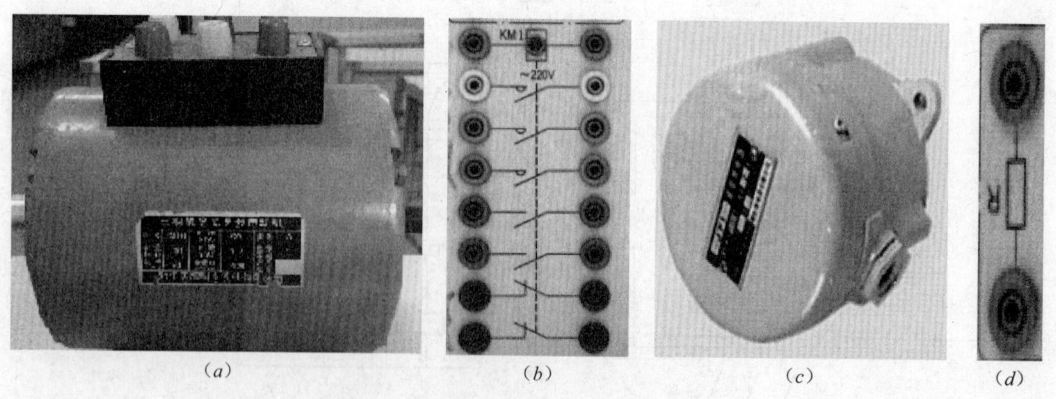

(a)　(b)　(c)　(d)

图 9-29　三相笼型异步电动机反接制动

(a) 三相笼型异步电动机；(b) 交流接触器接线柱；(c) 速度继电器；(d) 制动电阻

二、所用设备

1. 三相交流电源；

2. 电动机反接制动电气控制模拟板 1 块（或者电动机控制实验台 1 台）；

3. 三相交流接触器 2 个，熔断器 5 个，开关 1 个，复合按钮 2 只，热继电器 1 个，速度继电器 1 个，制动电阻 2 个；

4. 三相笼型异步电动机 1 台（小型）；

5. 导线若干，工具 1 套。

【任务实施】

一、三相笼型异步电动机的电源反接制动控制电路接线

1. 断开电气控制电路模拟板电源；

2. 根据电气控制图 9-30 在电动机控制线路模拟板进行接线。注意将各接线端子压紧，保证接触良好和防止振动引起脱落。控制电路中接线端子较多，防止漏接和错接，应注意检查。

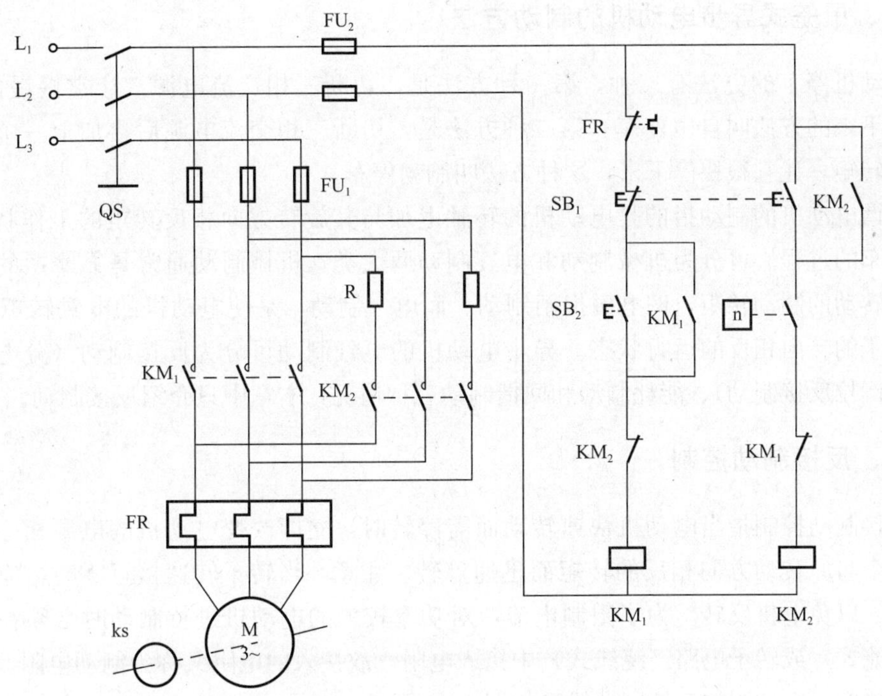

图 9-30　反接制动控制电路图

3. 确定接线完成后，经老师允许后方可进行通电调试与运行；

4. 通电初试，并观察现场有无异常情况（如冒烟等）；若有异常，应立即切断电源；

5. 通电情况正常下：

（1）按下 SB_2，观察并记录电动机 M 的转向、接触器自锁和联锁触点的吸断情况以

及速度继电器触点的动作情况。

（2）按下 SB_1，观察并记录 M 运转状态、接触器各触点的吸断情况以及速度继电器触点的动作情况。

6. 如遇故障请自行排除。

二、电气控制线路及故障现象分析

1. 如果停车按钮没有按到底，会出现什么现象？

2. 如果速度继电器的触点调整的过松或过紧，试分析会出现什么效果？

【评价】

看图接线	通电测试	有无故障	故障排除		规范性	得分
			独立排故	教师帮助下排故		

【知识链接】

一、鼠笼式异步电动机的制动方法

电动机停车的方法有二种，第一种方法是，切断三相交流电源，让它慢慢停下来，这种停下来的方法叫自由停车。第二种方法是，切断三相交流电源后再加上一个阻碍它转动的转矩，让它很快停下来，这种方法叫制动停车。

所谓电动机的制动指的是电动机的转轴上加与其旋转方向相反转矩的工作状态，即加速停车的过程。可分为机械制动和电气制动两大类。机械制动通常是靠摩擦的方法产生反对转动的制动转矩，例电磁抱闸制动。而电气制动，是使电动机的电磁转矩 T 的方向与转子的转向相反的运行状态。异步电动机的电气制动可分为反接制动（分电源反接制动和倒拉反接制动）、能耗制动和回馈制动三种情况，本章中只介绍反接制动。

二、反接制动控制

反接制动控制指当电动机快速转动而需停转时，立即改变电动机的电源相序，使转子受一个与原转动方向相反的转矩而迅速停转。注意，当转子转速接近零时，应及时切断电源，以免电机反转。为了限制电流，对功率较大的电动机进行制动时必须在定子电路（鼠笼式）或转子电路（绕线式）中接入电阻，故接入的电阻又称为制动电阻。

按速度原则控制的反接制动线路如图 9-30 所示。

其工作原理如下：合上电源开关 QS 后，按下启动按钮 SB_2，接触器 KM_1 线圈通电并自锁，电动机 M 直接启动运行；当电动机转速达到 120r/min 时，速度继电器常开触点动作闭合，为反接制动做好准备。按下停车按钮 SB_1 后，按钮的常闭触点打开，使 KM_1 线圈断电，电动机脱离三相交流电；同时当停车按钮 SB_1 按到底时，由于电动机因惯性仍以较高的速度旋转，速度继电器的常开触点仍保持闭合状态，则接触器 KM_2 线圈通电并自锁，其主触点闭合，使电动机定子绕组串接两相电阻进入反接制动状态；当电动机转速下降到100r/min时，速度继电器KS常开触点复位，自动切除接触器KM_2线圈，使电动机及时脱离反相交流电源，电动机自由停车。

这种方法比较简单，制动力强，效果较好，但制动过程中的冲击也强烈，易损坏传动器件，且能量消耗较大，频繁反接制动会使电机过热。对有些中型车床和铣床的主轴的制动采用这种方法。

【复习思考】

1. 三相笼型异步电动机制动的方法有几种？反接制动的原理是什么？
2. 三相笼型异步电动机反接制动的优缺点是什么？

项目10
二极管整流滤波电路的连接与测试

【项目概述】

半导体器件是20世纪发展起来的新型电子器件，它具有体积小、质量轻、工作可靠、使用寿命长、输入功率小和功率转换效率高等优点，在人们的生活中处处都能看到。如图10-1所示LED显示屏中由许多发光二极管组成，而其中二极管是最简单、最常用的电子元器件。

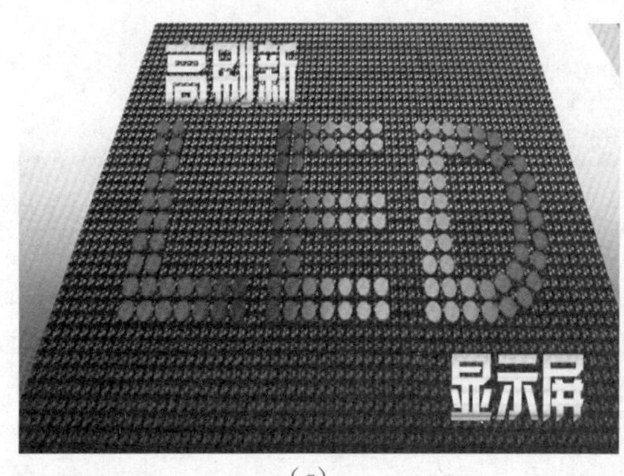

(a)

(b)

图10-1 生活中常见的二极管应用
(a) LED显示屏；(b) 充电器的电路板

任务10.1 二极管的单向导电性测试

【任务描述】

通过对二极管的外形观察，识别二极管的型号、引出端；用万用表对二极管进行质量检测，和极性判断；掌握基本的电路连接和参数测试，掌握二极管的单向导电性。

【学习支持】

一、现场演示（见图 10-2）

演示二极管 2AP7 的正向和反向电阻

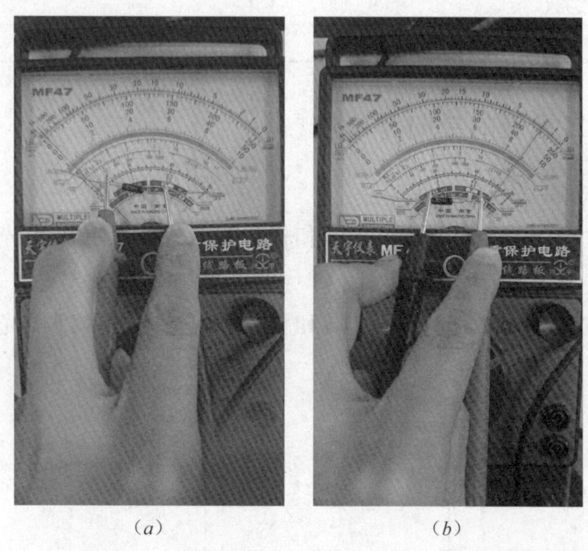

（a）　　　　　　（b）

图 10-2　二极管 2AP7 的正向和反向电阻测试

（a）2AP7 的正向电阻约为 1kΩ；（b）2AP7 的反向电阻约为∞

二、所用设备

1. 实验台（配有直流电源、直流电压表、电流表）；
2. 二极管 3 个：2AP7、2CZ52C、1N4148 各 1 个，其他型号也可；
3. 普通小灯泡 1 个，2.5V/0.3A；
4. 电阻 150Ω 两个；
5. 指针式万用表 1 块（型号 MF47，其他型号也可）；
6. 连接导线若干。

【任务实施】

一、利用指针式万用表测二极管正向电阻和反向电阻

1. 将万用表调至“R×1K”档、并且调零。

2. 将万用表黑表笔接二极管正极、红表笔接二极管负极，测得二极管正向电阻，记录该阻值，填写到表 10-1 中。

3. 将万用表黑表笔接二极管负极、红表笔接二极管正极，测得二极管反向电阻，记录该阻值，填写到表 10-1 中。

4. 重复以上三步，对三种型号的二极管电阻逐一测试，并将测试结果填入 10-1 中。

5. 鉴别所测二极管的质量好坏，并说明理由。

表 10-1

序号	型号	正向电阻（kΩ）	反向电阻（kΩ）	二极管的质量好坏
1	2AP7			
2	2CZ52C			
3	1N4148			

二、通电测试二极管的单向导电性

1. 电路如图 10-3 和图 10-4 所示。

2. 按图 10-3 接线（注意二极管的引脚和极性），观察指示灯发光情况，记录相关参数于表 10-2 中。

3. 按图 10-4 接线（注意二极管的引脚和极性），观察指示灯发光情况，记录相关参数于表 10-2 中。

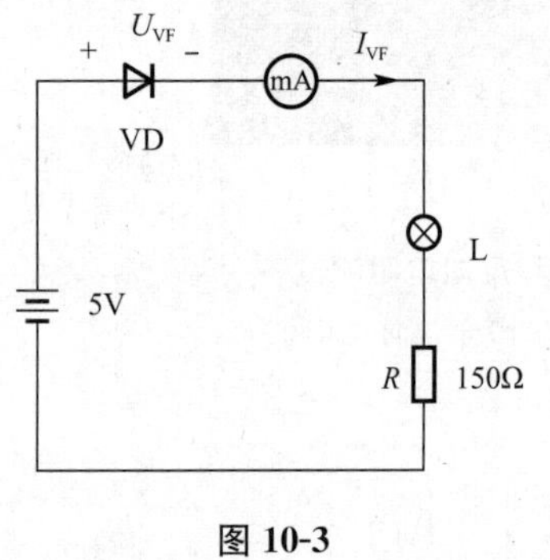

图 10-3

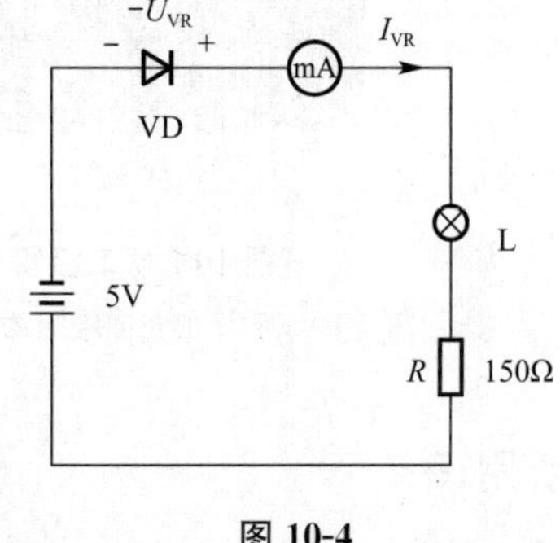

图 10-4

表 10-2

	U_{VF}	I_{VF}	U_{VR}	I_{VR}	灯泡的亮暗
正偏（图 10-3）					
反偏（图 10-4）					

【评价】

万用表使用	接线	通电测试	故障排除	规范性	得分

【知识链接】

一、半导体二极管的结构、符号、分类

1. 结构

半导体二极管又称晶体二极管，简称二极管。它的内部由一个 PN 结构成，外部引出

两个电极，从 P 区引出的是二极管的正极，也称阳极；N 从区引出的是二极管的负极，也称阴极。如图 10-5 所示，PN 结、管壳、引线通过一定工艺构成二极管（Diode）。

2. 符号

在电路中使用图形符号表示二极管，如图 10-6 所示，文字符号用 VD 表示，图形符号中箭头方向表示二极管正向导通的电流方向，正常工作时，电流由正极流向负极。

图 10-5　二极管的结构　　图 10-6　二极管的图形文字符号

二极管是电子电路中最常用到的器件，图 10-7 所示为几种常见二极管的外形图。

3. 分类

二极管的分类方法有很多种，常见有按材料分类、按用途分类、按外壳材料的不同分类。

（1）按材料分类。二极管按材料分类可分为锗管和硅管两大类。区别在于：锗管的正向压降比硅管小，锗管的反向漏电流比硅管大，锗管的 PN 结可以承受的温度比硅管低。

（2）按用途分类。二极管按用途可以分为普通二极管和特殊二极管。普通二极管包括检波二极管、整流二极管、开关二极管等；特殊二极管包括变容二极管、稳压二极管光电二极管和发光二极管等。

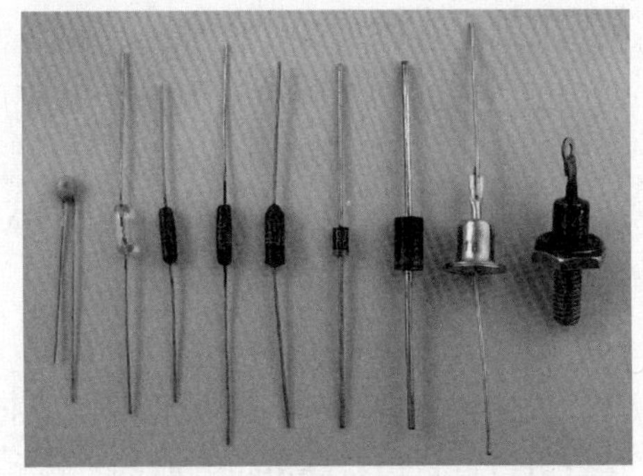

图 10-7　几种常见二极管的外形图

（3）按外壳材料的不同分类。按外壳材料的不同，二极管的封装形式有玻璃封装、塑料封装和金属封装。

（4）按结构工艺分类。按结构工艺分，可分为点接触型（电流小）、面接触型（电流大）、平面型。

4. 二极管的型号命名方法及含义

按照国家标准 GB/T 249－1989 的规定，二极管的型号命名由五个部分组成。型号的组成部分和含义见表 10-3。

国家标准二极管的型号组成和含义　　表 10-3

第一部分		第二部分		第三部分		第四部分	第五部分
电极数		材料和极性		类型		序号	规格号
符号	意义	符号	意义	符号	意义		
2	二极管	A	N 型锗材料	P	普通管	数字（反应二极管参数的差别）	汉语拼音（表示反向峰值电压的档位）
		B	P 型锗材料	Z	整流管		
		C	N 型硅材料	W	稳压管		
		D	P 型硅材料	U	光电管		
				K	开关管		
				C	参量管		
				L	整流堆		
				S	隧道管		

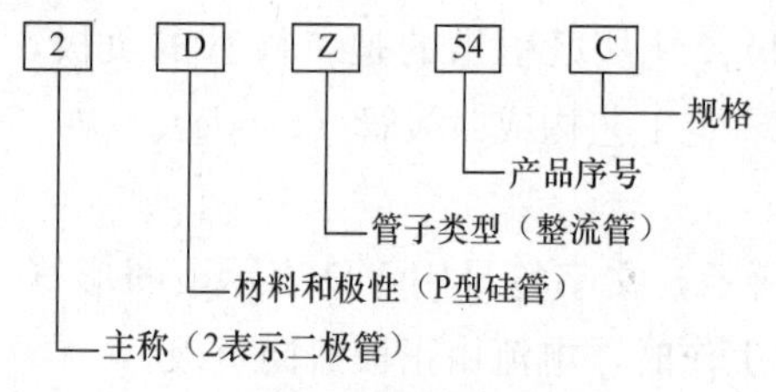

图 10-8　2DZ54C 含义

常见的二极管 2DZ54C 含义，如图 10-8 所示。

二、二极管的伏安特性

描述二极管两端的电压 u_D 和流过二极管的电流 i_D 之间的关系曲线称为二极管的伏安特性曲线，如图 10-9 所示。表达式为 $i_D = f(u_D)$。

1. 正向伏安特性

正向特性是指：当二极管外加正向电压（正极接高电位，负极接低电位）时的特性。

二极管内部是一个 PN 结，具有单向导电性。Uon 称为死区电压，通常硅管的死区电压约为 0.5V，锗管约为 0.1V。当外加正向电压低于死区电压时，正向电流几乎为零。

当外加正向电压超过死区电压后，正向电流增长很快，二极管处于正向导通状态。导通后二极管两端的电压几乎不随电流的变化而变化，此时二极管两端的电压称为导通管压降，用 U_F 表示，硅管约为 0.6～0.8V，锗管约为 0.2～0.3V。温度上升，死区电压和正向压降均相应降低。

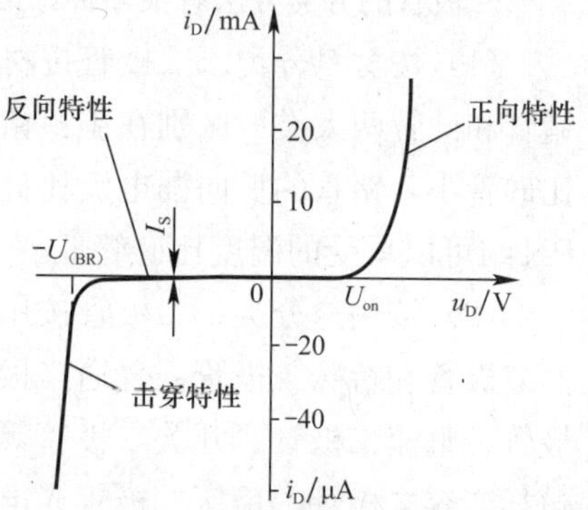

图 10-9　二极管的伏安特性曲线

2. 反向伏安特性

反向特性是指：当二极管外加反向电压（正极接低电位，负极接高电位）时的特性。

U_{BR}称为反向击穿电压，当外加反向电压低于U_{BR}时，二极管处于反向截止区，反向电流小，且不随电压而变化，该电流称为二极管反向漏电流 I_R。随温度上升，反向电流会有增加。

当外加反向电压超过U_{BR}后，反向电流突然增大，二极管失去单向导电性，这种现象称为击穿。普通二极管被击穿后，由于反向电流很大，一般会造成“热击穿”，不能恢复原来性能，也就是损坏了。

不同材料、不同结构的二极管电压、电流特性曲线虽然有些区别，但是形状基本相似，都不是直线，所以二极管是非线性元件。

二极管工作时，硅二极管两端的电压降一般约为 0.7V，锗二极管两端的电压降一般约为 0.3V，流过电流不允许超过最大电流。所以，通常在使用二极管时，电路中必须串联限流电阻，避免因电流过大而损坏二极管。

【例 10-1】 假设图 10-10 中各二极管的正向管压降 U_F 约为 0.7V，试估算电路中毫安表的指示数约为多少？

【解】 图 10-10（*a*）中：二极管外加正向电压（正极接高电位，负极接低电位），二极管导通。毫安表指示为：$\frac{(3-0.7)\ \text{V}}{1\text{k}\Omega}=2.3\text{mA}$

图 10-10（*b*）中：二极管外加反向电压（正极接低电位，负极接高电位），二极管截止。毫安表指示约为 0。（$I_{VR}\approx 0$）

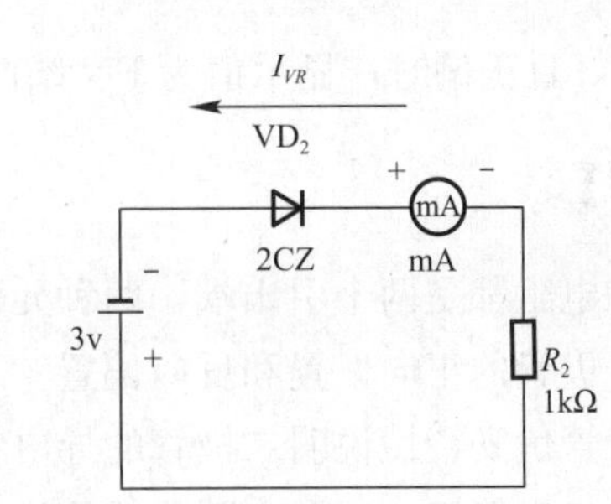

图 10-10　例题 10-1 的图

3. 二极管的主要参数

为保证二极管安全可靠地工作，必须了解以下几个主要参数：

(1) 最大整流电流 I_{FM}。二极管长期连续工作时，允许通过二极管的平均电流最大值。

(2) 最高反向工作电压 U_{RM}。二极管正常工作时，允许加在二极管两端反向电压的最大值（一般情况 $U_{RM} \approx 1/2U_{BR}$）。

(3) 反向电流 I_R。反向电流是指二极管在常温（25℃）和最高反向电压作用下，流过二极管的反向电流。反向电流越小，管子的单方向导电性能越好。

(4) 最高工作频率 Fm。Fm 是二极管工作的上限频率。

三、二极管管脚极性及质量的判断

1. 用指针式万用表检测

红表笔是（表内电源）负极，黑表笔是（表内电源）正极。万用表选在 $R\times100$ 或 $R\times1$k档测量。如图 10-11 所示，正反向电阻各测量一次，测量时手不要接触引脚。

一般硅管正向电阻为几千欧，锗管正向电阻为几百欧；反向电阻的阻值为几百千欧以上。正反向电阻相差小为劣质管。正反向电阻都是无穷大或零，则二极管内部断路或短路。

2. 用数字式万用表检测正向压降

红表笔是（表内电源）正极，黑表笔是（表内电源）负极。万用表选在二极管档测量。如图 10-12 所示，正反向电阻各测量一次，测量时手不要接触引脚。

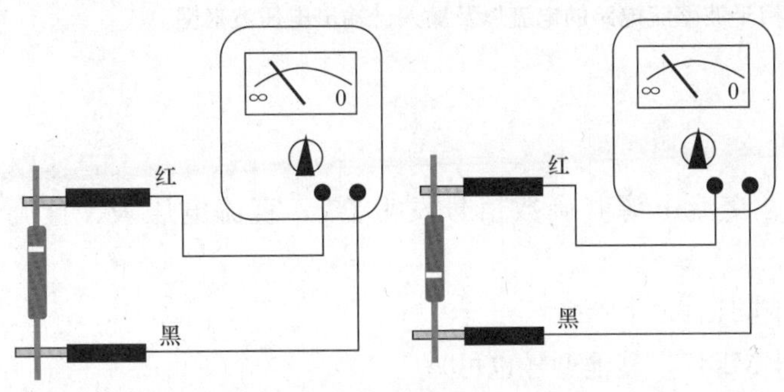

图 10-11　指针式万用表检测二极管

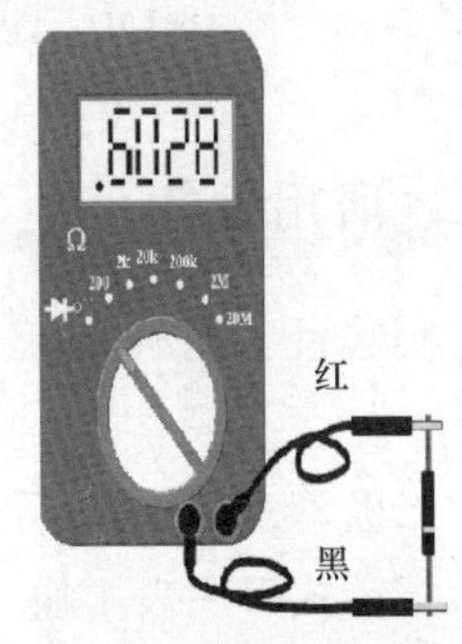

图 10-12　数字式万用表检测二极管

当二极管完好且正偏时，显示值为PN结两端的正向压降（V）。

【复习思考】

1. 二极管和电阻都是两个引出端，两种元件有什么区别？
2. 什么是二极管的正向偏置和反向偏置？
3. 依据二极管伏安特性说明二极管的导电特性？
4. 测量时，二极管正、反向电阻几乎均为无穷大，还能用吗？

任务10.2 二极管单相半波整流电路的测试

【任务描述】

通过电路的连接、用万用表进行电路参数的测试和利用示波器显示电路的输入、输出电压波形，再通过讲解理解半波整流电路的构成及其工作原理；经过读电路参数，进一步掌握正弦信号的峰-峰值、最大值、有效值之间的联系，整流输出直流电压与直流电流值。

【学习支持】

一、电路参数、波形现场演示（见图10-13）

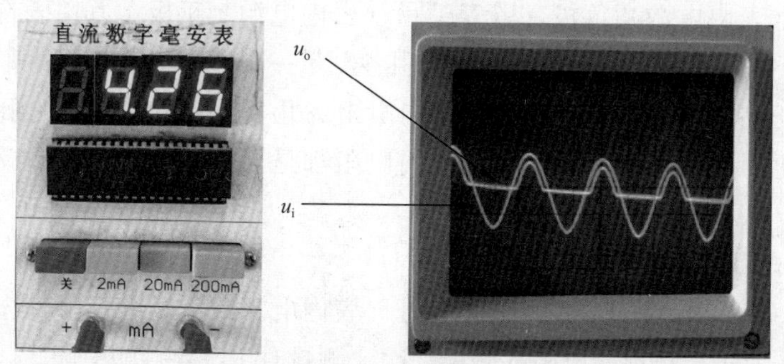

图10-13 二极管单相半波整流电路的电流以及输入、输出电压波形图

二、所用设备

1. 实验台（配有直流电源、交流电源（函数信号发生器）、直流电压表、直流毫安表）；
2. 二极管1N4007 1个、电阻1kΩ 1个；
3. 指针式万用表1块（型号MF47，其他型号也可）；
4. 双踪示波器1台；
5. 连接导线若干。

【任务实施】

一、电路如图 10-14 所示。

二、调节输入交流电信号 u_2。将万用表调至交流电压档，使 u_2 的有效值为 10V，断电备用。

三、打开示波器预热，按扫描工作方式，使示波器光屏上显示两条光迹（不断电备用）。

四、按照图 10-14 连接电路。

五、电路接线检查正确后，通电，按照要求测量参数，并记录在表 10-4 中。

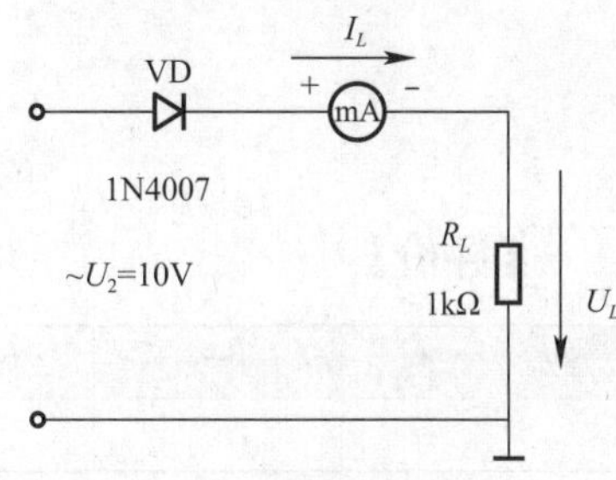

图 10-14　二极管单相半波整流电路图

1. 用万用表交流电压档测输入交流电压有效值 U_2；

2. 用万用表直流电压档测输出的脉动直流电压有效值 U_L；

3. 用直流毫安表测负载流过直流电流 I_L。

表 10-4

项目	U_2	U_L	I_L
万用表档位			
测量值			

六、接入双踪示波器观察并测试输入、输出信号。

1. 将 u_2 接入示波器信号通道 1（CH1），将输出电压 u_o 接入示波器信号通道 2（CH2）。注意示波器探头黑夹子、红夹子与电路的连接情况。

2. 调节示波器旋钮，使波形显示在屏幕上。建议按照下列步骤调节：

（1）垂直方式选择开关 CHOP 按钮按下；

（2）时间/度旋钮即 t/DIV 开关 10ms 或 5ms 档，内层的微调旋钮置于校准位置（右旋到底）；

（3）触发方式选择开关置于 AUTO（自动扫描）位置；

（4）触发源选择开关置于 CH1 位置；

（5）信号通道耦合开关置于 DC 位置；

（6）CH1、CH2 两路的电压/度即 V/DIV 开关置于 2V 档，内层的微调旋钮置于校准位置（右旋到底）；

（7）垂直、水平移位旋钮临场控制在合适位置。

3. 根据示波器显示屏幕上显示的波形，读出参数值。

（1）输入电压 U_2 的峰-峰值 U_{2p-p}；

U_{2p-p}=______伏/格（V/DIV）×______格（DIV）=______V

（2）负载上的电压 U_o 的周期 T；

T=______毫秒/格（ms/DIV）×______格（DIV）=______ms

七、绘制双踪示波器观察到的输入、输出信号，并标注参数。

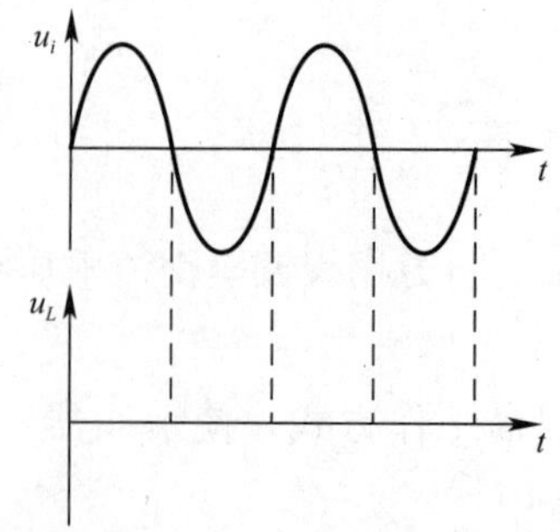

【评价】

输入调节	接线	通电测试	示波器使用	故障排除	规范性	得分

【知识链接】

一、直流稳压电源

由发电厂发出的电能经过电网传输到用户，都是交流电。交流电可以直接驱动交流电动机和用于照明。但平时生活中很多的电子产品都要求使用稳定的直流电源供电，如电视机、计算机等。

直流电源可用将交流电通过一定电路转换成直流电。利用电子元件的单向导电性，将交流电转换为直流电。二极管就是最常用的半导体整流元件。直流电源的组成，如图 10-15 所示。

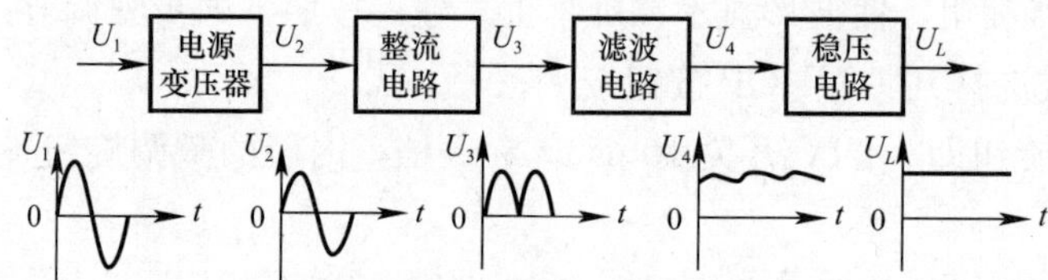

图 10-15　直流电源的组成

1. 电源变压器

由于所需要的直流电压 U_O 与电网提供的交流电的有效值 U_1 在数值上相差较大，因此利用变压器将值 U_1 转换至与直流电源电压大小相配合的交流电压 U_2，然后再进行整流。

2. 整流电路

利用电子元件的单向导电性，将交流电转换为单方向的脉动电 U_3。

3. 滤波电路

滤波电路将脉动直流中的交流成分滤除，实质上是把交流成分与直流成分分开，使负载上交流成分尽可能少，改善输出直流电压的波动，输出较平滑的直流电 U_4。

4. 稳压电路

稳压电路是为了消除电网电压波动、负载变化对输出电压的影响，保持输出直流电

压 U_L 数值的稳定。

根据交流电供电系统的不同，整流电路可以分为单相整流和三相整流。根据整流电路的形式和整流元件在电路中的接法，整流电路可以分为半波整流、全波整流、桥式整流等电路形式。本章只对以二极管作为整流元件的单相小功率整流电路进行介绍。

二、二极管单相半波整流电路

单相半波整流电路，如图 10-16 所示。

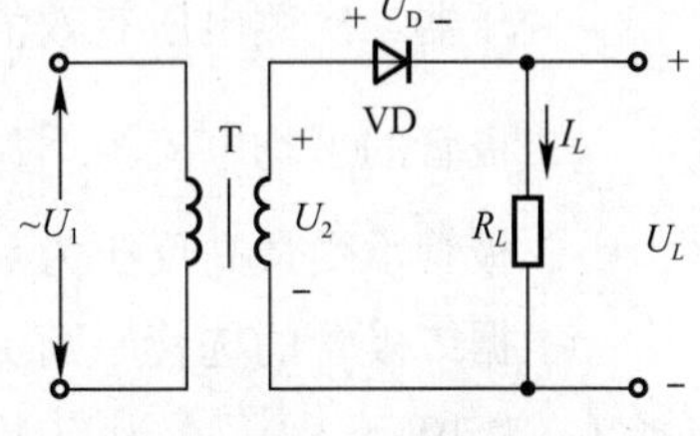

图 10-16　单相半波整流电路图

1. 单相半波整流电路的组成及作用原理

（1）变压器 T

将交流电压 U_1 变为整流电路所需的交流电压 U_2。

（2）整流二极管 VD

将 VD 视为理想二极管，其导通管压降近似为 0V。它是整流电路的核心元件，起到单向导通的作用。

（3）负载 R_L

R_L 表示电路耗用电能的负载。

当交流电处在正半周（$U_2>0$）时，VD 导通，电路为通路，电流流过负载 R_L，输出电压 $U_L=U_2$ 的正半周；当交流电处在负半周（$U_2<0$）时，VD 截止，电路为断路状态，没有电流流过负载 R_L，即 $I_L=0$，输出电压 $U_L=0$。以后周期重复上述过程。使负载上得到半波脉动电压（单向），电路实现了整流功能。

2. 单相半波整流电路的波形

单相半波整流电路的波形如图 10-17 所示。由此可见，交流电变化一周，有半周二极管导通，另半周二极管截止，负载 R_L 上的输出电压波形是方向不随时间变化，大小随时间变化的脉动直流电。由于输入电压变化一周，而负载上仅半周有输出，所以称为半波整流。

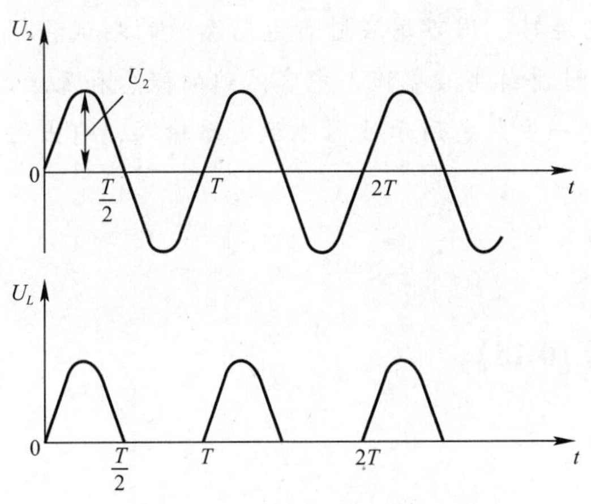

图 10-17　单相半波整流的波形图

3. 单相半波整流电路的特点

单相半波整流电路结构简单，使用器件少，但是输出电压的脉动成分大，且电源的利用率低，一般应用在一些简单的电路中（充电电路）。

4. 单相半波整流电路的参数

（1）输出电压平均值 U_L　　$U_L\approx 0.45U_2$　　（10-1）

（2）输出电流平均值 I_L　　$I_L=\frac{U_L}{R_L}\approx\frac{0.45U_2}{R_L}$　　（10-2）

（3）通过二极管的平均电流 I_F　　$I_F=I_L<I_{FM}$　　（10-3）

（4）二极管承受的最大反向电压 U_{Rm}　　$U_{Rm}=\sqrt{2}U_2<U_{RM}$　　（10-4）

【例 10-2】 有一直流负载，电阻为 1.5kΩ，直流电流 10mA，若采用单相半波整流电路，求电源变压器二次侧的电压，试根据参数选择整流二极管的型号。

【解】 $U_L = I_L R_L = 10 \times 10^{-3} \times 1.5 \times 10^3 = 15\text{V}$

由于有 $U_L = 0.45U_2$

变压器二次侧电压有效值为 $U_2 \approx \frac{U_2}{0.45} = \frac{15}{0.45} \approx 33\text{V}$

二极管的平均电流为 $I_F = I_L = 10\text{mA}$

二极管承受最高反压为 $U_{Rm} = \sqrt{2}U_2 = 1.41 \times 33\text{V} \approx 47\text{V}$

根据二极管的选管原则 $I_{FM} \geqslant I_F$，$U_{RM} \geqslant U_{Rm}$ 和以上求得电路参数，查阅手册，可以选择 I_{FM} 为 100mA、U_{RM} 为 50V 的 2CZ82B 型整流二极管。

【复习思考】

1. 直流稳压电源由哪几部分组成，说明各部分的作用?
2. 二极管单相半波整流电路由哪几部分组成，说明各部分的作用?
3. 直流稳压电源电路中没有整流部分可以吗？为什么？

任务 10.3 二极管单相半波整流电容滤波电路测试

【任务描述】

用万用表检测滤波电容质量；通过电路的连接、用万用表进行电路参数的测试和利用示波器显示电路的输入、输出电压波形，通过讲解半波整流、电容滤波的概念和原理，掌握电容滤波电路及其参数特性；经过操作进一步熟悉用示波器测试电路输入、输出的电压波形，并读数。

【学习支持】

一、电路参数、波形现场演示（见图 10-18）

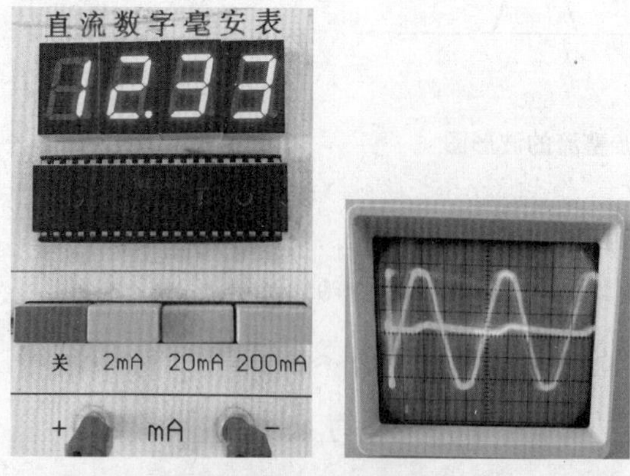

图 10-18 单向半波整流电容滤波的负载电流与输入、输出电压波形图

二、所用设备

1. 实验台（配有直流电源、交流电源（函数信号发生器）、直流电压表、直流毫安表）；

2. 二极管 1N4007、电解电容 220μF/25V、47μF/25V、电阻 1kΩ 各 1 只（其他参数配置也可，须注意电流值）；

3. 指针式万用表 1 只（型号 MF47，其他型号也可）；

4. 双踪示波器 1 台；

5. 连接导线若干。

【任务实施】

一、电路如图 10-19 所示。

二、调节输入交流电信号 u_2。将万用表交流调至电压档，使 U_2 的有效值为 10V，断电备用。

三、打开示波器预热，按扫描工作方式，使示波器光屏上显示两条光迹（不断电备用）。

四、按照图 10-19 所示电路连线。

五、电路接线检查正确后，通电，按照要求测量参数，并记录在表 10-5 中。

1. 用万用表交流电压档测输入交流电压有效值 U_2；

2. 用万用表直流电压档测输出的脉动直流电压 U_L；

3. 用直流毫安表测负载流过直流电流 I_L。

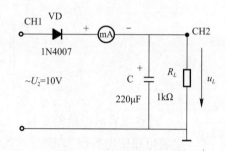

图 10-19　二极管单相半波整流电容滤波电路图

表 10-5

项　目	U_2	U_L	I_L
万用表档位			
测量值			

六、接入双踪示波器观察并测试输入、输出信号。

1. 将 u_2 接入示波器信号通道 1（CH1），将输出电压 U_L 接入示波器信号通道 2（CH2）。注意示波器黑夹子、红夹子与电路的连接。

2. 调节示波器旋钮，使波形显示在屏幕上。建议按照下列步骤调节：

（1）垂直方式选择开关 CHOP 按钮按下；

（2）时间/度旋钮即 t/DIV 开关 5ms 档，内层的微调旋钮置于校准位置（右旋到底）；

（3）触发方式选择开关置于 AUTO（自动扫描）位置；

（4）触发源选择开关置于 CH1 位置；

（5）信号通道耦合开关置于 DC 位置；

（6）CH1、CH2 两路的电压/度即 V/DIV 开关分别置于 1V 档和 0.5V 档，内层的微调旋钮置于校准位置（右旋到底）；

（7）垂直、水平移位旋钮临场控制在合适位置。

3. 根据示波器显示屏幕上显示的波形，读出参数值。

（1）输入电压 u_2 的峰-峰值 U_{2p-p}；

U_{2p-p}=______伏/格（V/DIV）×______格（DIV）=______V

（2）负载上的电压 U_L 的周期 T；

T=______毫秒/格（ms/DIV）×______格（DIV）=______ms

七、绘制双踪示波器观察到的输入、输出信号，并标注参数。

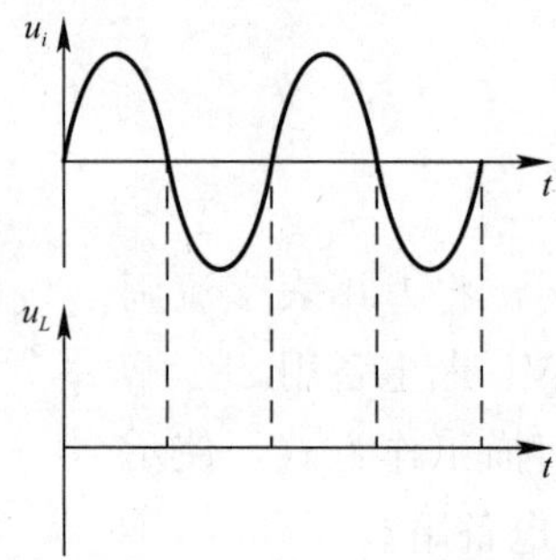

八、观察电容对电路的影响。

1. 将电路中电容改为 47μF，其他参数不变，观察示波器显示的输出波形；

2. 将电路中电容断开，其他参数不变，观察示波器显示的输出波形。

【评价】

输入调节	接线	通电测试	示波器使用	故障排除	规范性	得分

【知识链接】

交流电经过整流虽然已转换成脉动直流电，但脉动电中含有直流成分和较大的交流成分（通常称纹波），这种不平滑的直流电仅仅能够在蓄电池、电镀、电焊等要求不高时使用，并不适合大多数的电子电路和设备的需要。

为了得到平滑的直流电，一般在整流电路后接入滤波电路，把脉动直流电中的交流成分滤掉。最常用的滤波电路有电容滤波电路、电感滤波电路、复式滤波电路和电子滤波电路等。在小功率整流电路中，大量使用的是电容滤波器。

一、单相半波整流电容滤波电路如图 10-20 所示。

电路中电容滤波的作用

滤波电容并联在整流输出两端，即与负载 R_L 并联。该电容容量大，一般为几百微法至几千微法。

电容具有“隔直通交”的作用，对于直流电而言，电容的容抗 $X_C=\frac{1}{\omega C}\rightarrow\infty$，相当于开路，这样就使直流成分全部通过负载电阻 R_L；对于交流电而言，电容的容抗 $X_C=\frac{1}{\omega C}$（很小）→0，近似于短路，这样滤波电容就将交流分给旁路了，而不会在其两端产生交流电压降。所以负载电阻 R_L 两端仅保留了输出电压中的直流成分、滤除大部分的交流成分，负载电压变得平滑。

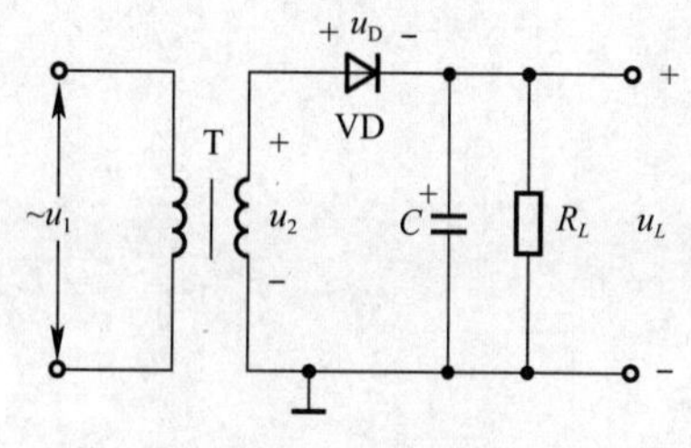

图 10-20　单相半波整流电容滤波电路图

二、单相半波整流电路的整流滤波波形

单相半波整流电容滤波电路的波形如图 10-21 所示。由此可见，交流电变化一周，电容快速充电，缓慢放电，滤波后负载 R_L 上的输出电压变化缓慢，波形比未滤波的半波整流波形更平滑了。电容的容量越大，负载上电压的波形就越平滑，脉动改善越好。

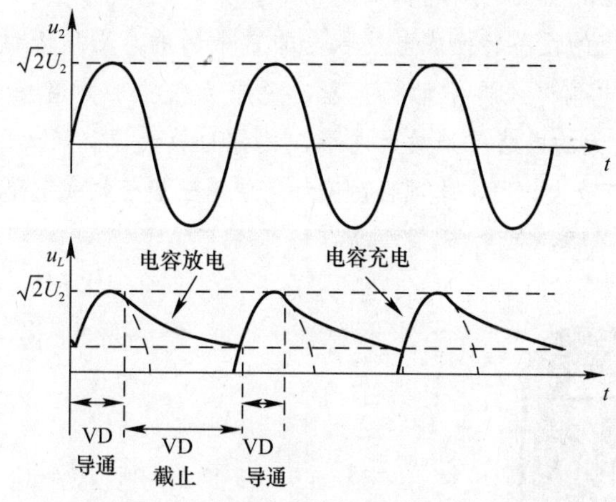

图 10-21　单相半波整流电容滤波的波形图

三、单相半波整流电容滤波电路的参数

1. 负载输出电压平均值 U_L

带负载时 $U_L=(1\sim1.1)U_2$

负载开路时 $U_L=\sqrt{2}U_2$

2. 输出电流平均值 I_L　　$I_L=\frac{U_L}{R_L}$

3. 通过二极管的平均电流 I_F　　$I_F=I_L<I_{FM}$

4. 二极管承受的最大反向电压 U_{Rm}　　$U_{Rm}=2\sqrt{2}U_2$

【复习思考】

1. 整流滤波电路中电容的作用是什么？
2. 滤波在整流电路中实现什么样的功能？

项目 11 三极管放大电路的连接与测试

【项目概述】

在现代日常生活中经常需要将微弱的信号放大。例如常见的扩音器，它输入的是声音信号，经一定的设备转换成电信号是非常微弱的，必须经过放大电路放大以后，输出大功率的电信号，再推动扬声器，还原为较强的声音信号（如图 11-1 所示）。实现电信号放大的电路就是放大电路，又称为放大器。放大电路中核心器件是三极管，它具有电流放大作用，本项目讨论如何使用三极管构成电路，实现信号放大。

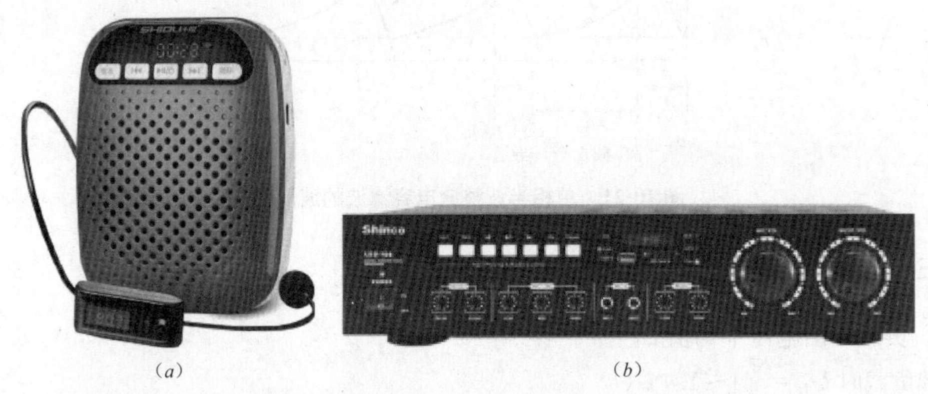

（a） （b）

图 11-1 常见的三极管放大应用举例

（a）扩音器；（b）家用功放

任务 11.1 三极管的电流放大作用

【任务描述】

通过对三极管的外形观察，识别三极管的引出端；利用万用表对三极管测量，进行管型判别、管脚极性判别、质量检测；通过讲解了解三极管判断的依据以及步骤，掌握三极管静态时的工作特点。通过实际操作，进一步理解三极管的电流放大作用。

【学习支持】

一、现场演示（见图 11-2）

三极管 3DG6 静态电流演示

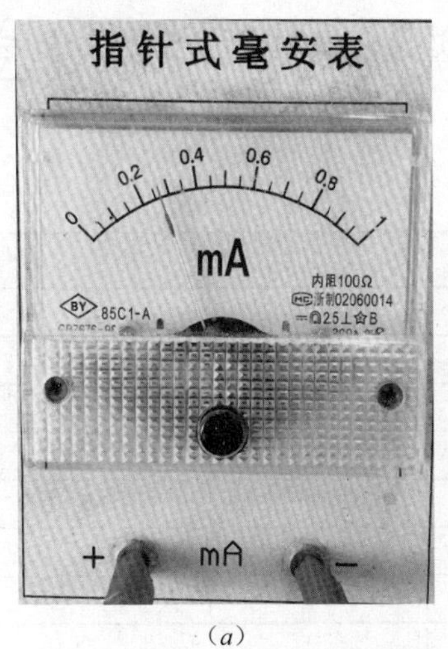

（*a*）

（*b*）

图 11-2　三极管 3DG6 静态工作时的基极电流和集电极电流

（*a*）基极电流 I_B；（*b*）集电极极电流 I_c

二、所用设备

1. 实验台（配有直流电源）、毫安表两个、直流电压表 1 个；
2. 三极管（3DG6 或 9013）1 个（其他型号也可）；
3. 电阻 1kΩ、电位器 100kΩ、电阻 1kΩ 各 1 个；
4. 连接导线若干。

【任务实施】

一、利用指针式万用表，判断检测三极管的管型、管脚、质量。

1. 利用万用表电阻档，先判别基极；
2. 利用已找到的基极，利用万用表电阻档，再判别管型；
3. 利用已判定的基极和管型，利用万用表电阻档，最后判别集电极、发射极和三极管的质量。

二、测试三极管的电流放大作用。

1. 调节直流稳压电源$+V_{CC}$为$+5V$，断电备用；
2. 按图 11-3 所示电路接线。注意三极管的管脚、电流表的极性；
3. 电路接线检查正确后，打开$+5V$直流稳压电源；

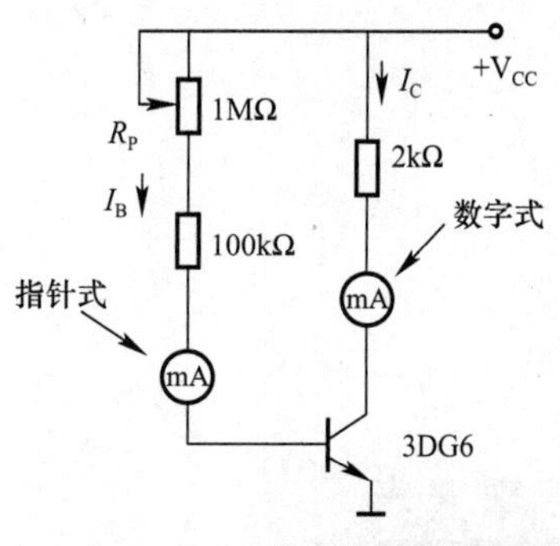

图 11-3　三极管电流放大电路

4. 调节 1MΩ 电位器，确定电流线性变化范围；

快速调节 1MΩ 电位器到最大、最小值，观察两个毫安表电流指示情况。确定基极回路指针式毫安表与集电极回路直流数字式电流表（20mA 档）的示数线性变化的范围。

5. 在电流线性变化的范围内，缓慢调节 1MΩ 电位器，按要求分 5 次进行测量，记录相关参数于表 11-1 中；

6. 根据实测数据，按 $\bar{\beta}=\frac{I_C}{I_B}$、$\beta=\frac{\Delta I_C}{\Delta I_B}$，估算填入表 11-1 中。

表 11-1

		第 1 次	第 2 次	第 3 次	第 4 次	第 5 次
测量	I_B					
	I_C					
	I_E					
	U_{BE}					
根据实测数据计算	$\bar{\beta}$					
	ΔI_B					
	ΔI_C					
	β					

【评价】

接线	通电测试		有无故障	故障排除		规范性	得分
	读数正确	电路工作状态判断		独立排故	教师帮助下排故		

【知识链接】

一、三极管的结构、符号、分类和型号

三极管也称晶体三极管。

1. 结构和符号

三极管在一块半导体上，采用专门工艺方法，有三个掺杂区，是一种三层半导体器件。对应的三个半导体区分别称为发射区、基区、集电区，三个区引出的电极分别是发射极 E、基极 B、集电极 C。在三个区之间形成两个 PN 结，分别是发射结和集电结。根据组成结构的不同，可分为 NPN 和 PNP 两种类型，其结构如图 11-4 所示。

在电路中使用图形符号表示三极管，如图 11-5 所示，文字符号用 V 表示，图形符号中箭头方向表示发射结正向偏置时的发射极电流方向，箭头朝外是 NPN 型三极管，箭头朝里是 PNP 型三极管。

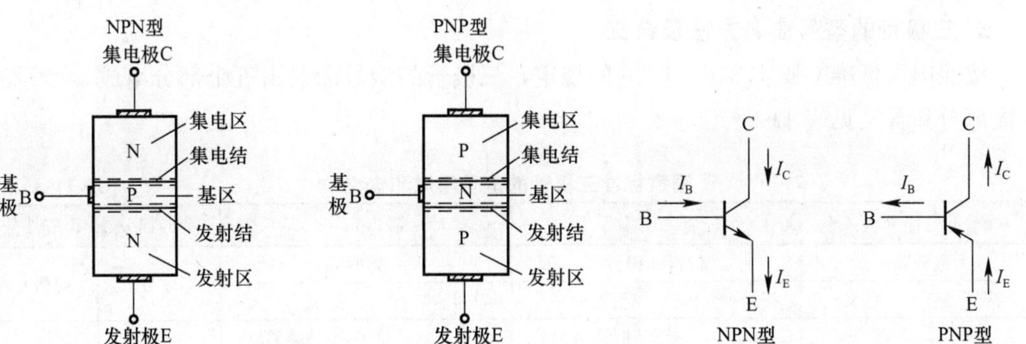

图 11-4　三极管的结构示意图　　　　图 11-5　三极管的图形符号和电流方向

2. 分类

三极管的分类方法有很多种，常见有按极性、材料、用途、工作频率的不同分类，详细见表 11-2。常见三极管的外形如图 11-6 所示。

三极管的种类表　　　　表 11-2

分类方法	种类	应　用
极性	NPN 型三极管	常用三极管，电流从集电极流向发射极
	PNP 型三极管	电流从发射极流向集电极
材料	硅三极管	热稳定性好，是常用的三极管
	锗三极管	反向电流大，受温度影响较大，热稳定性差
工作频率	低频三极管	较低，用于直流放大、音频放大电路
	高频三极管	较高，用于高频放大电路
功率	小功率三极管	输出功率较小，用于功率放大器末前级
	大功率三极管	较大，用于功率放大器末级即输出级
用途	放大管	应用在模拟电子电路中
	开关管	应用在数字电子电路中
	功率管	应用在功率放大电路中

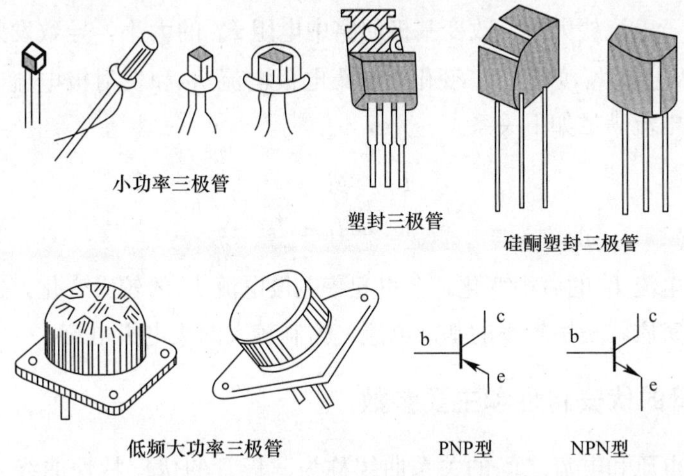

图 11-6　常见三极管的外形

3. 三极管的型号命名方法及含义

按照国家标准 GB/T 249—1989 的规定，三极管的型号命名由五个部分组成。型号的组成部分和含义见表 11-3。

国家标准三极管的型号组成和含义　　表 11-3

第一部分		第二部分		第三部分		第四部分	第五部分
电极数		材料和极性		类型		序号	规格号
符号	意义	符号	意义	符号	意义		
3	三极管	A	PNP 型锗材料	X	低频小功率管	数字	汉语拼音
		B	NPN 型锗材料	G	高频小功率管		
		C	PNP 型硅材料	D	低频大功率管		
		D	NPN 型硅材料	A	高频大功率管		
				K	开关管		

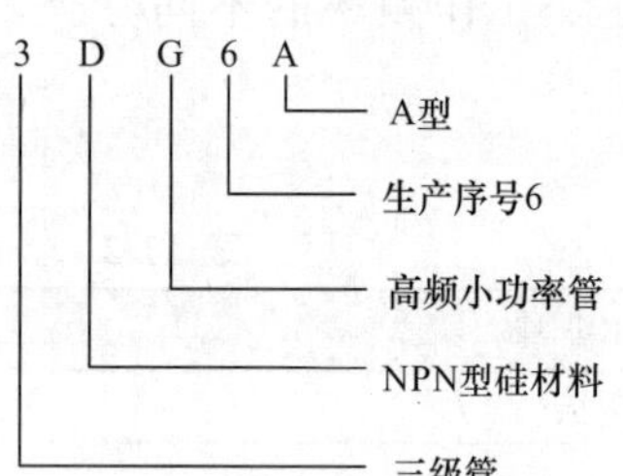

图 11-7　3DG6A 含义

常见的三极管 3DG6A 含义见图 11-7。

二、三极管的电流放大作用

1. 三极管电流放大的条件

为了便于发射区发射电子，发射区半导体的掺杂溶度远高于基区半导体的掺杂溶度，且发射结的面积较小；发射区和集电区虽为同一性质的掺杂半导体，但发射区的掺杂溶度要高于集电区的掺杂溶度，而集电区的面积要比发射区的面积大，便于收集电子；联系发射结和集电结两个 PN 结的基区非常薄，且掺杂溶度也很低。这样的结构特点是三极管具有电流放大作用的内因。

然而要使三极管具有电流的放大作用，除了三极管的内因外，还要有外部工作条件。三极管的发射结为正向偏置，集电结为反向偏置，是三极管具有电流放大作用的外部工作条件。

2. 三极管三电极的电流分配关系

当三极管处于电流放大时，改变基极回路中电阻 R_B 的大小，导致发射结的正偏电压 U_{BE}变化，使基极电流 I_B 变化，I_B 变化引起集电极电流 I_C 和发射极电流 I_E 都随之变化。实践证明，三个电流满足如下关系：

$$\begin{cases} I_C = \beta I_B \\ I_E = I_B + I_C \end{cases} \tag{11-1}$$

三极管基极电流 I_B 的微小变化，会引起集电极电流 I_C 的较大变化，这就是三极管的电流放大作用。实质就是用较小的基极电流，控制较大的集电极电流。

三、三极管的伏安特性和主要参数

三极管极间电压和电流之间的关系曲线称为三极管的伏安特性曲线。三极管的特性曲线主要有输入特性曲线和输出特性曲线，可用晶体管特性图示仪直接观察。

1. 输入伏安特性

三极管的输入伏安特性是指在 U_{CE} 一定的条件下，加在三极管基极和发射极间电压 U_{BE} 和基极电流 I_B 之间的关系曲线，如图 11-8 所示。表达式为

$$I_B = f(U_{BE})|_{U_{CE}=常数} \tag{11-2}$$

当 $U_{CE}=0V$ 时，相当于集电极和发射极间短路，三极管等效成两个二极管并联，其特性类似于二极管的正向特性。

当 $U_{CE}>0V$ 时，输入特性曲线右移，至 $U_{CE}\geqslant 1V$ 时的曲线基本重合，表明对应同一个 U_{BE} 值，I_B 减小了，或者说，要保持 I_B 不变，U_{BE} 需增加。这是因为集电结加反向电压，使得扩散到基区的载流子绝大部分被集电结吸引过去而形成集电极电流 I_C，只有少部分在基区复合，形成基极电流 I_B，所以 I_B 减小而使曲线右移。

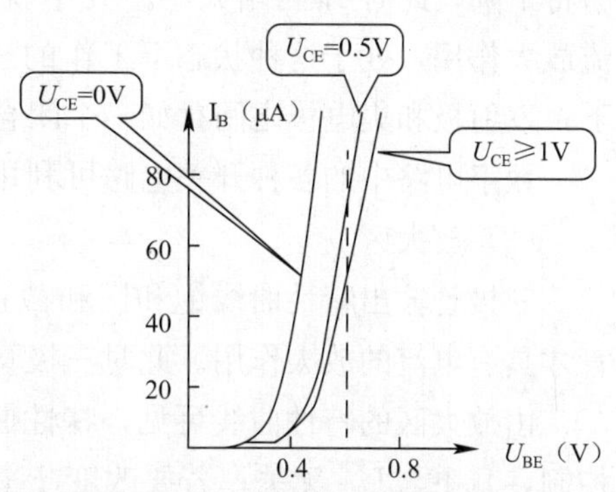

图 11-8　三极管的输入伏安特性曲线

三极管的输入特性曲线与二极管的正向特性曲线相似，I_B-U_{BE} 之间是非线性关系。当发射结正向电压 U_{BE} 小于死区电压（硅管 0.4～0.5V，锗管约 0.2V）时，没有 I_B；只有当发射结正向电压 U_{BE} 大于死区电压时，才能够产生基极电流 I_B。

当 U_{BE} 大于死区电压时，是输入特性的起始段，U_{BE} 增加，I_B 缓慢增加；过了起始段，I_B 随 U_{BE} 增加而迅速增加，且近似有线性关系。正常情况下，三极管就工作在特性曲线的这段线性范围，此时三极管处于正常电流放大状态，发射结正偏电压（硅管 0.6～0.7V，锗管 0.2～0.3V）。

2. 输出伏安特性

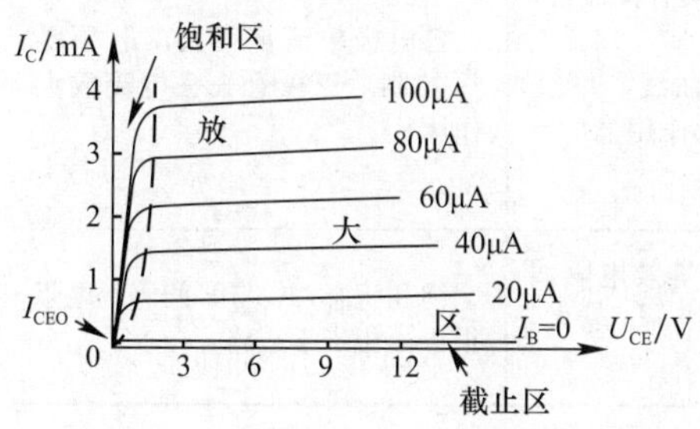

图 11-9　三极管的输出伏安特性曲线

输出特性曲线是指当三极管基极电流 I_B 为常数时，集电极电流 I_C 与集电极、发射极间电压 U_{CE} 之间的关系，输出特性曲线如图 11-9 所示，表达式为：

$$I_C = f(U_{CE})|_{I_B=常数} \tag{11-3}$$

每条曲线的变化规律：起始段，$U_{CE}<1V$，I_C 随 U_{CE} 增加近似成正比，线性增加，该段近似为陡直的直线；恒流特性段，$U_{CE}>1V$ 后，U_{CE} 增加，I_C 几乎不再增加。特性曲线近似平行于水平轴，表现为恒流特性；I_B 的数值增加，曲线上移，组成一组输出特性曲线。

从整个特性曲线看，可以分为三个区域，不同区域对于这三极管的三种不同工作状态，见表 11-4。

（1）截止区

$I_B=0$ 特性曲线以下的区域称为截止区。此时晶体管的集电结处于反偏，发射结电压 $U_{BE}<0$，也是处于反偏的状态。由于 $I_B=0$，在反向饱和电流可忽略的前提下，I_C 也等于

0，晶体管无电流。处在截止状态下的三极管，发射极和集电结都是反偏，在电路中集电极与发射极之间犹如一个断开的开关。

(2) 饱和区

特性曲线的左侧，U_{CE}很小时，发射结正偏，集电结亦为正偏。集电极吸引电子的能力将下降，此时 I_B 再增大，I_C 几乎就不再增大了，I_C 不受 I_B 控制了，三极管失去了电流放大作用，处于这种状态下工作的三极管称为饱和，因 $U_{CE}\approx0$，三极管处于饱和状态下，发射极和集电极之间犹如一个闭合的开关。

数字电路中的各种开关电路可利用三极管的这种特性来制作。

(3) 放大区

三极管输出特性曲线饱和区和截止区之间的部分就是放大区。工作在放大区的三极管才具有电流的放大作用。此时三极管的发射结处在正偏，集电结处在反偏。

由放大区的特性曲线可见，特性曲线非常平坦，每一条曲线表现为恒流，I_C 只受 I_B 控制，几乎与 U_{CE}无关；若要改变 I_C，只能用改变 I_B 的来实现；I_B 以等差值规律变化，对应的特性曲线是一组间距基本相等的平行线，它们之间的间距就体现了基极电流对集电极电流的控制和放大作用，表现为：基极电流的微小变化$\triangle I_B$ 引起集电极电流$\triangle I_C$ 的显著变化，即 I_B 对 I_C 的控制作用称电流放大作用。

三极管的输出特性曲线的三个区域 **表 11-4**

名称	截止区	放大区	饱和区
范围	$I_B=0$ 曲线以下区域，几乎与横轴重合	平坦部分线性区域，几乎与横轴平行	曲线上升部分
条件	发射结反偏（零偏），集电结反偏	发射结正偏，集电结反偏	发射结正偏，集电结正偏（零偏）
特征	$I_B=0$，$I_C=I_{CEO}\approx0$	1. 当 I_B 一定时，I_C 具有恒流性，大小与 U_{CE}基本无关 2. 不同 I_B 对于不同曲线，I_C 受 I_B 控制，具有电流放大作用 $\Delta I_C=\beta\Delta I_B$	各电极电流都很大，I_C 不受 I_B 控制，三极管失去电流放大作用
工作状态	截止状态，C 与 E 间等效电阻很大，相当于开路	放大状态，C 与 E 间等效电阻线性可变，阻值受 I_B 控制。I_B 越大，等效电阻越小。	饱和状态，C 与 E 间等效电阻很小，相当于短路

【例 11-1】 已知在三极管电路中测到的各极电位如图 11-10 所示，试判断三极管的管型和工作状态。

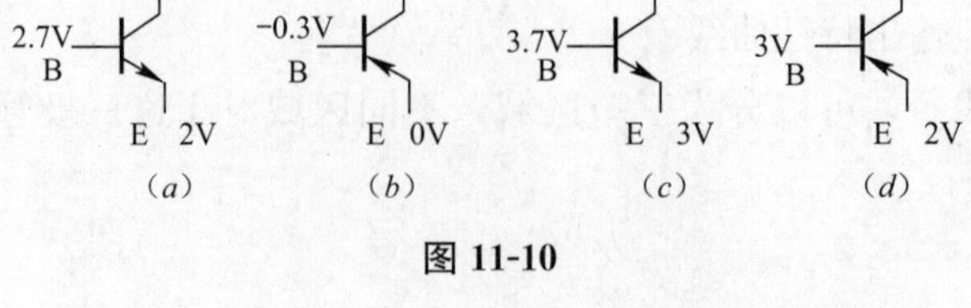

图 11-10

【解】

图 11-10（a）中：三极管为 NPN 型管，$U_B=2.7V$，$U_C=8V$，$U_E=2V$，因为 $U_B>$

U_E，发射结正偏，$U_C > U_B$，集电结反偏，所以三极管处于放大状态。

图 11-10（*b*）中：三极管为 PNP 型管，$U_B = -0.3V$，$U_C = -5V$，$U_E = 0V$，因为 $U_B < U_E$，发射结正偏，$U_C < U_B$，集电结反偏，所以三极管处于放大状态。

图 11-10（*c*）中：三极管为 NPN 型管，$U_B = 3.7V$，$U_C = 3.3V$，$U_E = 3V$，因为 $U_B > U_E$，发射结正偏，$U_C < U_B$，集电结正偏，所以三极管处于饱和状态。

图 11-10（*d*）中：三极管为 PNP 型管，$U_B = 3V$，$U_C = 0V$，$U_E = 2V$，因为 $U_B > U_E$，发射结反偏，$U_C < U_B$，集电结反偏，所以三极管处于截止状态。

3. 三极管的主要参数

三极管的参数是用来表示三极管的性能好坏和适用范围的技术指标。为保证合理的选择和安全可靠地使用三极管，必须了解以下几个主要参数：

（1）电流放大系数

电流放大系数是表示三极管放大电信号的参数。

1）直流（静态）电流放大系数

在直流工作状态下（未加入交流电信号），集电极电流 I_C 与基极电流 I_B 之比称直流电流放大系数，用 $\bar{\beta}$ 表示，即

$$\bar{\beta} = \left.\frac{I_C}{I_B}\right|_{U_{CE}=\text{常数}} \tag{11-4}$$

2）交流（动态）电流放大系数

当集电极电压 U_{CE} 为定值时，加入被放大交流电信号后，基极电流变 ΔI_B 引起集电极电流变化 ΔI_C，ΔI_C 与 ΔI_B 之比称交流电流放大系数，用 β 表示，即

$$\beta = \left.\frac{\Delta I_C}{\Delta I_B}\right|_{\Delta U_{CE}=0} \tag{11-5}$$

电流放大系数 $\bar{\beta}$ 和 β 虽然含义不同，但当三极管工作在输出特性曲线放大区时，两者差异极小，可做近似相等处理。

（2）极限参数

1）集电极最大允许电流 I_{CM}

晶体管的集电极电流 I_C 在相当大的范围内 β 值基本保持不变，但当 I_C 的数值大到一定程度时，电流放大系数 β 值将下降。当 β 下降至原来稳定值 $\frac{2}{3}$ 时的 I_C 即为 I_{CM}。为了使三极管在放大电路中能正常工作，I_C 不应超过 I_{CM}。

2）反向击穿电压 $U_{(BR)CEO}$

反向击穿电压 $U_{(BR)CEO}$ 是指基极开路时，加在集电极与发射极之间的最大允许电压。

3）集电极最大允许功耗 P_{CM}

晶体管工作时、集电极电流在集电结上将产生热量，产生热量所消耗的功率就是集电极的功耗 P_C，即 $P_{CM} = I_C U_{CE}$，三极管工作时，$I_C U_{CE} < P_{CM}$。

（3）温度对三极管参数的影响

几乎所有的三极管参数都与温度有关，因此不容忽视。随着温度的上升，β 值将增大，I_C 也将增大，U_{BE} 将下降，这对三极管电流放大作用不利，使用中应采取相应的措施

克服温度的影响。

【例 11-2】 已知某三极管的输出特性曲线如图 11-11 所示，U_{CE}=12V，试根据输出特性曲线计算 β 值。

【解】 取 U_{CE}=12V，在图中取两点，如图 11-12 所示。

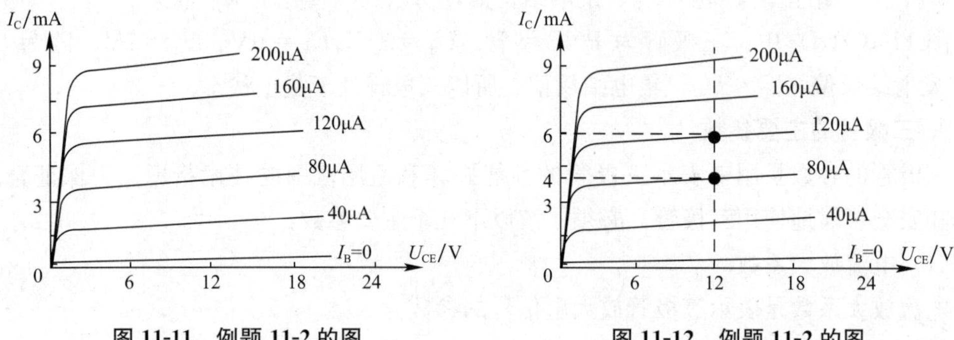

图 11-11 例题 11-2 的图 **图 11-12 例题 11-2 的图**

根据定义可得 $\beta=\dfrac{\Delta I_C}{\Delta I_B}=\dfrac{(6-4)\times10^{-3}}{(120-80)\times10^{-6}}=50$

所以，该三极管的 β 值为 50。

四、三极管的管型和极性及质量的判断

三极管的管型有 PNP 和 NPN 两种，三个管脚分别是基极 B、发射极 E、集电极 C。对于 PNP 型三极管，C、E 极分别为其内部两个 PN 结的正极，B 极为它们共同的负极，而对于 NPN 型三极管而言，则正好相反：C、E 极分别为两个 PN 结的负极，而 B 极则为它们共用的正极，根据 PN 结正向电阻小反向电阻大的特性就可以很方便的判断基极和管子的类型。

用指针式万用表检测：红表笔是（表内电源）负极，黑表笔是（表内电源）正极。

（1）判定基极

将万用表拨在 $R\times100$ 或 $R\times1$K 档上。红笔接触某一管脚，用黑表笔分别接另外两个管脚，这样就可得到三组（每组两次）的读数，当其中一组二次测量都是几百欧的阻值时，则红表笔所接触的管脚就是基极，且三极管的管型为 PNP 型；如用上述方法测得一组二次都是几十至上百千欧的阻值时，则红表笔所接触的管脚即为基极，且三极管的管型为 NPN 型。

（2）判定集电极 C 和发射极 E

由于三极管在制作时，两个 P 区或两个 N 区的掺杂浓度不同，如果发射极、集电极使用正确，三极管具有很强的放大能力，反之，如果发射极、集电极互换使用，则放大能力非常弱，由此即可把管子的发射极、集电极区别开来。在判别出管型和基极 B 后，可利用该特点来判别集电极和发射极。

利用万用表内部的电池，给三极管的集电极、发射极加上电压，使其具有放大能力。用手捏其基极、集电极时，就等于通过手的电阻给三极管有一正向偏流通路，使其导通，此时表针向右摆动幅度就反映出其放大能力的大小，从而能够正确判别出发射极、集电

极来。

将万用表拨在 $R\times100$ 档上。用手将基极与另一管脚捏在一起（注意不要让电极直接相碰），为使测量现象明显，可将手指湿润一下。对 NPN 型三极管，红、黑表笔分别接在两个电极上，然后将两个表笔对调接两个极，比较两次测量中表针向右摆动的幅度，找出摆动幅度大的一次。这时黑表笔接的是集电极，剩下的是发射极。对 PNP 型三极管，重复上述步骤，找出表针摆动幅度大的一次，这时黑表笔接的是发射极，剩下的是集电极。

【复习思考】

1. 三极管管型有哪两种，绘制其图形符号？
2. 三极管的三种工作状态分别是什么，并说明其特点？
3. 三极管的电流放大作用是什么意思？
4. 已知三极管 $\beta=50$，$I_B=10\mu A$，它工作在放大状态，求 I_C 的大小？

任务 11.2　单管共射放大电路

【任务描述】

通过电路连接，认识单管共射放大电路；用万用表测试电路直流参数，了解静态工作点的概念；通过讲解了解单管共射放大电路的静态和动态工作情况。经过操作，理解和掌握单管共射放大电路的组成和电压放大原理。

【学习支持】

一、现场演示（图 11-3 电路动态工作波形显示）

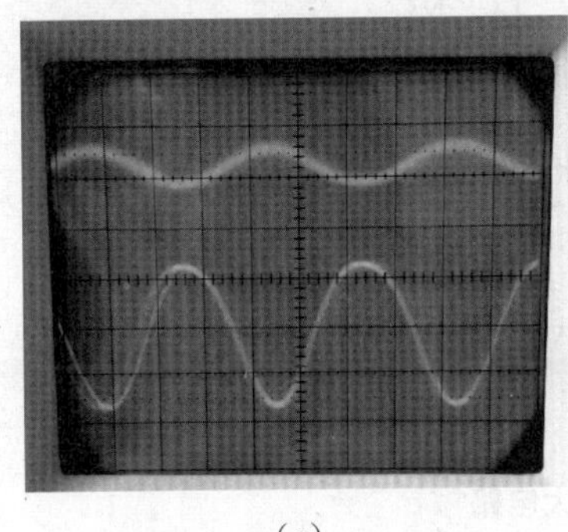

(a)

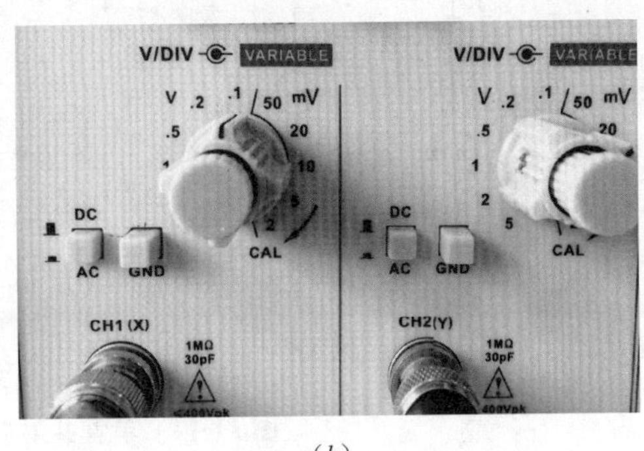

(b)

图 11-13　三极管单管共射放大电路输入、输出电压的波形图

(a) 示波器荧光屏显示输入、输出电压的波形；(b) 示波器输入、输出电压度旋钮位置

二、所用设备

1. 实验台（配有直流稳压电源、函数信号发生器）；
2. 毫安表两个、万用表 1 个；
3. 双踪示波器 1 台；
4. 三极管（3DG6 或 9013）1 个（其他型号也可）；
5. 电阻 100kΩ 1 个、电位器 1MΩ 1 个、电阻 2kΩ 两个；
6. 电解电容 47μF/25V 两个；
7. 连接导线若干。

【任务实施】

一、利用指针式万用表，判断三极管的管脚，检测其质量。

两个 PN 结的正向、反向电阻测量，并判断其质量，步骤与前面相同。

二、单管共射放大电路的接线和静态测试。

1. 调节直流稳压电源，取 V_{CC} 为 +15V，断电备用。

2. 按图 11-14（*a*）接线。注意三极管的管脚、电流表的极性。

3. 电路接线检查正确后，通电测试，初步确定静态工作点的范围。

（1）调节 R_P 电位器，确定电流线性变化的范围；

（2）基极回路串入的指针式毫安表指示 I_B 约为 50μA，集电极回路串入直流数字式电流表（20mA 档）的指示 I_C 约为 4mA；

（3）调节 1MΩ 电位器，观察 I_B 变化是否引起 I_C 变化，只要电流控制作用正常，就断电备用。

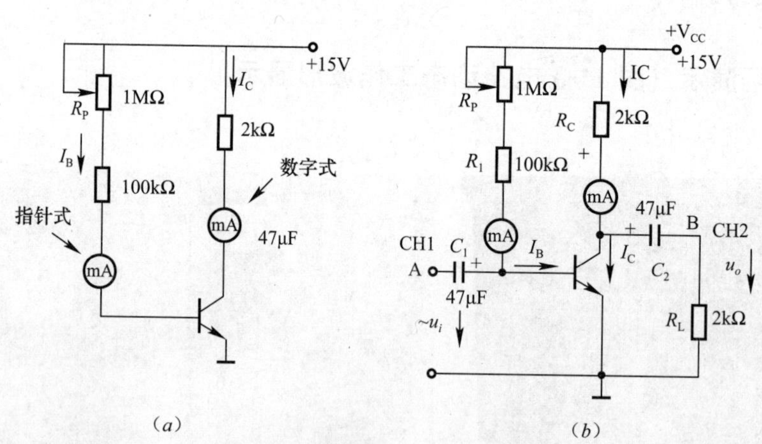

图 11-14　单管共射放大电路

（*a*）单管共射放大电路静态电路图；（*b*）单管共射放大电路动态电路图

4. 加入交流信号（函数信号发生器使用）。

（1）按图 11-14（*b*）接线；

（2）将函数信号发生器的输出作为电路输入信号 u_i；

其调节内容：输出波形选择，正弦波；频率选择，f_1、f_2 频段；幅度调节旋至最小；

（3）加入交流输入信号 u_i 到电路中；

信号发生器接地端与直流稳压电源 15V 负端连接；函数信号发生器输出端接耦合电容 C_1 的"—"端（即图中 A 点）；将信号发生器电源开关置于"开"位置；

（4）接入示波器；

示波器 CH1 观察输入信号 u_i，探头红夹子接图中 A 点、探头黑夹子接地端；示波器 CH2 观察输出信号 u_o，探头红夹子接图中 B 点、探头黑夹子接地端。

5. 通电观察测试。在不失真的情况下，测试静态工作点的范围。

（1）保持 u_i 幅度调节旋至最小（约 10mV），观察示波器上的 u_i 和 u_o 波形；

（2）在 u_o 波形不失真的前提下，调节 R_P，测试静态工作点变动范围，记录相关数据于表 11-5。(表格中已给出参考数据，以实测为准)。

表 11-5

项目	U_{BE}		I_C		I_B		U_{CE}	
	参考	实测	参考	实测	参考	实测	参考	实测
第一次	0.68V		5mA		0.05mA		5.19V	
第二次	0.69V		6.05mA		0.06mA		3.24V	
第三次	0.70V		6.82mA		0.07mA		1.8V	
第四次	0.71V		7.2mA		0.09mA		1.05V	

三、单管共射放大电路的动态测试。

1. 静态准备。

（1）关闭函数发生器（即：$u_i=0$）；

（2）调 R_P 电位器，使 $I_C=4\text{mA}$，断电备用；

2. 加入交流输入信号。

（1）打开函数发生器，调节旋钮，使正弦信号 $f=1000\text{Hz}$；

（2）调节示波器 CH1 通道电压/度开关，置于 10mV 档，再调节函数信号发生器幅度调节旋钮，使光屏上的 u_i 波形，其峰-峰值为 20mV（垂直方向占两大格）。

3. 信号波形测试并记录。

（1）输入电压 u_i 的峰-峰值 U_{ip-p}；

$U_{ip-p}=$______mV/DIV×______DIV=______mV

（2）负载上的电压 u_o 的峰-峰值 U_{op-p}；

$U_{op-p}=$______V/DIV×______DIV=______V

（3）负载上的电压 u_o 的周期 T；

$T=$______ms/DIV×______DIV=______ms

4. 绘制双踪示波器观察到的输入、输出信号，并标注参数。

5. 粗略估算电压放大倍数。

$$A_u=-\frac{U_{OP-P}}{U_{iP-P}}=$$

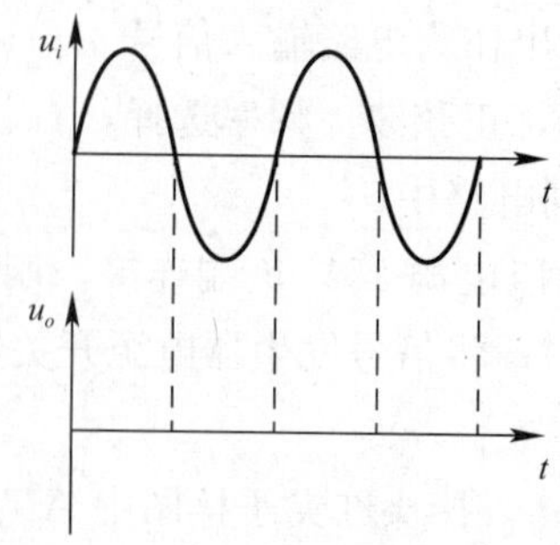

【评价】

接线	通电测试		有无故障	故障排除		规范性	得分
	读数正确	电路工作状态判断		独立排故	教师帮助下排故		

【知识链接】

一、放大电路作用

放大，就是指增加微弱信号幅度（不失真）的过程，能够实现放大作用的电路就是放大电路。放大电路也称放大器。

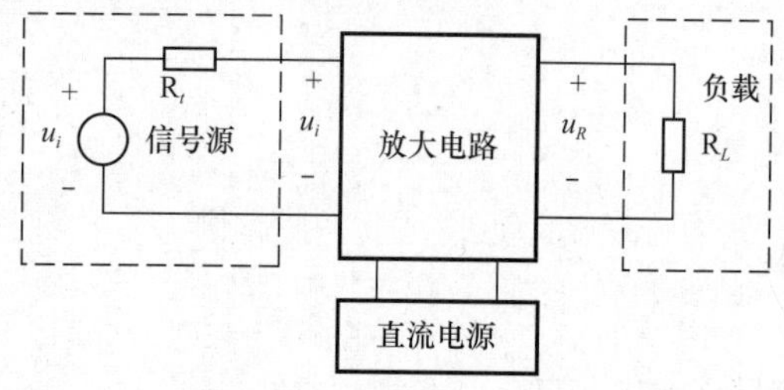

图 11-15　放大电路的结构

图 11-15 所示放大系统中，信号源是提供信号的来源处，如话筒、无线、医疗设备接触人体某一部位的探头等。信号源供给的电信号常常很微弱，必须经过放大电路将微弱放大至满足负载需要，负载才能被驱动，然后执行动作。例如喇叭发出洪亮的声音，电视机显示图文信号等。

二、共射极基本放大电路的组成

1. 放大电路的组成

（1）放大电路的核心元件是晶体管要求其工作在放大状态，即工作时它的发射结正偏，集电结反偏。

（2）输入回路使输入信号耦合到晶体管的输入电极，形成变化的基极电流，通过晶体管的电流控制关系，从而使集电极电流变化。

（3）输出回路使放大后的电流信号能够转换成负载需要的信号能量。

2. 共射极基本放大电路

（1）共射接法（集电极输出）

如图 11-16 所示，外加信号从基极和发射极间输入，信号从集电极和发射极间输出。输入电压和输出电压的公共端为发射极，故称共射放大电路。这一端在电路中用“⊥”表

示，作为电路中电位的参考点。直流电源"$+V_{CC}$"端表示电源正端，电源的负端与电路中电位参考点"⊥"相接。

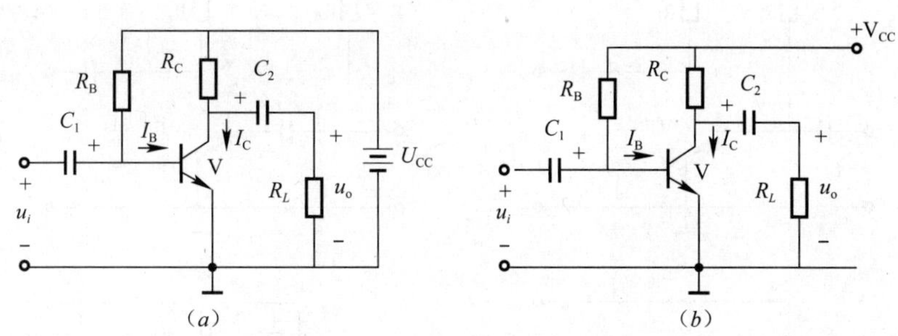

图 11-16　共射极基本放大电路

(a) 电路原理图；(b) 习惯画法

（2）各元器件的作用

① 晶体管 V。晶体管是放大电路的核心元件。实现基极的小电流控制集电极较大电流的作用，即电流放大作用。

② 集电极电源 V_{CC}。为放大电路提供能量，也为三极管提供实现电流放大的外部条件，即保证晶体管的发射结正偏、集电结反偏。

③ 基极偏置电阻 R_B。阻值一般为几十千欧至几百千欧，也可以更大。主要作用是调节基极电流 I_B 大小，使放大电路获得一个合适的静态工作点。

④ 集电极电阻 R_C。阻值一般为几千欧，也可以几十千欧。其作用是将集电极的电流变化转换成晶体管集电极、发射极间的电压变化，实现电压放大。

⑤ 耦合电容 C_1 和 C_2。起到隔离直流通过交流的作用。"隔直"指放大电路直流电压、电流由于被 C_1 和 C_2 隔断，而不影响到输入端之前的信号源和输出端后的负载；"通交"指 C_1 和 C_2 容量足够大时，输入交流信号能够顺利通过输入耦合电容（耦合电容对规定频率范围内的交流输入信号呈现的容抗极小，可近似视为短路）加到三极管的输入端，输出交流信号能够顺利通过耦合电容提供到负载。

【例 11-3】 从电路组成的角度，判断下图所示电路是否具有电压放大作用。

【解】

图 11-17（a）中，电路组成正确，为共射极基本放大电路，能实现电压放大。

图 11-17（b）中，C_1 的位置接错，三极管 $I_B=0$，不能实现电压放大。

图 11-17（c）中，在三极管的基极与发射极之间并联了 C_B，导致 $u_{BE}=0$，无法输入信号，也无输出信号，故不能实现电压放大。

图 11-17（d）中，三极管为 NPN 管，直流电压为 $-V_{CC}$，三极管发射结反偏，不能实现电压放大。

三、放大电路的分析

放大电路中，三极管的基极、集电极电流既有直流，又有交流电流。分析中，可以采用将交、直流信号分开的方法进行分析。

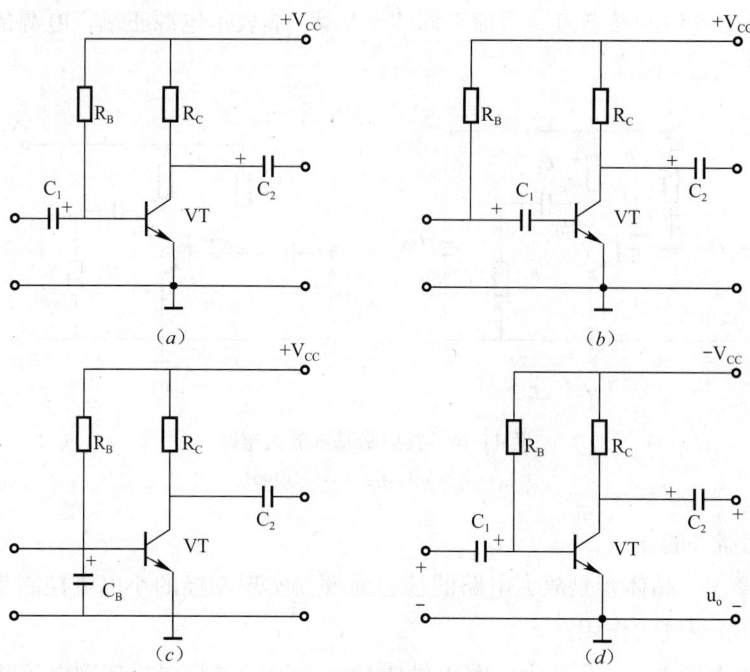

图 11-17　例题 11-3 的图

1. 静态分析

放大电路的静态是指放大电路没有交流输入信号（$u_i=0$）时的直流工作状态。静态时，电路中只有直流电源 V_{CC}作用，三极管各极电流和极间电压都是直流值。直流基极电流、直流集电极电流流通通路如图 11-18 所示，称为直流通路。电容 C_1、C_2 对直流开路。

静态分析的主要任务是确定放大电路的静态时电路中的基极电流 I_{BQ}、集电极电流 I_{CQ}、基极和发射极间电压 U_{BEQ}和集电极和发射极间电压 U_{CEQ}，这些静态值的大小反映了静态时放大电路的工作情况，被称作“静态工作点”值。合适的“静态工作点”值是放大电路提供正常放大的必备条件。

2. 静态工作点的估算

三极管工作于放大状态时，发射结正偏，这时 U_{BEQ} 基本不变，对于硅管约为 0.7V，锗管约为 0.3V。

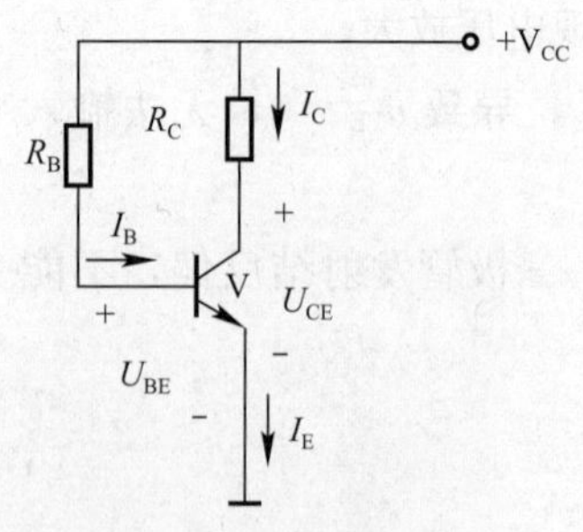

图 11-18　共射极基本放大电路的直流通路

由图 11-4 共射极基本放大电路的直流通路中，

基极回路 KVL 方程　　$I_{BQ}\cdot R_B+U_{BEQ}=V_{CC}$

所以：基极电流　　$I_{BQ}=\dfrac{V_{CC}-U_{BEQ}}{R_B}$

硅管的 U_{BEQ}为 0.7V，锗管为 0.3V，一般情况下，$V_{CC}\gg U_{BEQ}$，忽略 U_{BEQ}时，带入上式，则近似有 $I_{BQ}\approx\dfrac{V_{CC}}{R_B}$

集电极电流　　$I_{CQ}=\beta I_{BQ}$

集电极回路 KVL 方程，可得集电极-发射极电压$U_{CEQ}=V_{CC}-I_{CQ}\cdot R_C$

【例 11-4】 在图 11-18 所示的单管放大电路的直流通路中，已知 $V_{CC}=12V$、$R_B=200k\Omega$、$R_C=3k\Omega$、三极管为硅管，$\beta=50$，计算静态值。

【解】

基极电流　$I_{BQ}=\dfrac{V_{CC}-U_{BEQ}}{R_B}=\dfrac{12-0.7}{300}mA=0.04mA=40uA$

集电极电流　$I_{CQ}=\beta I_{BQ}=50\times0.04mA=2mA$

集电极-发射极电压　$U_{CEQ}=V_{CC}-I_{CQ}\cdot R_C=12-2\times3=6V$

3. 动态分析

当放大电路有交流输入信号，即 $u_i\neq0$ 时的工作状态称为动态。此时电路中各部分电压、电流中既有直流（静态）分量，又有交流（动态）分量。动态分析就是分析信号在电路中的传输情况，即分析各个电压、电流随输入信号变化的情况。

(1) 放大电路的交流通路

交流通路是指放大电路中三极管的基极、集电极电流交流分量的传输路径。画交流通路的原则：在信号频率范围内，电路中耦合电容 C_1、C_2 的容抗 X_C 很小，可视为短路；直流电源的内阻一般很小，可忽略，视为短路。按此原则画出图 11-16 电路的交流通路，如图 11-19 所示。

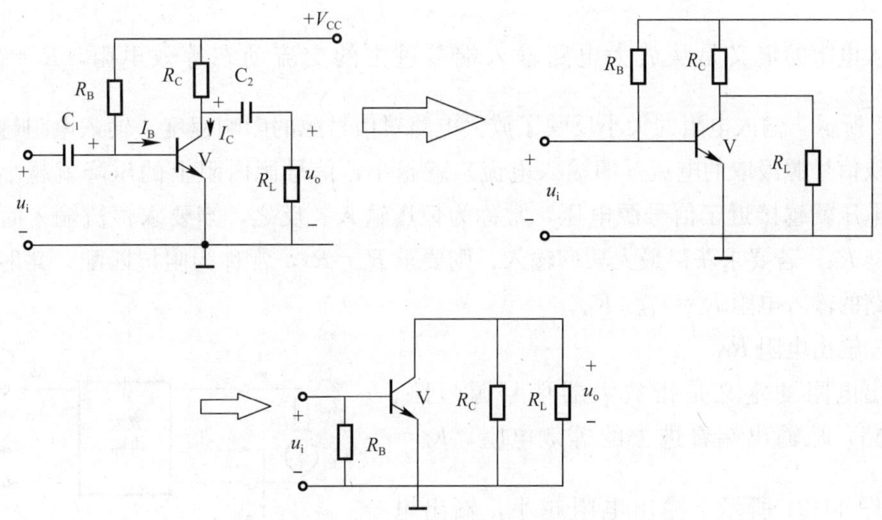

图 11-19　共射极基本放大电路的交流通路

4. 电压放大工作原理

当输入交流信号为零时，直流电源 V_{CC} 通过各偏置电阻为三极管提供直流的基极电流和直流集电极电流，并在三极管的三个极间形成一定的直流电压。由于耦合电容的隔直流作用，直流电压无法到达放大电路的输入端和输出端。

当输入交流信号 u_i 通过耦合电容 C_1 和 C_2 加在三极管的发射结上时，发射结上的电压变成交、直流的叠加。基极-发射极间既有直流电压 U_{BE}，也有交流电压 u_{BE}，交直流总电压 $u_{BE}=U_{BE}+u_{BE}$ 发生变化，使基极电流 $i_B=I_B+i_b$ 发生变化，从而引起集电极电流 $i_C=I_C+i_C$ 变化，再通过 R_C 产生电压降，完成三极管 C、E 间电压 $u_{CE}=V_{CC}-i_CR_C$ 的变

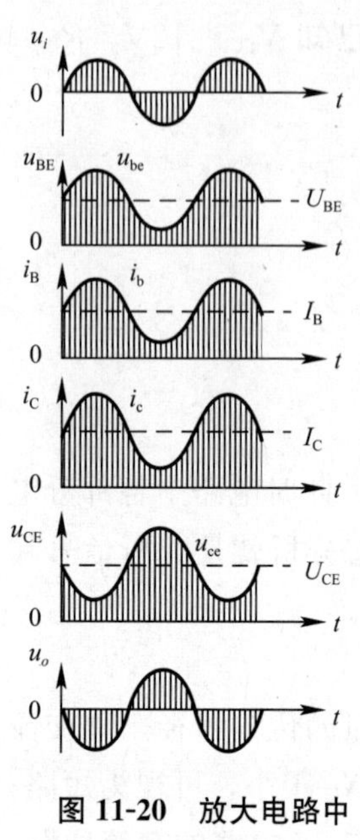

图 11-20 放大电路中电压电流波形

化。集电极交流信号是叠加在直流信号上的，经过耦合电容后，输出端只提取到交流信号，$u_O = u_{CE} = -i_C R_C$，可见输出交流电压 u_O 与 i_C 相位相反。这是共射极放大电路的一个重要特点。放大电路中电压电流波形如图 11-20 所示。

当电路中加入输入信号 u_i 后，三极管各极的电压电流信号随 u_i 的变化而变化，其变化顺序为：$u_i \to u_{BE} \to i_B \to i_C \to u_{CE} \to u_O$。

5. 放大电路中动态性能指标的含义

电压放大倍数、输入电阻和输出电阻是放大电路的三个主要动态性能指标，分析这三个指标可用交流通路。

(1) 电压放大倍数 A_u

指输出电压 u_o 与输入电压 u_i 之比，$A_u = \frac{u_o}{u_i} = \frac{\dot{U}_o}{\dot{U}_i} = \frac{-\dot{I}_C(R_L // R_C)}{\dot{I}_B r_{BE}} = -\frac{\beta R_L'}{r_{BE}}$，式中 $R_L' = R_C // R_L$，是电路的等效负载电阻。

(2) 输入电阻 R_i

输入电阻的定义是从放大电路输入端看进去的交流动态等效电阻，$R_i = \frac{\dot{U}_i}{\dot{I}_i}$，如图 11-21 所示。输入电阻的大小反映了放大电路对信号源的影响程度。输入电阻越大，放大电路从信号源汲取的电流（即输入电流）就越小，信号源内阻上的压降就越小，其实际输入电压就越接近于信号源电压，常称为恒压输入。反之，当要求恒流输入时，则必须使 $R_i \ll R_S$；若要求获得最大功率输入，则要求 $R_i = R_S$，常称为阻抗匹配。共射极基本放大电路的输入电阻 $R_i = r_{BE} // R_B$。

(3) 输出电阻 R_O

输出电阻的定义是指放大器信号源短路、负载开路，从输出端看进去的等效电阻，$R_o = \frac{\dot{U}_o}{\dot{I}_o}$，如图 11-21 所示。输出电阻越小，输出电压受负载的影响就越小，若 $R_o = 0$，则输出电压的大小将不受 R_L 的大小影响，称为恒压输出。当 $R_L \ll R_o$ 时即可得到恒流输出。因此，输出电阻的大小反映了放大电路带负载能力的大小。共射极基本放大电路的输出电阻 $R_o \approx R_C$。

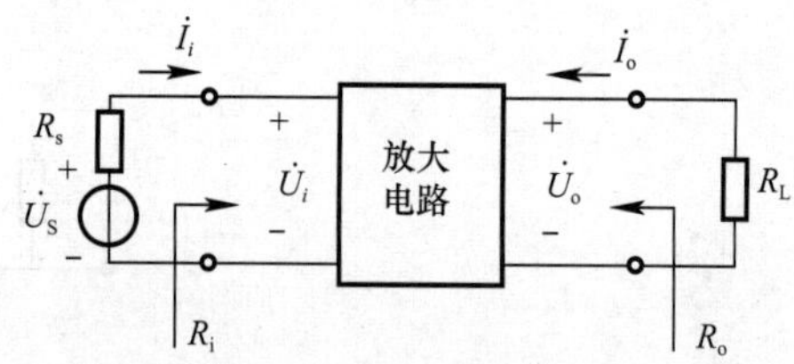

图 11-21 放大电路的输入输出电阻

【例 11-5】 共射极放大电路如图 11-16 所示，已知 $V_{CC} = 12V$，$R_B = 300k\Omega$，$R_C = 3k\Omega$，负载电阻 $R_L = 3k\Omega$，$\beta = 50$，试用近似估算法求：(1) 静态工作点；(2) 输入电阻、输出电阻；(3) 空载和有载时的电压放大倍数。

【解】

(1) 静态工作点：

$$I_{BQ} \approx \frac{U_{CC}}{R_B} = \frac{12}{300 \times 10^3} = 0.04\text{mA}$$

$$I_{CQ} = \beta I_{BQ} = 50 \times 0.04 = 2\text{mA}$$

$$U_{CEQ} = U_{CC} - I_{CQ} \cdot R_C = 12 - 2 \times 10^{-3} \times 3 \times 10^3 = 6\text{V}$$

(2) 输入电阻、输出电阻：

$$r_{be} \approx 300 + (1+\beta)\frac{26}{I_{EQ}} = 300 + (1+50)\frac{26}{3} = 742\Omega$$

$$r_i = r_{be} // R_B = 742 // 300 \times 10^3 \approx 742\Omega$$

$$r_o \approx R_C = 3\text{k}\Omega$$

(3) 电压放大倍数：

空载时

$$A_u = -\frac{\beta R_C}{r_{be}} = -50 \times \frac{3 \times 10^3}{742} \approx -202$$

有载时

$$R'_L = R_L // R_C = 1.5\text{k}\Omega$$

$$A_u = -\frac{\beta R'_L}{r_{be}} = -50 \times \frac{1.5 \times 10^3}{742} \approx -101$$

【复习思考】

1. 共射基本放大电路由哪几部分组成，说明各部分的作用？
2. 什么是共射基本放大电路的静态、动态，两者有没有区别？

项目 12 集成运放电路的连接与调试

【项目概述】

集成电路（Integrated Circuit，简称 IC）是 20 世纪 50 年代后期发展起来的一种新型半导体组件。集成电路具有体积小，重量轻，引出线和焊接点少，寿命长，可靠性高，性能好等优点，同时成本低，便于大规模生产。

运算放大器（简称“运放”）是具有很高放大倍数的直接耦合的多级放大电路。运放的种类繁多，广泛应用于电子行业当中。它不仅在民用电子设备如收录机、电视机等方面得到广泛的应用，同时在军事、通讯、遥控等方面也得到广泛的应用。用集成电路来装配电子设备，其装配密度比分立元件可提高几十倍至几千倍。如图 12-1 所示，集成运放外形尺寸都很小。

（长×宽：5mm×4mm）
（*a*）

（长×宽：19.55mm×6.35mm）
（*b*）

（长×宽：9.55mm×6.35mm）
（*c*）

图 12-1 集成运放

（*a*）LM358 低功耗双运算放大器；（*b*）LM324 四运算放大器；（*c*）LM386 音频功率放大器

任务 12.1 反相输入集成运放构成的放大电路测试

【任务描述】

熟悉集成运算放大器的基本使用常识；了解芯片双电源供电形式；通过对电路的连接，认识集成运放构成的放大电路；理解集成运放线性工作时必须接成闭环负反馈；熟练掌握使用示波器测试电路输入、输出电压波形和相位关系，显示反相输入时输入输出波形，并测出其闭环电压放大倍数。

【学习支持】

一、现场演示（图 12-2 集成运放反相输入放大时示波器光屏上输入、输出波形显示）

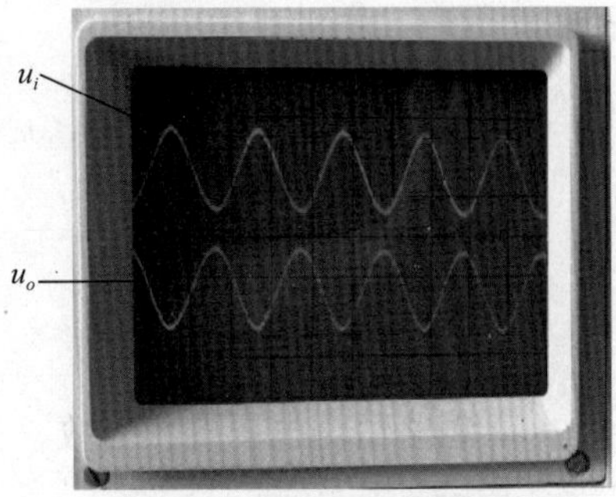

图 12-2　集成运放反相输入放大时输入、输出波形演示

二、所用设备

1. 直流稳压电源 1 台，提供±5V；
2. 集成运放 LM358 1 块（其他型号也可）；
3. 函数信号发生器 1 台、频率计 1 台；
4. 双踪示波器 1 台；
5. 万用表 1 块；
6. 电阻 10kΩ 1 个、电阻 1kΩ 各 1 个；
7. 连接导线若干。

【任务实施】

一、集成运放反相输入放大电路如图 12-3 所示。

二、调节直流稳压电源为±5V，并用直流电压表检测，若正确则断电备用；

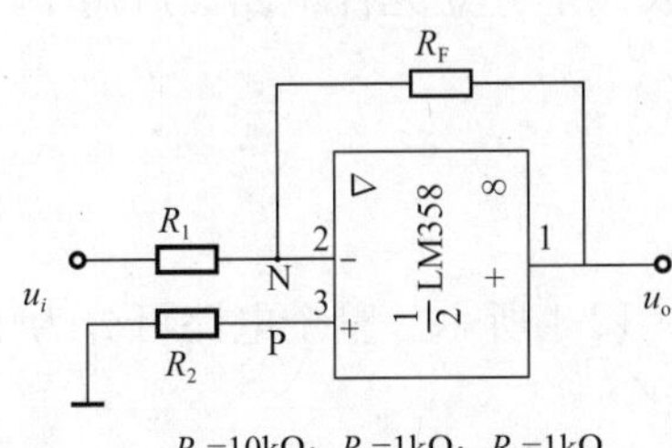

图 12-3　集成运放反相输入放大电路

三、将函数信号发生器电源开关打开，幅度调节旋钮旋至较小，频率计打到内测（也可以用其他办法测其频率），频率计显示 1000Hz，断电备用；

四、打开示波器预热，采用连续扫描工作方式，用双踪示波器光屏上显示两条光迹（示波器不要断电）。

五、将集成运放的 4 脚接－5V，8 脚接＋5V，u_i 接函数信号发生器的输出端；然后按图 12-3 所示电路接线。

六、通电测试（主要调节示波器各旋钮位置），调节函数信号发生器 u_i＝80mV，使光屏上显示两个反相幅度不同的正弦波。

七、波形测试并记录。

1. 输入电压 u_i 的峰-峰值 u_{ip-p}

u_{ip-p}＝______伏/格（V/DIV）×______格（DIV）＝______mV

2. 输出电压 u_o 的峰-峰值 u_{op-p}

u_{op-p}＝______伏/格（V/DIV）×______格（DIV）＝______V

3. u_o 的周期 T

T＝______毫秒/格（ms/DIV）×______格（DIV）＝______ms

4. 绘制双踪示波器观察到的输入、输出信号，并标注参数。

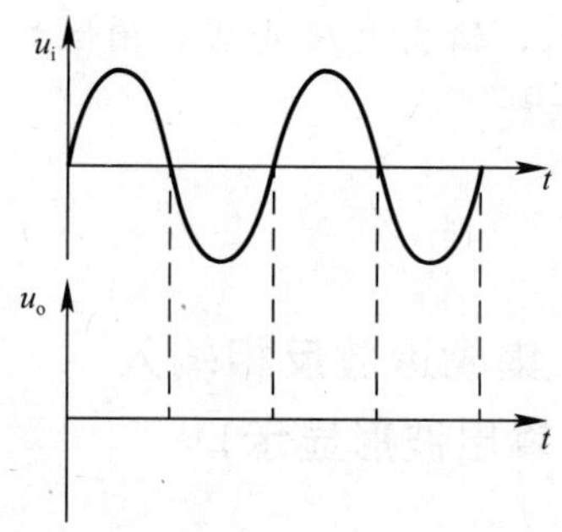

5. 粗略估算电压放大倍数。

$A_{uF}=$

【评价】

直流稳压电源的调节	函数信号发生器和频率计使用	示波器调节	接线	通电测试	故障排除	规范性	得分

【知识链接】

集成运算放大器是一种具有高放大倍数的直接耦合的多级放大器件电路。利用集成运算放大器可以简化电路的设计，在大多数情况下，已经取代了分立元件电路，应用十分广泛。

一、集成运算放的组成和主要参数

不管哪种类型集成运放，它内部电路组成原理框图如图 12-4 所示。整个电路可分为输入级、中间级、输出级、偏置电路四个部分。

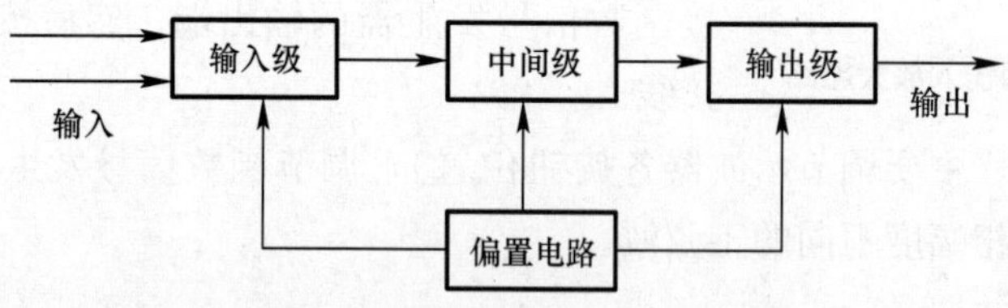

图 12-4 集成运放的组成原理框图

1. 集成运放的外形及符号

集成运放的封装有双列直插式、金属圆壳式、扁平式等多种。常见的部分集成运放的外形如图 12-5 所示。每个引脚在电路中的位置、功能、用途等都可以通过查阅元器件手册进行详细了解。集成运放在电路中的图形符号如图 12-6 所示。

集成运放的输入端有 u_+ 和 u_- 两个。若信号从 u_- 端输入，则输出信号与输入信号相位相反，所以称反相输入端；若信号从 u_+ 端输入，则输出信号与输入信号相位相同，所

以称同相输入端。输出电压正比于两个输入电压之差 $u_o = A_u \cdot (u_+ - u_-) = A_u \cdot u_{id}$，$u_{id}$ 即为差模输入电压，$u_+ - u_-$ 也可写成 $u_P - u_N$。

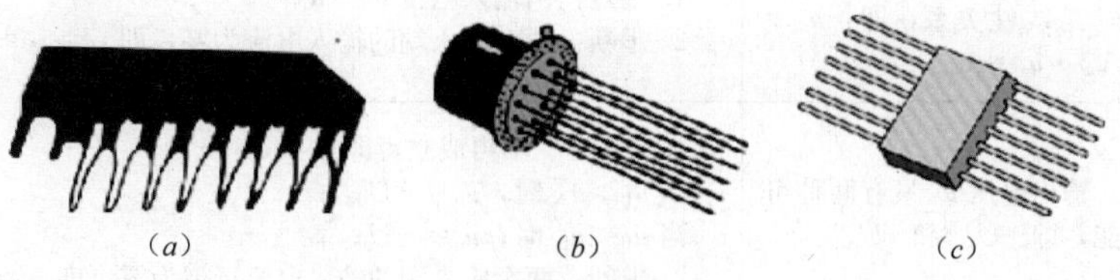

图 12-5　部分集成运放的外形

（a）双列直插式；（b）圆壳式；（c）扁平式

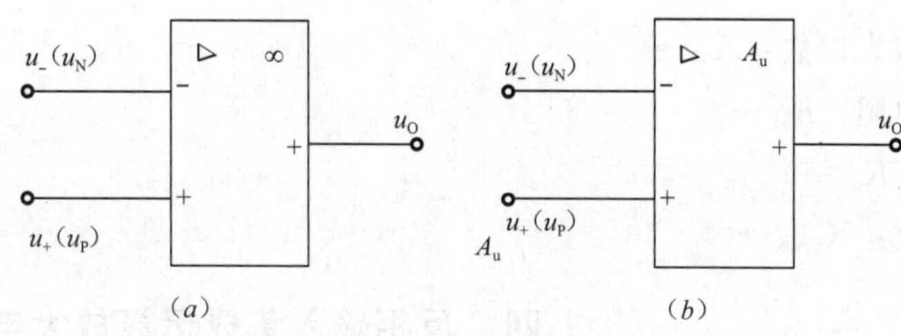

图 12-6　集成运放图形符号

（a）理想运放；（b）实际运放

2. 集成运放的主要参数

（1）开环差模电压放大倍数 A_{od}

集成运放在开环（没有外接反馈）的工作条件下对差模输入信号的电压放大倍数。

$$A_{od} = \frac{u_O}{u_{id}} = \frac{u_O}{u_+ - u_-}$$

（2）共模电压放大倍数 A_{oc}

$$A_{oc} = \frac{u_O}{u_{ic}}$$

$u_{ic} = \frac{u_+ + u_-}{2}$，为共模输入信号。

（3）共模抑制比 K_{CMR}。

共模抑制比是指差模电压放大倍数 A_{od} 与共模电压放大倍数 A_{oc} 之比。常用于综合衡量运放的放大能力和抑制共模能力。

二、集成运放的电压传输特性

集成运放的电压传输特性是描述输出电压 u_o 与输入电压 u_i 的关系，如图 12-7 所示，分为线性区和非线性区。集成运放工作在不同区，会呈现不同的特点，如表 12-1 所示。

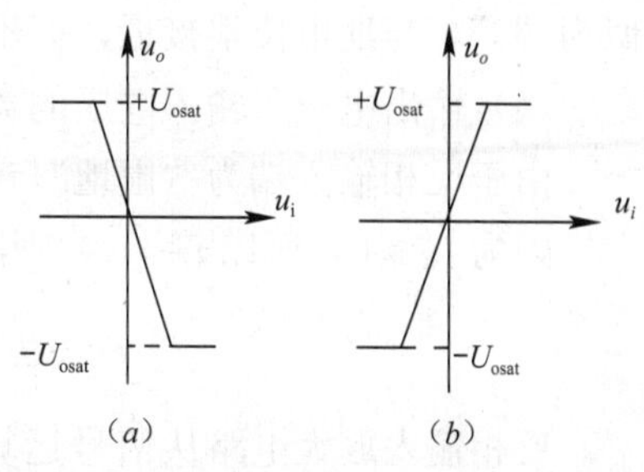

图 12-7　集成运放电压传输特性曲线

（a）反相输入；（b）同相输入

表 12-1

传输区域	传输特性	呈现特点
线性区	输出电压 u_o 与输入电压 u_i 是线性关系，即：$u_o=A_{od}\cdot u_i=A_{od}(u_P-u_N)$	1. 虚短：两输入电压 $u_P-u_N\approx0$ 2. 虚断：两个输入端的输入电流为零，即 $i_P=i_N\approx0$
非线性区	输出电压 u_o 只有两种可能，即 $+U_{osat}$ 和 $-U_{osat}$	1. “虚短”不再成立，即 $u_P\neq u_N$。 当 $u_P>u_N$ 时，$u_o=+U_{osat}$； 当 $u_P<u_N$ 时，$u_o=-U_{osat}$； 2. 虚断：两个输入端的输入电流近似为零，即 $i_P=i_N\approx0$

三、理想运算放大器

1. 开环电压放大倍数：$A_{od}\to\infty$
2. 开环输入电阻：$R_{id}\to\infty$
3. 输出电阻：$R_{od}=0$
4. 共模抑制比：$K_{CMR}\to\infty$

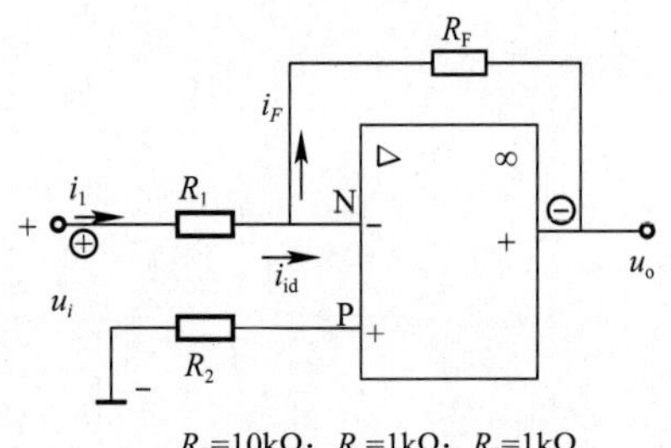

图 12-8　反相输入放大电路

四、反相输入集成运算放大电路

（1）电路如图 12-8 所示。

（2）电路分析

通过电阻 R_F，将电路输出与输入之间连接起来形成了闭合环路，所以称闭环。当输入与输入无连接，称之为开环。

引入负反馈。因为 R_F 的存在，使得输入和输出之间发生联系，使输出电压影响到流入集成运放电流的 i_{id} 的大小，这就是输出信号反过来影响输入。把输入电压 u_i 经放大后输出称为正向传输信号，则输出信号反方向送到输入端，称为反向馈送，即反馈。反馈有正反馈和负反馈两种。如图 12-8 所示的反馈为负反馈，这种反馈使集成运放净输入 i_{id} 减小。反之，称为正反馈。

（3）运放反向输入端呈现“虚地”

由于电路引入了深度负反馈，可以近似认为净输入电流 $i_{id}\approx0$，反相输入端电位为近似为“0”，与地电位很接近，但不是真正接地，故称“虚地”。

（4）输出电压与输入电压的关系

由于反相输入端为“虚地”，则：$u_i\approx i_i\cdot R_1$，$u_O=-i_F\cdot R_F$

因为 $i_{id}\approx0$，所以 $i_i\approx i_F$，则图 12-8 所示电路的闭环电压放大倍数为：

$$A_{UF}=\frac{u_O}{u_I}\approx\frac{-i_F\cdot R_F}{i_{id}\cdot R_1}\approx-\frac{R_F}{R_1} \tag{12-1}$$

反相输入放大电路从信号运算角度上来说也可以称为反相输入比例运算电路。反相输入放大电路因引入深度负反馈，运放净输入 i_{id} 很小，使运放工作在电压传输特性的线性区。

【复习思考】

1. 集成运放电压传输特性有哪两个传输区域？各呈现什么特点？
2. 在反相比例放大电路中，u_N 端呈现什么特征？
3. 在反相比例放大电路中，若 $R_F = R_1$，写出 u_o 与 u_i 的关系式？

任务 12.2　同相输入集成运放构成的放大电路测试

【任务描述】

熟悉集成运算放大器的基本使用常识；了解芯片双电源供电形式；通过对电路的连接，认识集成运放构成的放大电路；理解集成运放线性工作时必须接成闭环负反馈；熟练掌握使用示波器测试电路输入、输出电压波形和相位关系，显示同相输入时输入输出波形，并测出其闭环电压放大倍数。

【学习支持】

一、现场演示（图 12-9 集成运放同相输入放大时示波器光屏上输入、输出波形显示）

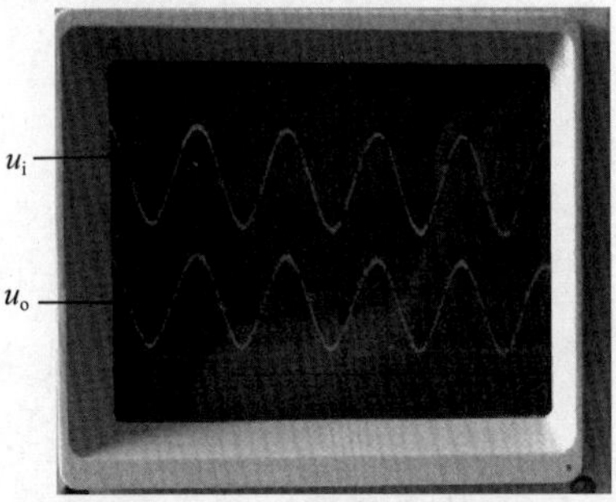

u_i

u_o

图 12-9　集成运放同相输入放大时输入、输出波形演示

二、所用设备

1. 直流稳压电源 1 台，提供±5V；
2. 集成运放 LM358 1 块（其他型号也可）；
3. 函数信号发生器 1 台、频率计 1 台；
4. 双踪示波器 1 台；
5. 万用表 1 块；
6. 电阻 100kΩ 1 个、电阻 1kΩ 各 1 个；
7. 连接导线若干。

【任务实施】

一、集成运放同相输入放大电路如图 12-10 所示。

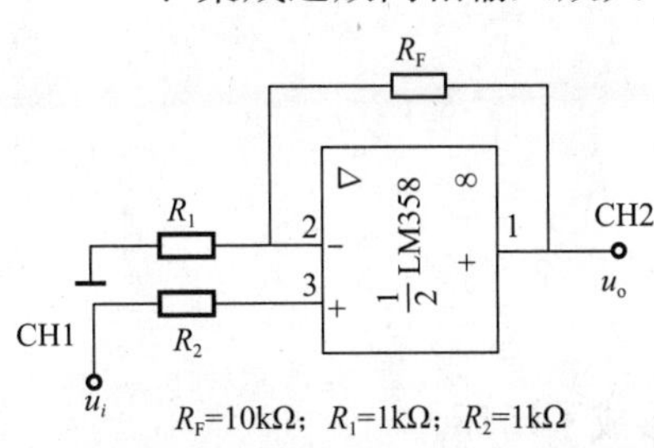

图 12-10　集成运放同相输入放大电路

二、调节直流稳压电源为±5V，并用直流电压表检测若正确，然后断电备用；

三、将函数信号发生器电源开关打开，幅度调节旋钮旋至较小，频率计打到内测（也可以用其他办法测其频率），频率计显示 1000Hz，断电备用。

四、打开示波器预热，采用连续扫描工作方式，用双踪示波器光屏上显示两条光迹（示波器不要断电）。

五、将集成运放的 4 脚接－5V，8 脚接＋5V，u_i 接函数信号发生器的输出端；然后按图 12-10 所示电路接线。

六、通电测试（主要调节示波器各旋钮位置），调节函数信号发生器 u_i＝80mV，使光屏上显示两个同相幅度不同的正弦波。

七、波形测试并记录。

1. 输入电压 u_i 的峰-峰值 U_{ip-p}

U_{ip-p}＝______毫伏/格（mV/DIV）×______格（DIV）＝______mV

2. 输出电压 u_o 的峰-峰值 u_{op-p}

U_{op-p}＝______毫伏/格（V/DIV）×______格（DIV）＝______V

3. u_o 的周期 T

T＝______毫秒/格（ms/DIV）×______格（DIV）＝______ms

4. 绘制双踪示波器观察到的输入、输出信号，并标注参数。

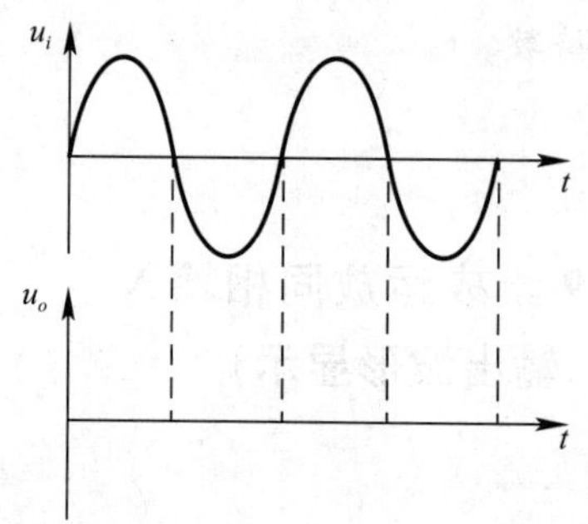

5. 粗略估算电压放大倍数。

A_{uF}＝

【评价】

直流稳压电源的调节	函数信号发生器和频率计使用	示波器调节与观察	接线	通电测试	故障排除	规范性	得分

【知识链接】

一、同相输入集成运算放大电路

电路如图 12-11 所示。

二、同相输入集成运算放大电路分析

（1）通过电阻 R_F，将电路输入与输出之间连接起来形成了闭环。

（2）因为 R_F 的存在，使得输入和输出之间发生联系，净输入 u_{id} 减小，引入了负反馈。

(3) 运放两输入端之间呈现“虚短”。

由于电路引入了负反馈，可以近似认为净输入电压 $u_{id}\approx 0$，即：$u_i-u_F\approx 0$，$u_i\approx u_F$，运放两端电位差近似为零，但不是真正的短路，故称“虚短”。

(4) 输出电压与输入电压的关系

由于集成运放两输入端为“虚短”，则：$u_i\approx u_F$，$u_F\approx\frac{u_o\cdot R_1}{R_F+R_1}\approx u_i$

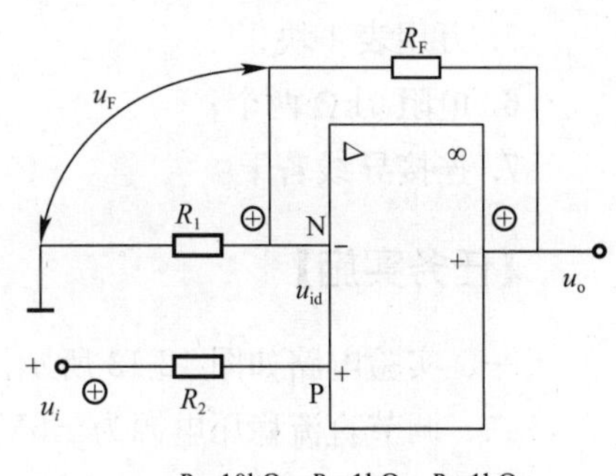

图 12-11　同相输入放大电路

所以图 12-11 所示电路的闭环电压放大倍数为：

$$A_{UF}=\frac{u_o}{u_i}\approx\frac{R_F+R_1}{R_1}=1+\frac{R_F}{R_1} \tag{12-2}$$

同相输入放大电路从信号运算角度上来说也可以称为同相输入比例运算电路。同相输入放大电路因引入负反馈，使运放净输入很小，运放工作在电压传输特性的线性区。

【复习思考】

1. 在同相比例放大电路中，集成运放两输入端呈现什么特征？
2. 在同相比例放大电路中，若 $R_F=R_1$，写出 u_o 与 u_i 的关系式？
3. 在同相比例放大电路中，若 $R_F=0$，写出 A_{uF}？

任务 12.3　开环接法的电压比较器

【任务描述】

通过电路的连接，认识开环接法的过零电压比较器电路；了解电压比较器的功能，理解集成运放工作在非线性区的特点；掌握函数信号发生器、频率计、示波器的使用；理解电压比较器电路的输入、输出电压波形，并且能够记录波形。

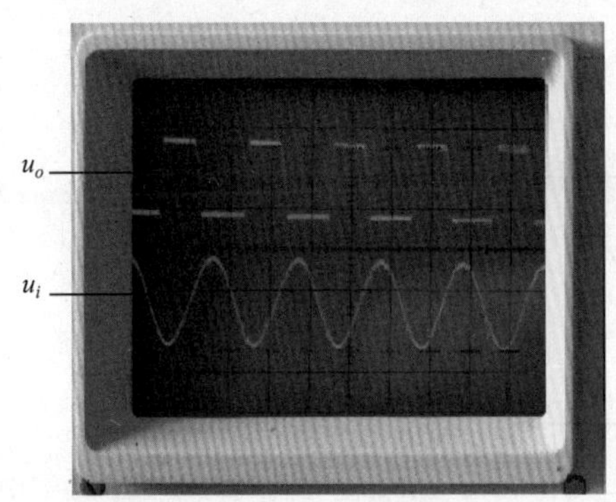

图 12-12　电压比较器波形演示

【学习支持】

一、现场演示（图 12-12 开环接法电压比较器输入、输出波形在示波器光屏上显示波形）

二、所用设备

1. 直流稳压电源 1 台，提供±5V；
2. 集成运放 LM358 1 块（其他型号也可）；
3. 函数信号发生器 1 台、频率计 1 台；
4. 双踪示波器 1 台；

5. 万用表 1 块；
6. 电阻 1kΩ 两个；
7. 连接导线若干。

【任务实施】

一、实验电路如图 12-13 所示。

二、调节直流稳压电源为±5V，并用直流电压表检测若正确，然后断电备用。

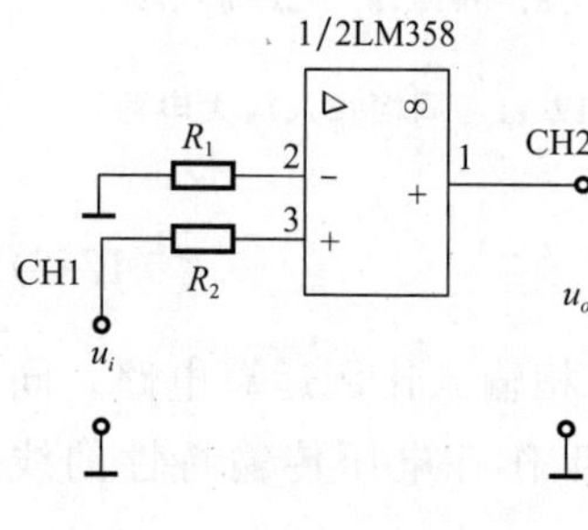

图 12-13 过零电压比较器电路

三、调节输入交流信号。

调节函数信号发生器，输出波形选择为正弦波，频率 $f=1000\text{Hz}$，幅度调节旋至最小，断电备用。

四、打开示波器预热，采用连续扫描工作方式，用双踪示波器光屏上显示两条光迹（不断电备用）。

五、将集成运放的 4 脚接－5V，8 脚接＋5V，u_i 接函数信号发生器的输出端，然后按照图 12-13 所示电路连接。

六、查线正确后通电测试，无异常情况出现进行调试测量（有异常情况出现，应立即切断电源），缓慢调节函数信号发生器 u_i，使光屏上显示两个不同的波形。

1. 打开函数发生器，调节旋钮，使正弦信号幅度最小（峰-峰值为 20mV）；
2. 调节示波器观察测试波形。
3. 信号波形测试并记录。

1）输入电压 u_i 的峰-峰值 U_{ip-p}；

U_{ip-p}＝______伏/格（V/DIV）×______格（DIV）＝______mV

2）负载上的电压 u_o 的峰—峰值 U_{op-p}；

U_{op-p}＝______伏/格（V/DIV）×______格（DIV）＝______V

3）u_o 的周期 T；

T＝______毫秒/格（ms/DIV）×______格（DIV）＝______ms

4. 绘制双踪示波器观察到的输入、输出信号，并标注参数。

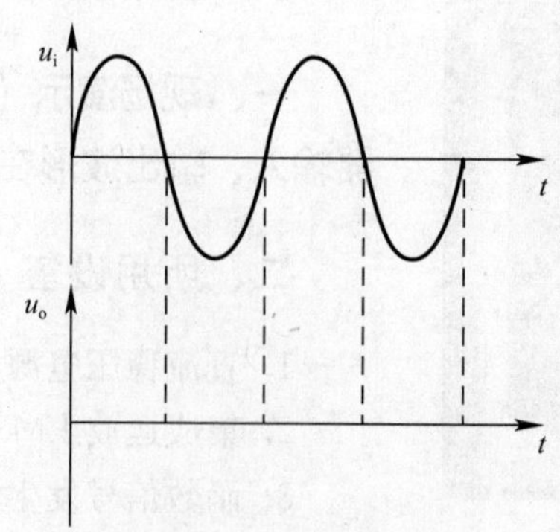

【评价】

直流稳压电源的调节	函数信号发生器和频率计使用	示波器调节与观察	接线	通电测试	故障排除	规范性	得分

【知识链接】

一、过零电压比较器电路

过零电压比较器电路如图 12-13 所示。

二、电路分析

图 12-13 中集成运放输入与输出是断开的，所以称为开环接法。因为集成运放 A_{od} 非常大，电压传输特性线性部分很陡，线性输入电压近似为零，所以当集成运放 u_i 稍微比零大一点点，输出电压 u_o 就变为$+U_{osat}$（因为 u_i 加在同相输入端），所以称之为过零电压比较器。由此可以看出，过零电压比较器工作时，集成运放工作在电压传输特性的非线性区。

【复习思考】

1. 集成运放的开环接法是什么意思?
2. 电压比较器工作时，集成运放的输出电压 u_o 值有几种?

项目 13
RC 桥式正弦波振荡电路的连接与调试

【项目概述】

通常放大电路的调试和测量过程中，输入端需要外加一个输入信号——正弦波信号，函数信号发生器能提供这个信号，即表明函数信号发生器内部有产生正弦信号的电路，函数信号发生器面板图如图 13-1 所示。

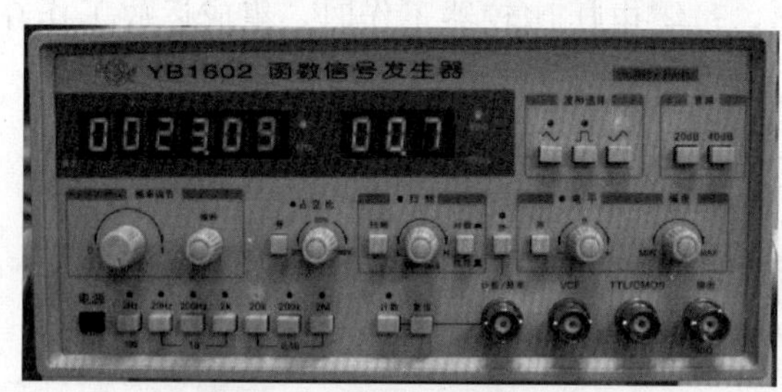

图 13-1　函数信号发生器

任务 13.1　RC 桥式正弦波振荡电路测试

【任务描述】

通过电路的连接，认识 RC 桥式正弦波振荡电路；熟练掌握利用示波器观测 RC 桥式正弦波振荡电路产生正弦波输出电压，并且记录波形；识别电路中的负反馈，调节负反馈的强弱，观察电路起振、停振及改善波形失真的情况。

【学习支持】

一、现场演示（见图 13-2）

二、所用设备

1. 直流稳压电源 1 台，提供±5V；

2. 集成运放 LM358 1 块（其他型号也可）；

3. 函数信号发生器 1 台、频率计 1 台；

4. 双踪示波器 1 台；

5. 万用表 1 块；

6. 电阻 1kΩ 两个，电阻 100kΩ1 个，20kΩ、6.8kΩ、5.1kΩ 各 1 个，电阻器 100kΩ1 个，电容器 0.33μF 两个；

7. 连接导线若干。

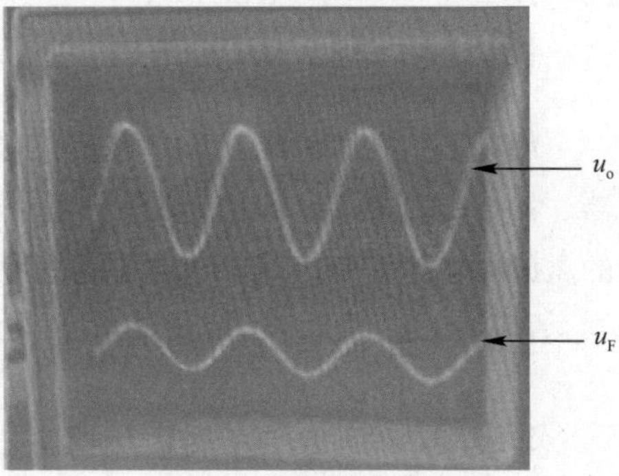

图 13-2　自激振荡输出与反馈电压波形图

【任务实施】

一、电路如图 13-3 所示。

二、调节直流稳压电源，使 $V_{CC}=\pm5V$，断电备用。

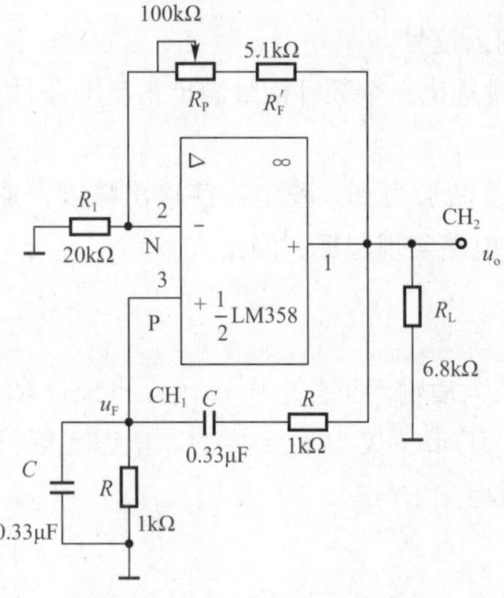

图 13-3　*RC* 正弦波振荡电路

三、打开示波器预热，采用连续扫描工作方式，并用双踪示波器显示，使示波器光屏上显示两条光迹（不断电备用）。

四、将集成运放的 4 脚接－5V，8 脚接＋5V；按图 13-3 所示电路接线。

五、查线正确后通电测试，无异常情况出现即可调试（有异常情况出现，立即切断电源）。

六、调节 R_P，使光屏上出现两个同相正弦波，幅度不一样。若光屏上没有波形，耐心调节 R_P 大小，会有起振，改善失真（停振）的现象出现，一直调到有稳定正弦波位置（调节 R_P 要慢）。

七、数据记录。

1. 反馈电压 u_F 的峰-峰值 U_{Fp-p}；

U_{Fp-p}＝______伏/格（V/DIV）×______格（DIV）＝______V

2. 负载上的电压 u_o 的峰—峰值 U_{op-p}；

U_{op-p}＝______伏/格（V/DIV）×______格（DIV）＝______V

3. 负载上的电压 u_o 的周期 T；

T＝______毫秒/格（ms/DIV）×______格（DIV）＝______ms

【评价】

直流稳压电源的调节	频率计使用	示波器调节	接线	通电测试	故障排除	规范性	得分

【知识链接】

RC 正弦波振荡器是众多振荡器波形产生电路中的一种，如：RC 振荡器、LC 振荡器、晶体振荡器等。RC 正弦波振荡器电路不需要任何外加输入信号，就能根据电路自身的激励，产生正弦信号，这种现象称为自激振荡。

一、正弦波振荡电路组成及各部分作用

1. RC 正弦波振荡电路如图 13-3 所示，该电路有三大部分组成。

(1) $\frac{1}{2}$LM358 构成的基本放大电路；

(2) RC 串并联选频正反馈网络；

(3) R_P、R_F 构成的负反馈网络。

2. 正弦波振荡电路各部分的作用

(1) 基本放大电路的作用是放大集成运放的净输入信号；

(2) 选频正反馈网路的作用是在输出信号 u_o 中挑选出一个频率信号满足正反馈条件，实现电路的自身激励；

(3) 负反馈网络的作用是在电路产生振荡后改善波形失真，稳定振荡输出幅度，通过调节 R_P、R_F 的大小来调节负反馈的强弱，可以使电路实现起振、停振。

二、正弦振荡电路的自激振荡条件

当运放的 P 端外加一个正弦输入电压 u_i，经过放大后输出正弦电压 u_o，u_o 再经过 RC 串并联选频正反馈网络获取一个某一频率的正反馈电压 u_F。仅当 $u_F=u_i$ 时，电路无需外加 u_i 也能维持输出电压 u_o，故产生自激振荡的条件是：

$$u_F = u_i \tag{13-1}$$

三、RC 串并联网络的选频作用

RC 串并联选频网络电路如图 13-4 所示。

当 u_o 电压信号中频率较低时，R_1C_1 的串联支路中$\frac{1}{\omega C_1}\gg R_1$，$C_1$ 的容抗起主要作用，可以忽略 R_1 的作用，这样 C_1、R_1 串联之路中，近似等效为 C_1；在 R_2C_2 并联之路中，$\frac{1}{\omega C_2}\gg R_2$，电阻 R_2 起主要作用，可以忽略 C_2 容抗的作用，这样 R_2、C_2 并联支路近似等效为 R_2，故低频时，R_1C_1、R_2C_2 的串并联网络就等效为 C_1、R_2 的容阻串联网络，如图 13-5 所示。

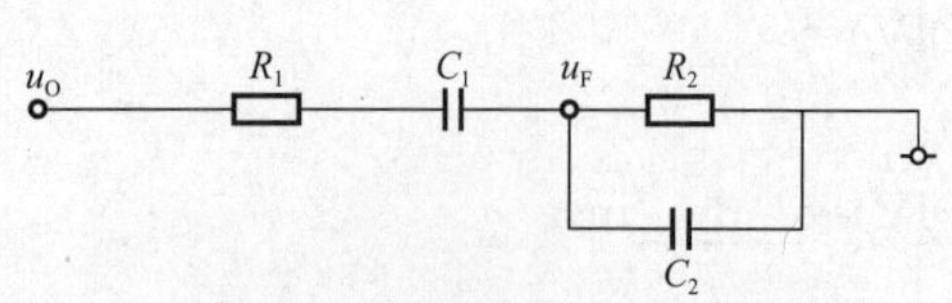

图 13-4 RC 串并联选频网络电路

当 u_o 电压信号中频率较高时，R_1C_1 的串联支路中$\frac{1}{\omega C_1}\ll R_1$，$R_1$ 起主要作用，可以忽略 C_1 的作用；在 R_2C_2 并联之路中，$\frac{1}{\omega C_2}\ll R_2$，$C_2$ 起主要作用，可以忽略电阻 R_2 的作

用。故高频时，R_1C_1、R_2C_2 的串并联网络就等效为 R_1、C_2 的容阻串联网络，如图 13-6 所示。

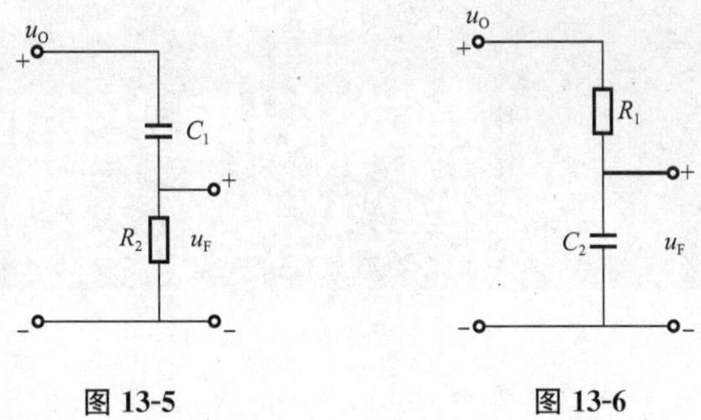

图 13-5　　　　图 13-6

选频就是从$\dot{u}_o$的反馈中挑选出某一频率 f_o 的信号，使其反馈电压$\dot{u}_F$的相位与$\dot{u}_o$同相，而且幅度最大。

由图 13-4 可知，输出电压 u_o 中的频率分量很多，当各种频率成分的 u_o 反馈至 *RC* 串并联网络后，仅有一个频率的信号与 u_o 同相。

即：

$$f_o=\frac{1}{2\pi RC} \tag{13-2}$$

这也是 *RC* 串并联网络的选频作用。

四、正弦振荡电路的起振

在图 13-3 所示电路中，在接通电源电压的瞬间，输出端出现许多不同频率正弦信号，经过 *R*、*C* 串并联选频正反馈，只挑选出其中频率为$\frac{1}{2\pi RC}$的信号，才发生正反馈，然后放大，再选频正反馈，依次循环下去，最终电路中的负反馈起作用，使电路输出幅度稳定、频率一定的正弦信号，起振过程完成。

【复习思考】

1. *RC* 正弦振荡电路由哪几部分组成，说明各部分的作用？
2. *RC* 振荡电路，要产生正弦振荡必须满足哪两个条件？

项目 14 基本门电路的连接与调试

【项目概述】

现代电子产品的更新换代越来越快，而且可靠性高、体积小、寿命长，这不得不归功于数字电子技术的发展，尤其是在数字通讯、数字电子计算机、数字仪表等领域。基本门电路是数字电子技术中最基本的单元电路，现已都制成集成块，如图 14-1 所示。

(*a*)

(*b*)

(*c*)

图 14-1 基本门电路

(*a*) 与门集成块；(*b*) 或门集成块；(*c*) 非门集成块

任务 14.1 集成基本门电路功能测试

【任务描述】

通过基本门电路的逻辑功能测试，理解与门、或门和非门的逻辑关系以及功能。经讲解了解与门、或门和非门的概念和功能。再通过实验的方式，了解集成门电路 74LS08、CC4071、CC4069 的应用以及功能。

【学习支持】

一、现场演示（见图 14-2）

二、所用设备

1. 十六位逻辑电平开关：往上供高电平，即 1 态（用于电路输入端）；往下供低电平，即 0 态；

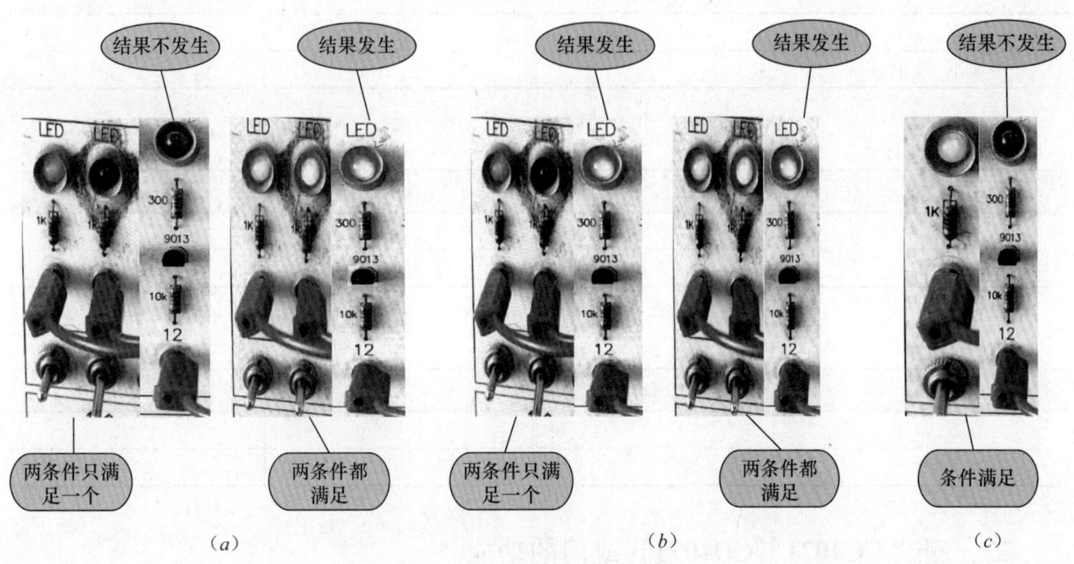

图 14-2　与门电路演示

(*a*) 与门演示；(*b*) 或门演示；(*c*) 非门演示

2. 十六位逻辑电平显示：发光二极管亮表示 1 态，高电平（用于电路输出端）；
3. 万用表（直流数字电压表也可以）；
4. 集成块 74LS08、CC4071、CC4069 各 1 块（其他型号也可以）；
5. 导线若干。

【任务实施】

一、测试基本与门的功能；

以 74LS08 与门集成块为例进行功能测试，74LS08 集成块是由四个与门构成的集成块。

1. 认识 74LS08 引出端排列图，如图 14-3 所示；
2. 将 74LS08 的 14 端接＋5V，7 端接地；
3. 将 74LS08 的 1 端、2 端接十六位电平开关中任意两个；将 74LS08 的 3 端接逻辑电平显示；
4. 按真值表要求操作电平开关（做 4 次，即 4 个与门功能都要测），并将测试结果 *Y* 的状态依次填入表 14-1 中。

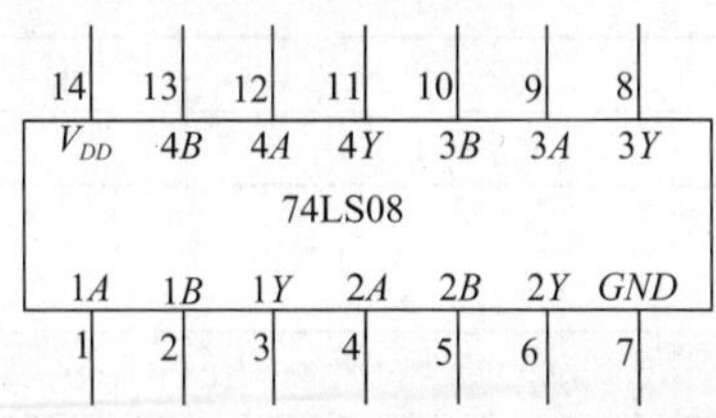

图 14-3　74LS08 引出端排列图

表 14-1 (*a*)

1A　1B	1Y（LED 灯）	1A　1B	1Y（LED 灯）
0 下　0 下	0　暗	1 上　0 下	0　暗
0 下　1 上	0　暗	1 上　1 上	1　亮

表 14-1（*b*）

2*A*　2*B*	2*Y*（LED灯）	2*A*　2*B*	2*Y*（LED灯）
0下　0下		1上　0下	
0下　1上		1上　1上	

表 14-1（*c*）

3*A*　3*B*	3*Y*（LED灯）	3*A*　3*B*	3*Y*（LED灯）
0下　0下		1上　0下	
0下　1上		1上　1上	

表 14-1（*d*）

4*A*　4*B*	4*Y*（LED灯）	4*A*　4*B*	4*Y*（LED灯）
0下　0下		1上　0下	
0下　1上		1上　1上	

二、测试 CC4071（CD4071）或门的功能

以 CC4071 或门集成块为例进行功能测试，CC4071 集成块是由四个或门构成的集成块。

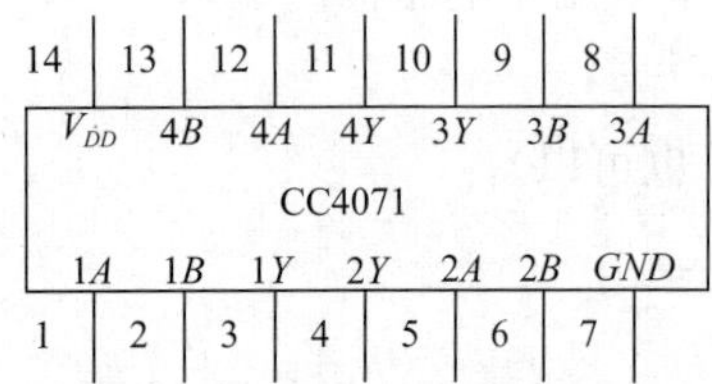

图 14-4　CC4071 引出端排列图

1. 认识 CC4071 引出端排列图，如图 14-4 所示；

2. 将 CC4071 的 14 端接+5V，7 端接地；

3. 将 CC4071 的 1 端、2 端接十六位电平开关中任意两个；

4. 将 CC4071 的 3 端接逻辑电平显示；

5. 按真值表要求操作电平开关，并将测试结果 *Y* 的状态填入表 14-2 中；

6. 做 4 次，即 4 个或门功能都要测。

表 14-2（*a*）

1A　1B	1Y（LED灯）	1A　1B	1Y（LED灯）
0下　0下	0　暗	1上　0下	1　亮
0下　1上	1　亮	1上　1上	1　亮

表 14-2（*b*）

2*A*　2*B*	2*Y*（LED灯）	2*A*　2*B*	2*Y*（LED灯）
0下　0下		1上　0下	
0下　1上		1上　1上	

表 14-2（*c*）

3*A*　3*B*	3*Y*（LED灯）	3*A*　3*B*	3*Y*（LED灯）
0下　0下		1上　0下	
0下　1上		1上　1上	

表 14-2（*d*）

4*A*　4*B*	4*Y*（LED 灯）	4*A*　4*B*	4*Y*（LED 灯）
0 下　0 下		1 上　0 下	
0 下　1 上		1 上　1 上	

三、测试 CC4069 非门的功能

以 CC4069 非门集成块为例进行功能测试，CC4069 集成块是由六个非门构成的集成块。

1. 认识 CC4069 引出端排列图，如图 14-5 所示；

2. 将 CC4069 的 14 端接+5V，7 端接地；

3. 将 CC4069 的 1 端接十六位电平开关中任意 1 个；

4. 将 CC4069 的 2 端接逻辑电平显示；

5. 按真值表要求操作电平开关，并将测试结果 *Y* 的状态依次填入表 14-3 中；

6. 做 6 次，即 6 个非门功能都要测。

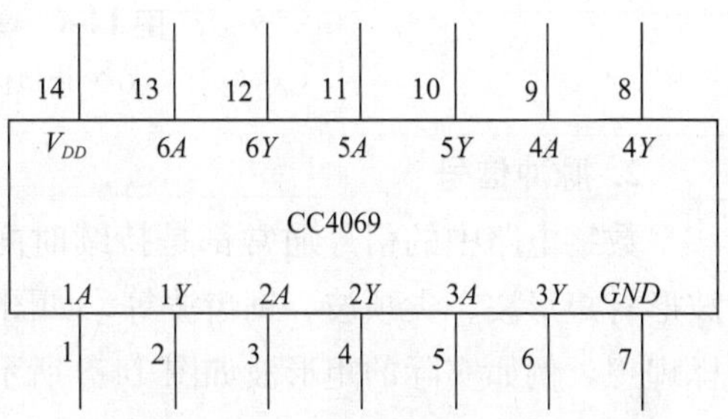

图 14-5　CC4069 引出端排列图

表 14-3（*a*）

1*A*	1*Y*（LED 灯）
0 下	0　亮
1 上	1　暗

表 14-3（*b*）

2*A*	2*Y*（LED 灯）
0 下	
1 上	

表 14-3（*c*）

3*A*	3*Y*（LED 灯）
0 下	0　亮
1 上	1　暗

表 14-3（*d*）

4*A*	4*Y*（LED 灯）
0 下	
1 上	

表 14-3（*e*）

5*A*	5*Y*（LED 灯）
0 下	0　亮
1 上	1　暗

表 14-3（*f*）

6*A*	6*Y*（LED 灯）
0 下	
1 上	

【评价】

集成门电路的识别	通电测试		有无故障	故障排除		得分
	逻辑操作是否正确	逻辑关系判断		独立排故	教师帮助下排故	

【知识链接】

一、数字信号与数字电路

1. 数字信号

电信号可以分成两类，一类是在时间和幅值均连续变化的电信号，即模拟信号，如

温度、速度、压力等物理量转换的电信号；另一类是在时间和幅值上都不连续变化，其在时间和数值上都是离散的，即数字信号。如光电转换电路中，光线的有无即可产生一系列的电信号，这种电路输出的电信号是间断的，也是脉冲信号如图 14-6 所示。

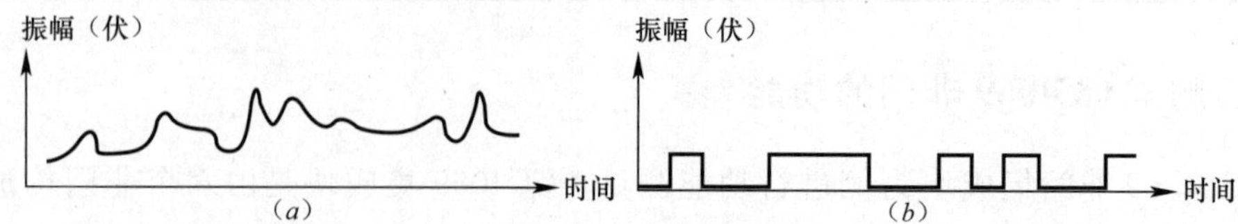

图 14-6 模拟信号与数字信号

(a) 模拟信号；(b) 数字信号

2. 脉冲信号

数字电路中的信号通常都是持续时间短暂的跃变信号，称为脉冲信号。常用的脉冲波形有矩形波、尖顶波、锯齿波等，如图 14-7 所示。但实际波形并不像图 14-7 所示的那样理想，例如实际的矩形波如图 14-8 所示。

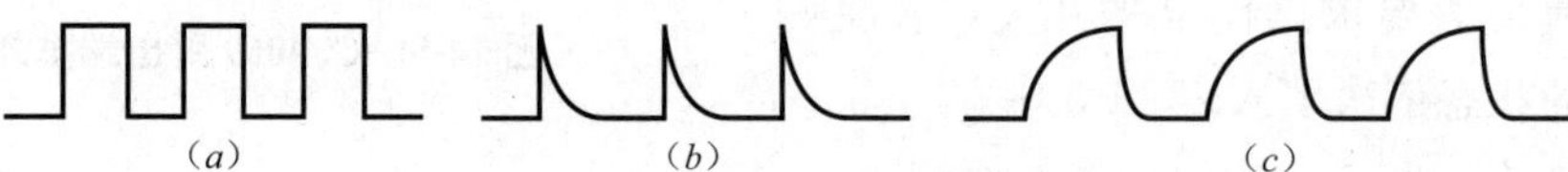

图 14-7 常用的脉冲波形

(a) 矩形波；(b) 尖顶波；(c) 锯齿波

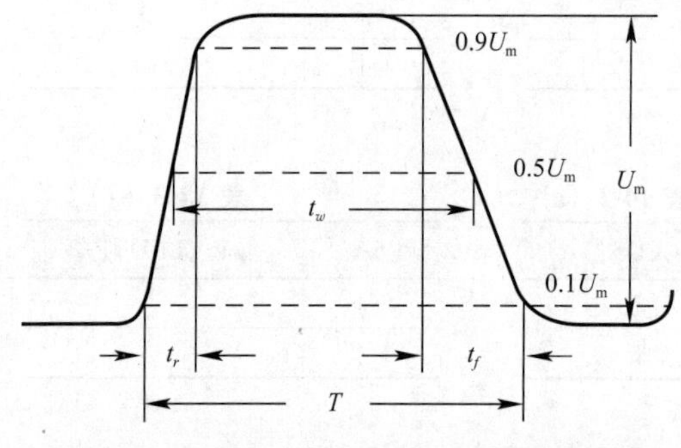

图 14-8 实际矩形波及矩形脉冲波形参数

其主要参数如下：

脉冲幅度 U_m：脉冲信号变化的最大值。

脉冲上升沿 t_r：从脉冲幅度的 10%上升到 90%所需的时间。

脉冲下降沿 t_f：从脉冲幅度的 90%下降到 10%所需的时间。

脉冲宽度 t_w：从上升沿的脉冲幅度的 50%到下降沿的脉冲幅度的 50%所需的时间，这段时间也称为脉冲持续时间。

脉冲周期 T：周期性脉冲信号前后两次出现的时间间隔。

脉冲频率 f：每秒钟内脉冲出现的次数，即为周期的倒数，$f=\frac{1}{T}$。

占空比 q：$q=\frac{t_w}{T}$，表示在一个脉冲周期 T 内脉冲宽度所占比例。

3. 数字电路

用于存贮、传递和处理数字信号的电子电路称为数字电路。在数字电路中只出现两种状态，有信号（即对应的电路状态为高电平）和无信号（即对应的电路状态为低电平）。数字电路只要反映信号的有无即可，因而处理的信号在数值上允许一定范围内的误差。

由于数字电路具有稳定性好、抗干扰能力强、便于集成和存储等特点，它广泛应用于电子计算机、数字通信、数字式家用电器、数字仪表、数字控制装置及工业逻辑系统等领域。

数字电路中，输出信号与输入信号之间有确定的逻辑关系，所以数字电路可称为数字逻辑电路。有：逻辑门电路、组合逻辑电路、时序逻辑电路。逻辑门电路是数字电路最基本的逻辑单元，可简称门电路。

二、基本逻辑门电路

1. 与逻辑和与门电路

(1) 与逻辑关系

当决定一件事情的各个条件全部具备之后，这件事情才会发生，这样的因果关系，称为与逻辑关系。如图 14-9 (*a*) 所示，只有当开关 *A* 和 *B* 都闭合时，电灯 *Y* 才会亮；*A* 和 *B* 只要有一个断开，电灯就不亮。所以灯亮与开关 *A*、*B* 的关系，这就是与逻辑关系。

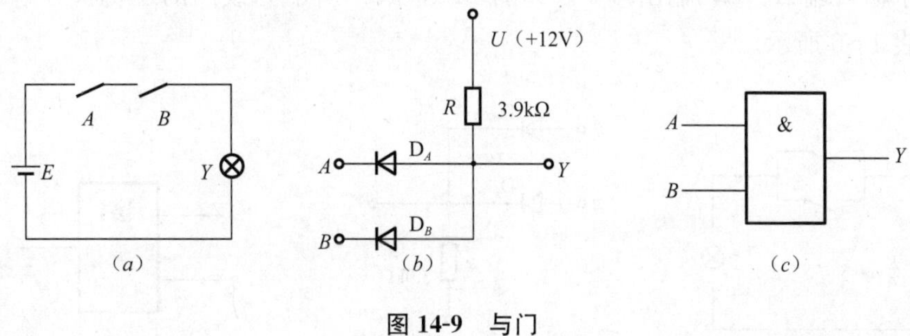

图 14-9　与门

(2) 二极管与门电路

实现与逻辑关系的电路，称为与门电路。如图 14-9 (*b*) 所示，最简单的二极管与门电路。与门电路具有多个输入端（图中是两个，即 *A*、*B*），只有一个输出端 *Y*。14-9 (*c*) 所示为与门的逻辑符号。设输入信号低电平为 0V，高电平为 3V，两个输入端信号电平的状态可以有四种不同的组合。现分析其输入和输出间的逻辑关系，如表 14-4 所示。

表 14-4

V_A	V_B	D_A	D_B	Y
$V_A=0V$	$V_B=0V$	导通	导通	$V_Y\approx0.7V$
$V_A=0V$	$V_B=3V$	导通	截止	$V_Y\approx0.7V$
$V_A=3V$	$V_B=0V$	截止	导通	$V_Y\approx0.7V$
$V_A=3V$	$V_B=3V$	导通	导通	$V_Y\approx3.7V$

综上所述，只有当输入 V_A、V_B 全为高电平（3V）时，输出才是高电平（3.7V），否则输出均为低电平。与门逻辑状态表，见表 14-5。

与门逻辑状态表　　表 14-5

A	B	Y	A	B	Y
0	0	0	1	0	0
0	1	0	1	1	1

与逻辑关系可用逻辑运算表达式 14-1（简称逻辑表达式）来表示

$$Y = A \cdot B \quad (14\text{-}1)$$

这种逻辑关系称为逻辑与。为便于记忆，可概括为：全 1 出 1，有 0 出 0。

2. 或逻辑和或门电路

(1) 或逻辑关系

当决定一件事情的几个条件中，有一个或一个以上条件具备，这件事情就会发生，这样的因果关系，称为或逻辑关系。如图 14-10（a）所示，只有当开关 A 和 B 中有一个闭合时，电灯 Y 就会亮。所以灯亮的条件是开关 A 或 B 闭合，这就是或逻辑关系。

(2) 二极管或门电路

实现或逻辑关系的电路称为或门电路。如图 14-10（b）所示，最简单的二极管或门电路，两个输入端 A、B，输出端 Y。如图 14-10（c）所示为或门的逻辑符号。或门逻辑状态表见表 14-6 所示。

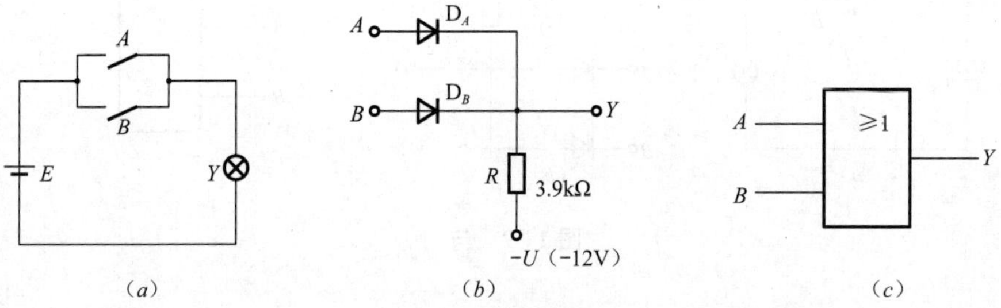

图 14-10　或门

或门逻辑状态表　　表 14-6

A	B	Y	A	B	Y
0	0	0	1	0	1
0	1	1	1	1	1

或逻辑关系可用逻辑运算表达式 14-2（简称逻辑表达式）来表示

$$Y = A + B \quad (14\text{-}2)$$

这种逻辑关系称为逻辑或。为便于记忆，可概括为：有 1 出 1，全 0 出 0。

3. 非逻辑和非门电路

(1) 非逻辑关系

非即是相反。当条件具备中，事情不发生；而条件不具备时，事件必然发生，这样的因果关系，称为非逻辑关系。如图 14-11（a）所示，只有当开关 A 闭合时，电灯 Y 就不会亮；而开关 A 断开时，电灯 Y 就会亮。所以灯亮的与开关闭合是非逻辑关系。

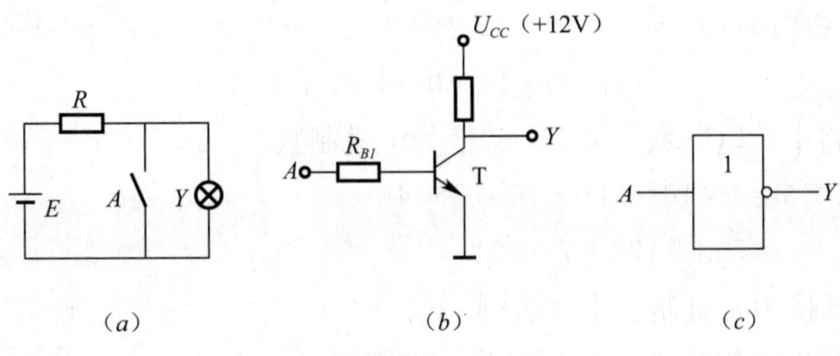

图 14-11　非门

（2）非门电路

实现非逻辑关系的电路称为非门电路。如图 14-11（b）所示为晶体管非门电路，只有一个输入端 A 和一个输出端 Y。如图 14-11（c）所示为非门的逻辑符号。非门逻辑状态表见表 14-7 所示。

非门逻辑状态表　　表 14-7

A	Y	A	Y
0	1	1	0

非逻辑关系可用逻辑运算表达式（简称逻辑表达式）来表示

$$Y=\bar{A} \tag{14-3}$$

这种逻辑关系称为逻辑非。可概括为：有 1 出 0，有 0 出 1。

三、数制

1. 几种常用数制

数制即为计数的规则或体制，常用的数制有十进制、二进制、十六进制等。它们的数码、基数、进位规律、整数部分通用表达式可以用表 14-4 表示。

表 14-8

	数码	基数	进位规律	举例
十进制	0，1，2，3，4，5，6，7，8，9（共 10 个）	10	逢十进一	$(123)_{10}=1\times10^2+2\times10^1+3\times10^0$
二进制	0，1（共 2 个）	2	逢二进一	$(10010)_2=1\times2^4+0\times2^3+0\times2^2+1\times2^1+0\times2^0$
十六进制	0，1，2，3，4，5，6，7，8，9，A，B，C，D，E，F（共 16 个）	16	逢十六进一	(1A5) $16=1\times16^2+10\times16^1+5\times16^0$

在表 14-8 中，无论是二进制、十进制还是十六进制，都是按照 2^{n-1}、10^{n-1}、16^{n-1} 展开的。则 2^{n-1}、10^{n-1}、16^{n-1} 称为各自的第 $n-1$ 位的权。如表 14-8 中二进制的第一位“权”是 2^0，第二位的“权”是 2^1，第三位的“权”是 2^2 等。

2. 几种数制的转换

（1）二进制、十六进制转换为十进制

只要将二进制、十六进制按各位的权展开，并把各位值相加即可得到相应的十进制数。

【例 14-1】　将二进制数 $(1010110)_2$ 转换为十进制数。

【解】 $(1010110)_2=1\times2^6+0\times2^5+1\times2^4+0\times2^3+1\times2^2+1\times2^1+0\times2^0$

$=64+0+16+0+4+2+0=86$

【例 14-2】 将十六进制数 $(3B7)_{16}$ 转换为十进制数。

【解】 $(3B7)_{1}6=3\times16^2+11\times16^1+7\times16^0$

$=768+176+7=951$

(2) 十进制转换为二进制、十六进制

【例 14-3】 将十进制数 $(27)_{10}$ 转换为二进制数。

【解】

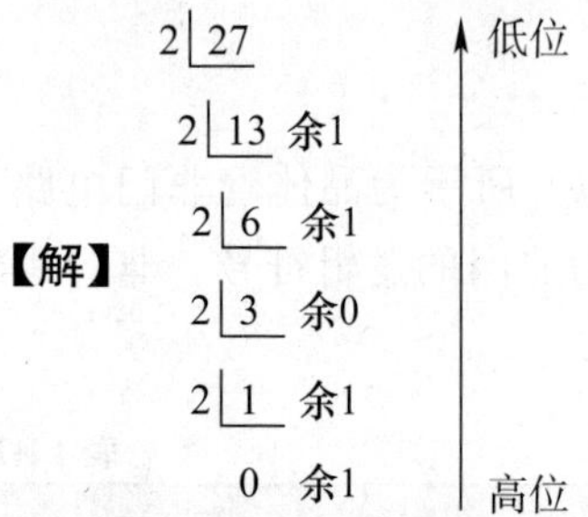

反向取余数，故：$(27)_{10}=(11011)_2$

【例 14-4】 将十进制数 $(257)_{10}$ 转换为十六进制数。

【解】

16|257 ↑低位
16|16 余1
16|1 余0
0 余1 高位

反向取余数，故：$(257)_{10}=(101)_{16}$

(3) 二进制与十六进制之间相互转换

从二进制和十六进制数码本身来看，可以发现 4 位二进制数正好可以表示 1 位十六进制数，故二进制与十六进制数之间的转换，只要将二进制数从右向左每四位一组，不足补 0，将每组二进制数对应的十六进制数码写出，即完成了二进制转换为十六进制数。若要将十六进制数转换为二进制数，则只要将每位十六进制数写出对应的 4 位二进制数后按原序写出。

【例 14-5】 将十进制数 $(1101010111001)_2$ 转换为十六进制数。

【解】 由于 1101010111001 为 13 位二进制数，故前面补 3 个 0，凑齐整 4 位数，则

$(0001101010111001)_2$

↓ ↓ ↓ ↓

1 *A* B 9

故，$(1101010111001)_2=(1AB9)_{16}$

【例 14-6】 将十六进制数 $(3F5)_{16}$ 转换为二进制数。

【解】 $(3F5)_{16}=(001111110101)_2$

四、码制

用数码、符号、文字等来表示特定对象的过程，称为编码。码制是指各种编码的制式。编码的种类有很多。

1. 二进制码

数字系统中的信息常采用多位二进制数码来表示，这种表示特定对象的多位二进制数叫做二进制代码。例如：二进制代码 0011 表示第三个对象，不再是二进制数。

二进制代码与所表示的信息之间具有一一对应的关系，用 n 位二进制可以组成 2^n 个代码，若需要表示的信息有 N 个，则应满足 $2^n \geqslant N$。

2. BCD 码

在数字系统中，各种数据信息要转换为二进制代码才能进行处理，而人们习惯于使用十进制数，所以在数字系统的输入输出中仍采用十进制数，电路处理时则采用二进制数，这样就产生了用四位二进制数分别表示 1 位十进制数 0～9 这 10 个十进制数码的编码方法，把用于表示一位十进制数的四位二进制代码称为二—十进制代码，简称 BCD 码。BCD 码有多种，最常用的 BCD 码是 8421BCD 码，见表 14-9。

8421BCD 码　　**表 14-9**

十进制数	0	1	2	3	4	5	6	7	8	9
8421BCD 码	0000	0001	0010	0011	0100	0101	0110	0111	1000	1001

【复习思考】

1. 数字信号与模拟信号的区别？
2. 说明基本门电路能实现哪些逻辑功能？
3. 将下列数制进行相互转换。

$(100110)_2 = (\qquad)_{10} = (\qquad)_{16}$

$(38)_{10} = (\qquad)_2 = (\qquad)_{16}$

$(1A5)_{16} = (\qquad)_{10} = (\qquad)_2$

4. 举例说明日常生活中与逻辑关系，或逻辑关系和非逻辑关系。

任务 14.2　复合门电路应用

【任务描述】

基于基本门电路的逻辑功能测试和学习，针对实际的实例来进行组合逻辑电路的学习。通过具体实例来分析和讲解，掌握复合门电路的逻辑组合关系以及功能等。

【学习支持】

一、现场演示（见图 14-12）

二、所用设备

1. 直流稳压电源 1 台（或用实验台上的稳压源）；

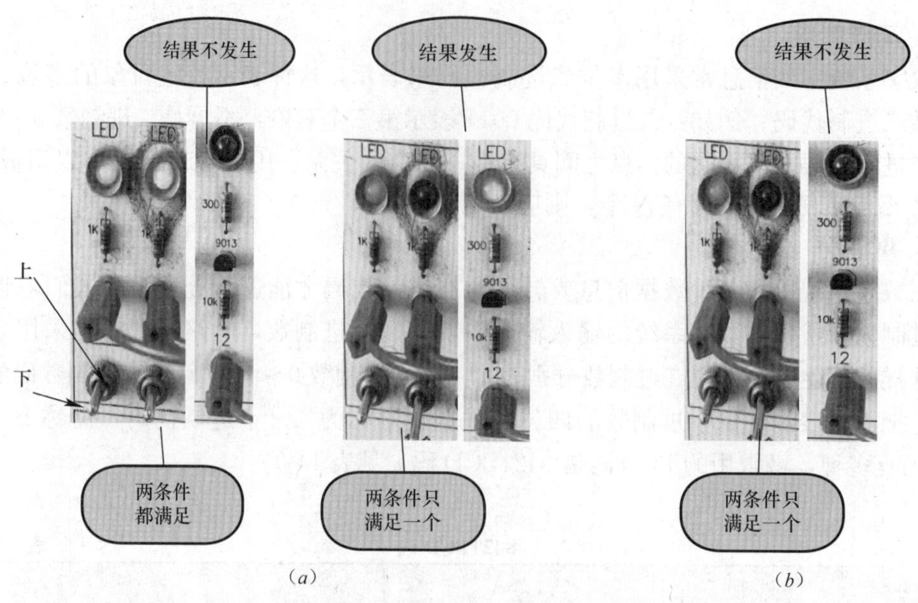

图 14-12　复合门电路演示（某种型号实验台）

（*a*）图 14-10 与非门演示；（*b*）图 14-11 或非门演示

2. 集成块 74LS08、CC4071、CC4069 各 1 块；
3. 万用表 1 块；
4. 三位开关信号提供（实验箱或实验台提供）；
5. 导线若干。

【任务实施】

一、组合逻辑电路与非门的测试

1. 组合与非门电路如图 14-13 所示。
2. 用直流电压表测直流稳压电源电源＋5V 供电正常否？若正常即断电备用。

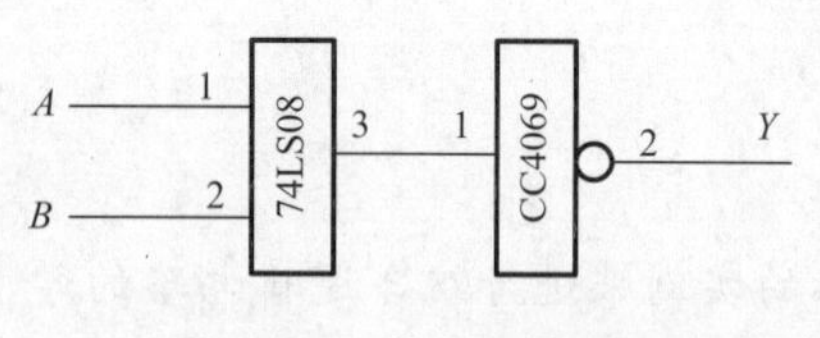

图 14-13　与非门电路图

3. 将 74LS08、CC4069 的 14 端接＋5V，7 端接地。
4. 按照电路图 14-13 所示接线。
5. 检查线路无误后通电测试，并将测试结果 *Y* 的状态填入表 14-10 中。

表 14-10

1*A*　1*B*	1Y（LED灯）	1*A*　1*B*	1Y（LED灯）
0下　0下		1上　0下	
0下　1上		1上　1上	

6. 列写真值表如表 14-11 所示。

表 14-11

输　入 A　B	输　出 Y	输　入 A　B	输　出 Y
0　0		1　0	
0　1		1　1	

二、组合逻辑电路或非门的测试

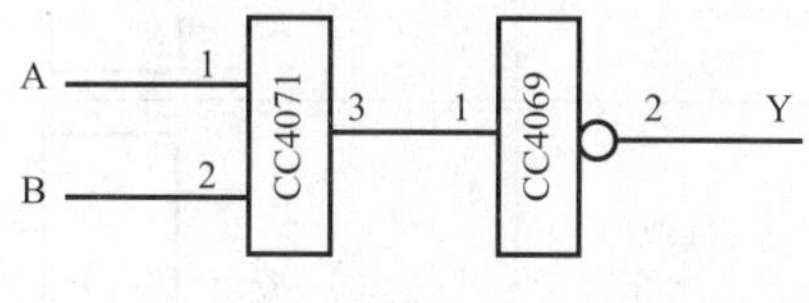

图 14-14　或非门电路图

1. 组合或非门电路如图 14-14 所示。

2. 用直流电压表测直流稳压电源电源＋5V 供电正常否？若正常即断电备用；

3. 将 CC4071、CC4069 的 14 端接＋5V，7 端接地；

4. 按照电路图 14-14 所示接线；检查线路无误后通电测试，并将测试结果 Y 的状态填入表 14-12 中。

表 14-12

1A　1B	1Y（LED灯）	1A　1B	1Y（LED灯）
0下　0下		1上　0下	
0下　1上		1上　1上	

5. 列写真值表如表 14-13 所示；

表 14-13

输　入 A　B	输　出 Y	输　入 A　B	输　出 Y
0　0		1　0	
0　1		1　1	

【评价】

真值表的列写	通电测试		有无故障	故障排除		得分
	逻辑操作是否正确	逻辑关系判断		独立排故	教师帮助下排故	

【知识链接】

一、复合门电路

将与门、或门、非门组合起来可构成各种复合门电路。复合门电路性能好、功能强、使用灵活，是目前数字电路中最常用的基本逻辑单元。常用的复合门电路见表 14-14。

常用的几种复合门电路　　表 14-14

	逻辑符号	逻辑表达式
与非门	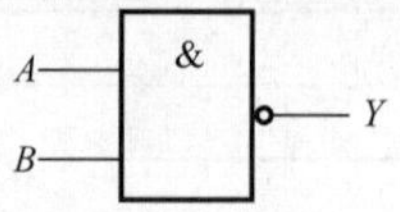	$Y=\overline{A\cdot B}$
或非门	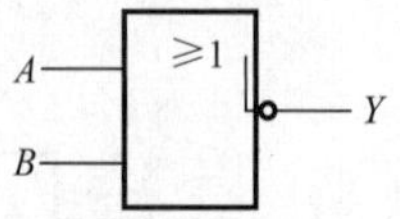	$Y=\overline{A+B}$
异或门	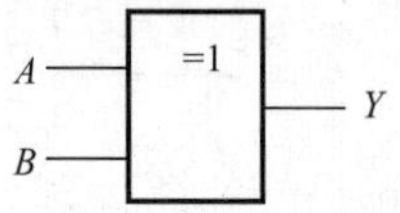	$Y=\overline{A}B+A\overline{B}=A\oplus B$
与或非门	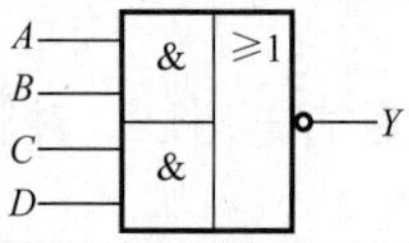	$Y=\overline{A\cdot B+C\cdot D}$

二、逻辑代数的基本公式

由逻辑门电路所组合起来用以实现复杂逻辑功能的电路称为组合逻辑电路。组合逻辑电路的特点是任何时刻的输出信号仅由该时刻的输入信号决定，而与其原来状态无关。

逻辑代数是分析和设计各种逻辑电路的主要数学工具。逻辑代数的基本公式见表 14-15。

逻辑代数的基本公式　　表 14-15

说明	名称	与运算有关公式	或运算有关公式
变量与常数的关系	01 律	$A\cdot 1=A$ $A\cdot 0=0$	$A+0=A$ $A+1=1$
与普通代数相似的定律	交换律	$A\cdot B=B\cdot A$	$A+B=B+A$
	结合律	$A\cdot(B\cdot C)=(A\cdot B)\cdot C$	$A+(B+C)=(A+B)+C$
	分配律	$A\cdot(B+C)=A\cdot B+A\cdot C$	$A+(B\cdot C)=(A+B)(A+C)$
逻辑代数特有的定律和定理	互补律	$A\cdot\overline{A}=0$	$A+\overline{A}=1$
	同一律	$A\cdot A=A$	$A+A=A$
	德·摩根定理	$\overline{A\cdot B}=\overline{A}+\overline{B}$	$\overline{A+B}=\overline{A}\cdot\overline{B}$
	还原律	$\overline{\overline{A}}=A$	

组合逻辑电路的设计是根据给定的实际逻辑要求，设计出最简单的逻辑电路图。其步骤为：根据实际问题的逻辑关系→列出真值表→写出逻辑表达式并进行化简→画出逻辑图。

下面以加法器为例，来介绍一下组合逻辑电路的设计。加法器是用来进行二进制数加法运算的组合逻辑电路。

不考虑低位进位信号的两个 1 位二进制数相加，实现这种加法运算的电路叫做半加器。

设两个加数分别用 A、B 表示，和用 Y 表示，向高位的进位用 C 表示。根据半加器的功能和二进制加法运算规则，可列出半加器的真值表，见表 14-16。

1. 列写半加器的真值表

半加器的逻辑状态表　　表 14-16

A	B	Y	C	A	B	Y	C
0	0	0	0	1	0	1	0
0	1	1	0	1	1	0	1

2. 由逻辑状态表可得半加器的逻辑表达式为：

$$Y=\bar{A}B+A\bar{B}=A\oplus B$$

$$C=AB$$

3. 由逻辑表达式可画出逻辑图。其逻辑图和逻辑符号如图 14-15 所示。

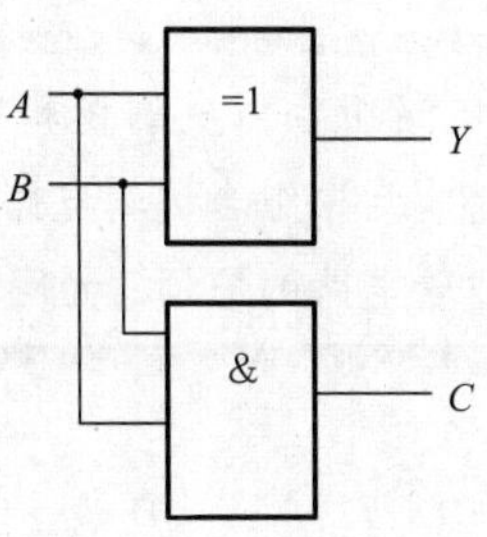

图 14-15　半加器的逻辑图

【复习思考】

1. 利用逻辑代数的基本公式推导证明下述公式成立。

(1) $AB+A\bar{B}=A$

(2) $A+AB=A$

2. 根据表达式画出逻辑电路图

(1) $Y=A+\bar{A}B$

(2) $Y=AB+B(B+C)$

3. 化简下列逻辑函数

(1) $Y=A(\bar{A}+B)+B(B+C)+B$

(2) $Y=AB+A\bar{B}+\bar{A}B+\bar{A}\bar{B}$

项目15 组合逻辑电路的连接与调试

【项目概述】

组合逻辑电路就是由各种门电路组合而成的逻辑电路，也简称为组合电路。一个门的电路就是最简单的组合电路。生活中组合逻辑电路非常常见，如：竞赛中用的抢答器、超市内寄存框等等都是组合逻辑电路的应用，如图15-1中所示。

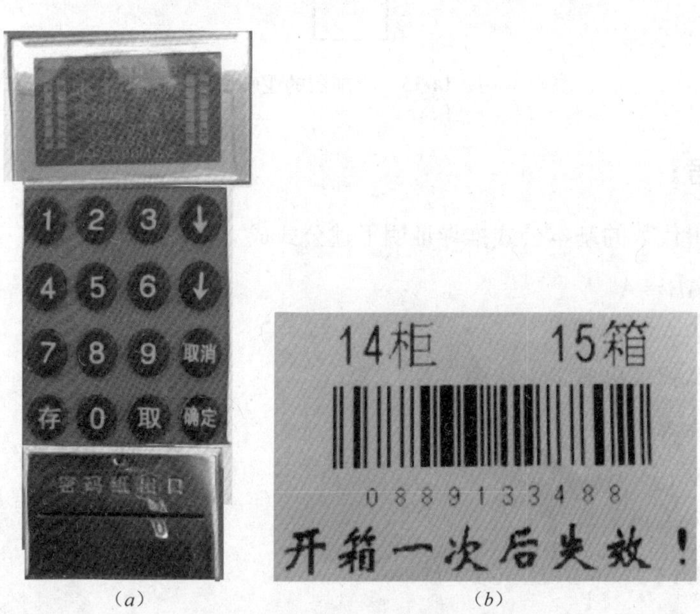

(*a*) (*b*)

图15-1 编码器的应用举例

(*a*) 寄存柜；(*b*) 条形码

任务15.1 优先编码器功能测试

【任务描述】

通过优先编码器的功能测试，理解输入编码对象与输出二进制代码的逻辑关系；经讲解了解 CD4532 编码器的功能和作用。通过实验的方式，了解逻辑电路的基本构成，明确逻辑组合电路的概念，掌握编码器的功能。通过学生动手操作，使得对优先编码器的功能领悟更具体化。

【学习支持】

一、现场演示

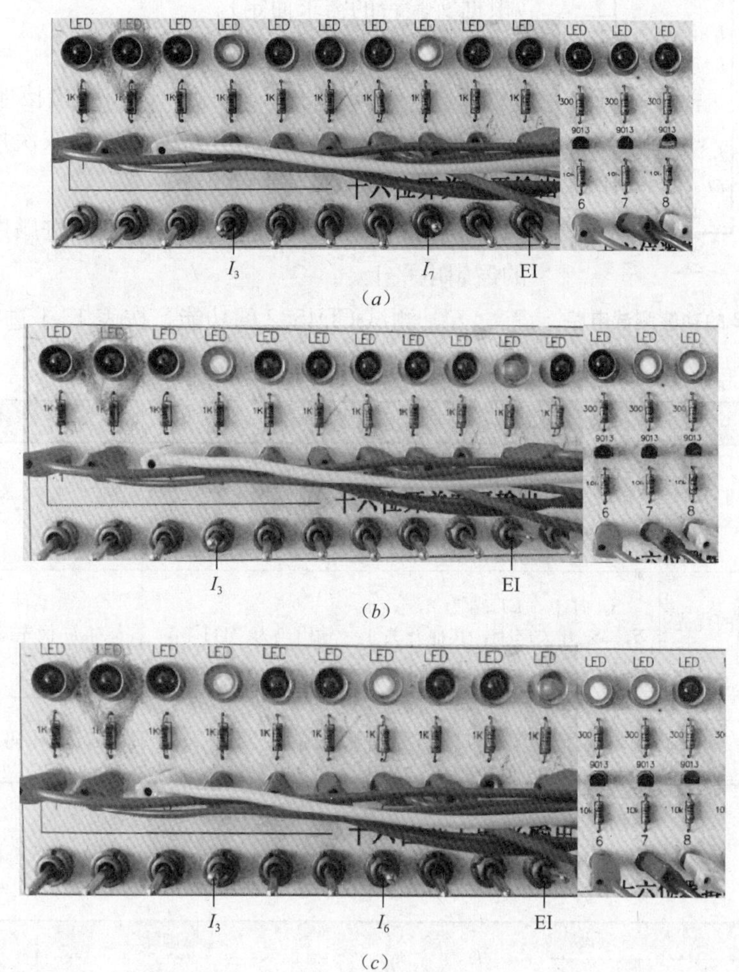

图 15-2　CD4532 优先编码器功能测试显示（某型号实验台）

(*a*) *EI* 为“0”，不允许编码；(*b*) 对 I_3 进行编码，输出“011”；(*c*) 对 I_6 进行优先编码，输出“110”

二、所用设备

1. 直流稳压电源 1 台（或用实验台上的稳压源）；
2. 集成块 CD4532 1 块；
3. 万用表 1 块；
4. 八位开关信号提供（实验箱或实验台提供）；

5. 导线若干。

【任务实施】

一、电路如图 15-3 所示。

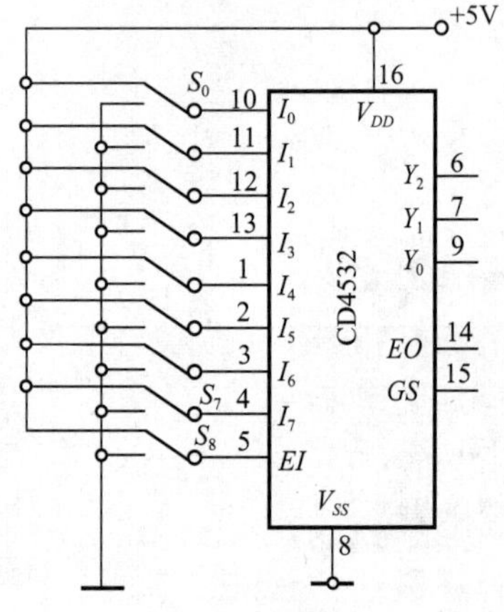

图 15-3 CD4532 的功能测试电路

二、用直流电压表测直流稳压电源+5V 供电正常否？若正常即断电备用。

三、将实验台上＋5V 与显示部分电源＋5V 连接（根据实验台的需求而定）。

四、按图 15-3 所示电路接线。

1. 将 CD4532 的 16 端接+5V，8 端接地。

2. 将 CD4532 的 I_0～I_7 端、*EI* 端依次按顺序接实验台上十六个电平开关中的 9 个。

3. 将 CD4532 的 Y_2、Y_1、Y_0 依次按顺序接到实验题的逻辑电平上。

五、测试 CD4532 的功能，按表 15-1 进行。

表 15-1

测试内容	开关位置	逻辑电平状态	功能
1. 测试 D4532 的编码功能	开关 S_3 拨向上，S_8 向上，*EI* 端为 1 态，CD4532 允许编码	输出码为“011”	允许编码，对 I_3 优先编码
2. 测试 D4532 的优先编码功能	S_8 向上，*EI* 端为 1 态，S_3、S_7 开关向上，其他开关向下	输出码为“111”	对 I_7 优先编码
3. 测试 D4532 不允许编码功能	S_8 向下，*EI* 端为 0 态，	无输出	不允许编码

【评价】

编码器的识别	通电测试		有无故障	故障排除		得分
	接线是否正确	操作判断是否正常		独立排故	教师帮助下排故	

【知识链接】

编码是用文字、符号、数据、条形码等表示特定对象的过程。如超市中货物标价的条形码、微信平台的二维码、BCD8421 编码等。

按照输出二进制代码编码方法的不同，编码器可分为二进制编码器和二—十进制编码器等。

一、二进制编码器

二进制编码器是用二进制数表示被编对象的数字电路，即用 n 位二进制代码来表示 2^n 个被编对象的数字电路。根据编码器输出二进制代码的位数，二进制编码器可分为 2 位二进制编码器、3 位二进制编码器等等。

2 位二进制编码器的输入有 4 个（$2^2=4$）被编对象 I_0、I_1、I_2、I_3，输出用一组 2 位二进制代码 00、01、10、11 分别表示 I_0、I_1、I_2、I_3，故又称为 4 线—2 线二—十进制编码器。

1. 列些真值表，如表 15-2 所示。

2 位二进制编码器真值表　　**表 15-2**

I_3	I_2	I_1	I_0	Y_1	Y_0
0	0	0	1	0	0
0	0	1	0	0	1
0	1	0	0	1	0
1	0	0	0	1	1

2. 写表达式

由表 15-2 的真值表写出个输出的逻辑函数表达式：

$Y_1=I_2+I_3$，$Y_0=I_1+I_3$

3. 画逻辑图：

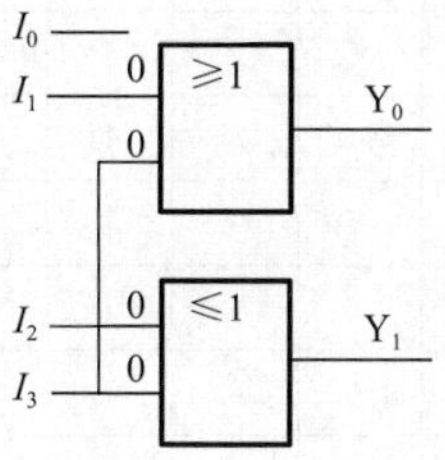

二、二—十进制编码器

二—十进制编码器是将十进制的十个数码 0、1、2、…9 编成二进制代码的逻辑电路。最常用的二—十进制编码器就是 8421BCD 码编码器。

一种键控式 8421BCD 码编码器逻辑电路如图 15-4 所示。其输入是表示 0～9 的十条信号线，输出是四位 8421BCD 码 Y_3～Y_0，是一种 10 线—4 线编码器。

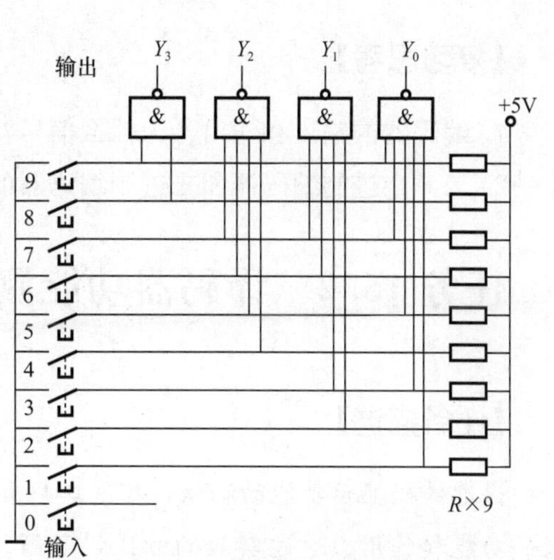

图 15-4　8421BCD 码编码器

三、优先编码器 CD4532

前面介绍的编码器输入信号都是相互排

斥的，如有两个或两个以上信号同时输入，则编码器输出就会出错，信号干扰很大。优先编码器是编码时允许多个信号同时输入，但电路只对其中级别最高的信号优先进行编码，级别低的信号不起作用的特殊编码器。

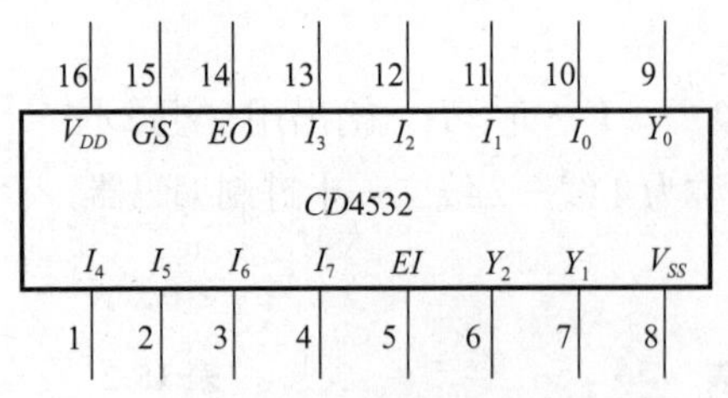

图 15-5　CD4532 管脚排列图

下面以 CD4532 为例介绍优先编码器

1. 优先编码器 CD432 引脚排列认识

CD4532 引脚排列图如图 15-5 所示，CD4532 输出端为高电平有效。其中 $I_0 \sim I_7$ 编码地址输入端；EI 为输入选通端，高电平有效（即为“1”时，CD4532 允许编码）；GS 为选通输出端，高电平有效；EO 为输出扩展端，高电平有效；$Y_0 \sim Y_2$ 为段输出端。

2. 优先编码器 CD432 功能表，表中符号“×”表示任意电平。

表 15-3

输入									输出					功能
EI	I_7	I_6	I_5	I_4	I_3	I_2	I_1	I_0	GS	EO	Y_2	Y_1	Y_0	
0	×	×	×	×	×	×	×	×	0	0	0	0	0	不允许编码
1	0	0	0	0	0	0	0	0	0	1	0	0	0	
1	1	×	×	×	×	×	×	×	1	0	1	1	1	优先编码
1	0	1	×	×	×	×	×	×	1	0	1	1	0	
1	0	0	1	×	×	×	×	×	1	0	1	0	1	
1	0	0	0	1	×	×	×	×	1	0	1	0	0	
1	0	0	0	0	1	×	×	×	1	0	0	1	1	
1	0	0	0	0	0	1	×	×	1	0	0	1	0	
1	0	0	0	0	0	0	1	×	1	0	0	0	1	
1	0	0	0	0	0	0	0	1	1	0	0	0	0	

【复习思考】

1. 编码器的输入和输出各为什么信号？试述编码器的逻辑功能。
2. 二—十进制编码器和二进制编码器的区别是什么？

任务 15.2　译码器功能测试

【任务描述】

通过译码显示功能的测试，理解译码和显示的概念和过程；经讲解了解 CD4511 译码器的功能和作用。通过实验的方式，了解译码器的功能，掌握译码器的使用。通过学生动手操作，使得对译码显示的过程和理论知识的学习更具体化。

【学习支持】

一、现场演示（见图 15-6）

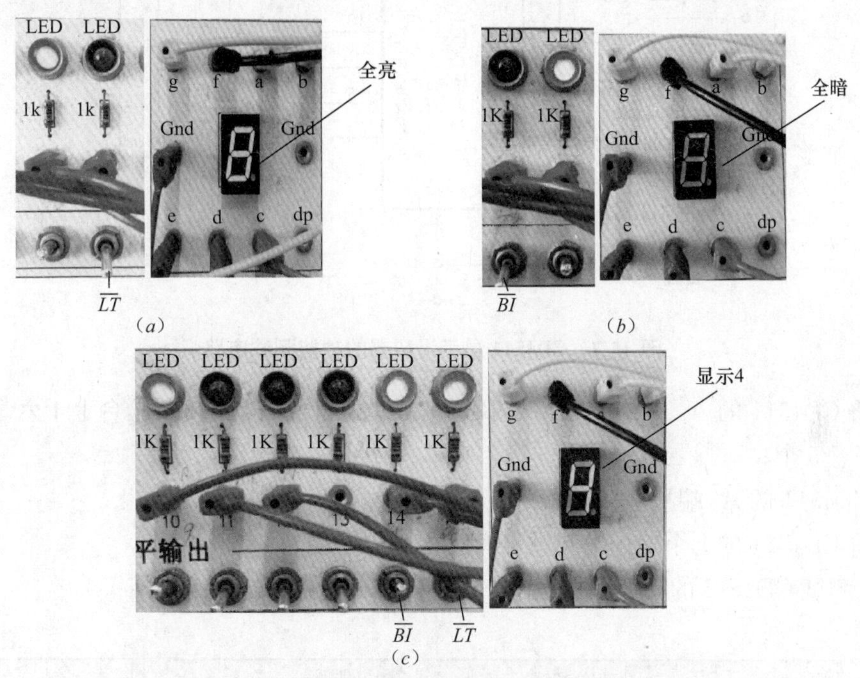

图 15-6　显示译码器 CD4511 的功能测试演示（某型号实验台）

(a) $\overline{LT}=0$，试灯功能；(b) $\overline{BI}=0$，消隐功能；(c) $\overline{LT}=1$，$\overline{BI}=1$，对输入码“100”，输出“4”

二、所用设备

1. 直流稳压电源 1 台（或用实验台上的稳压源）；
2. 集成 CD4511 1 块；
3. 万用表 1 块；
4. 八位开关信号提供（实验箱或实验台提供）；
5. 共阴接法数码管 1 个；
6. 导线若干。

【任务实施】

一、电路如图 15-7 所示。

二、用直流电压表测直流稳压电源＋5V 供电正常否？若正常即断电备用。

三、将实验台上＋5V 与显示部分电源＋5V 连接（根据实验台的需要）。

四、按图 15-7 所示电路接线。

1. 将 CD4511 的 16 端接＋5V，8 端接地；

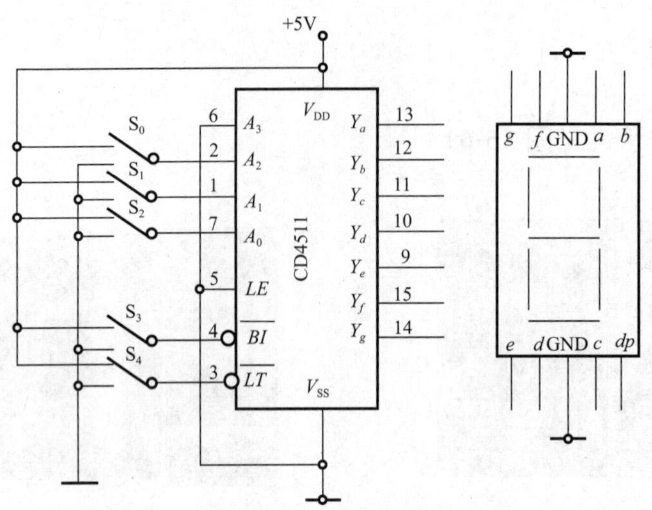

图 15-7　CD4511 显示译码器的功能测试电路

2. 将 CD4511 的 A_2、A_1、A_0 端、$\overline{BI}$端、$\overline{LT}$端依次按顺序接实验台上十六个电平开关中的任意 5 个；

3. CD4511 的 A_3 端接地。

4. 将 CD4511 的七个输出端与数码管的相应段连接。

五、测试 CD4511 的功能，按表 15-4 进行。

表 15-4

测试内容	开关位置	数码管状态	功能
1. 测试 CD4511 的试灯功能	只需 S_4 向下（$\overline{LT}$端接地，为“0”态）	每一段都亮，显示8	试灯
2. 测试 CD4511 的消隐功能	S_4 向上，S_3 向下（$\overline{BI}$端接地，为“0”态）	每一段都暗	消隐
3. CD4511 的译码显示功能	S_3，S_4 向上，$S_0S_1S_2$ 均开关向上，输入为“111”	数码管显示7	译码显示7

【评价】

译码器的识别	通电测试		有无故障	故障排除		得分
	接线是否正确	操作判断是否正常		独立排故	教师帮助下排故	

【知识链接】

译码器是把给定的代码进行“翻译”，变成相应的状态，使输出通道中相应的一路有信号输出。译码器在数字电路系统中有广泛的用途，不仅用于代码的转换、终端的数字

显示，还用于数据分配、存储器寻址和组合控制信号等。不同的功能可选用不同种类的译码器。

一、二进制译码器

二进制译码器是把二进制代码翻译成对应输出信号的电路。它若有 n 个输入线，则对应 2^n 个输出线。常见的芯片有 2 线—4 线译码器、3 线—8 线译码器、4 线—16 线译码器等。

3 线-8 线译码器 74LS138 的引脚排列如图 15-8 所示。其中 $A_0 \sim A_2$ 为译码地址输入端；S_1、$\overline{S_2}$、$\overline{S_3}$ 为选通控制端；$\overline{Y_0} \sim \overline{Y_7}$ 为译码输出端（低电平有效）。当 $S_1=1$ 且 $\overline{S_2}=0$、$\overline{S_3}=0$ 时，处于译码工作状态；当 $S_1=0$ 或 $\overline{S_2}+\overline{S_3}=1$ 时，译码器处于禁止状态。

译码器 74LS138 逻辑功能见表 15-5。表中符号“×”表示任意电平。

图 15-8　74LS138 外引脚排列图

74LS138 逻辑功能表　　表 15-5

输入						输出							
S_1	$\overline{S_2}$	$\overline{S_3}$	A_2	A_1	A_0	$\overline{Y_0}$	$\overline{Y_1}$	$\overline{Y_2}$	$\overline{Y_3}$	$\overline{Y_4}$	$\overline{Y_5}$	$\overline{Y_6}$	$\overline{Y_7}$
0	×	×	×	×	×	1	1	1	1	1	1	1	1
×	0	1	×	×	×	1	1	1	1	1	1	1	1
×	1	0	×	×	×	1	1	1	1	1	1	1	1
1	0	0	0	0	0	0	1	1	1	1	1	1	1
1	0	0	0	0	1	1	0	1	1	1	1	1	1
1	0	0	0	1	0	1	1	0	1	1	1	1	1
1	0	0	0	1	1	1	1	1	0	1	1	1	1
1	0	0	1	0	0	1	1	1	1	0	1	1	1
1	0	0	1	0	1	1	1	1	1	1	0	1	1
1	0	0	1	1	0	1	1	1	1	1	1	0	1
1	0	0	1	1	1	1	1	1	1	1	1	1	0

二、二—十进制译码器

二—十进制译码器是将二—十进制代码（BCD 码）翻译成对应的 10 个二进制数字信号的电路，又叫做 4 线—10 线译码器。

4 线—10 线译码器 CD4042 的引脚排列如图 15-9 所示。其中 $A_0 \sim A_3$ 为译码地址输入端；$\overline{Y_0} \sim \overline{Y_9}$ 为译码输出端（低电平有效）。

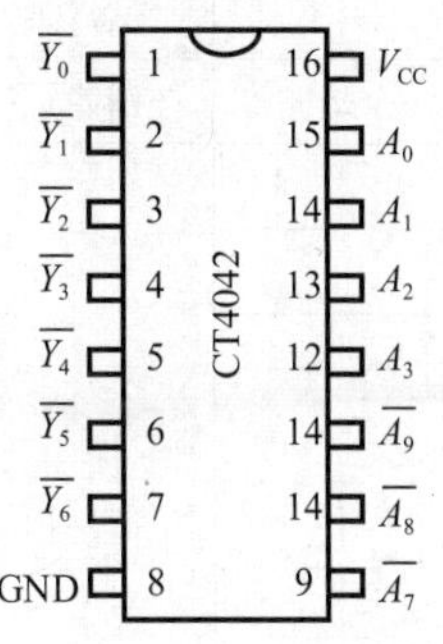

图 15-9　CD4042 引脚排列图

三、显示译码器

将二进制代码翻译成与输入码相应的电平，显示器件能直观显示数字、文字、符号。用来驱动各种显示器件的电路，称为显示译码器。常用的有七段显示和集成显示译码器。

1. 七段发光二极（LED）数码管

LED数码管是目前最常用的数字显示器。如图15-10（*a*）所示，七段半导体数码显示器把要显示的十进制数码分成七段，每段都是一个发光二极管（LED）。LED数码管中的七段即七个发光二极管有共阴极和共阳极两种接法，如图15-10（*b*）、（*c*）所示。

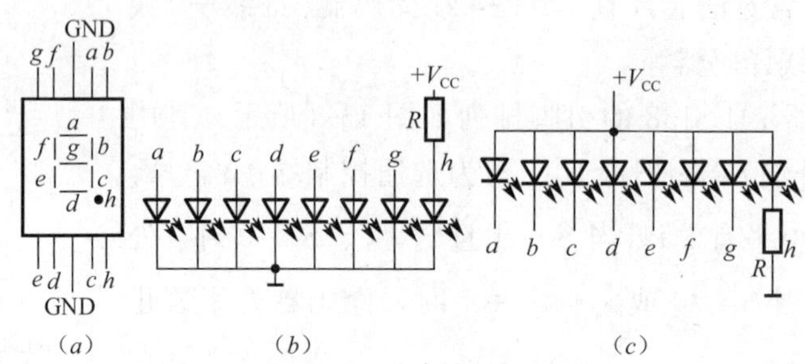

图15-10 七段LED数码管

（*a*）外形图；（*b*）LED数码管中LED共阴极接法；（*c*）LED数码管中LED共阳极接法

2. 集成显示译码器CD4511

CD4511是一种功能比较齐全的显示译码器，与共阴极七段数码管配合使用。

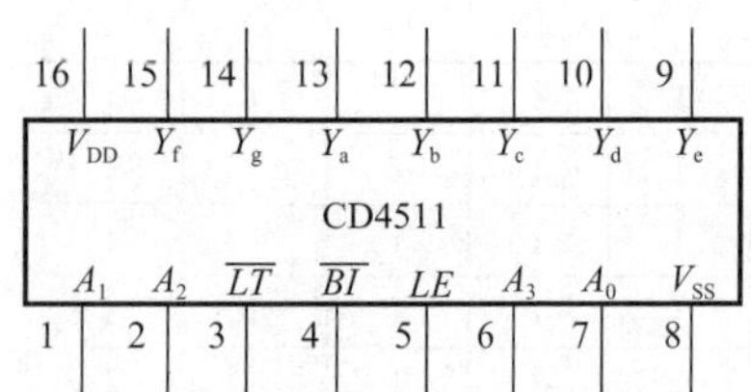

图15-11 CD4511外引脚排列图

（1）CD4511引脚排列图如图15-11所示，CD4511输出端为高电平有效，用于驱动共阴极的LED数码管，使用时可直接与数码管相连接。其中A_0～A_3为译码地址输入端；$\overline{BI}$为消隐输入端，低电平有效；$\overline{LT}$为灯测试输入端，低电平有效；Y_a～Y_g为段输出端。

（2）译码器CD4511逻辑功能表见表15-6，表中符号“×”表示任意电平。

CD4511辑功能表 **表15-6**

输入						输出							显示	功能
$\overline{LT}$	$\overline{BI}$	A_3	A_2	A_1	A_0	Y_a	Y_b	Y_c	Y_d	Y_e	Y_f	Y_g		
0	×	×	×	×	×	1	1	1	1	1	1	1	8	试灯
1	0	0	0	0	0	0	0	0	0	0	0	0	全暗	消隐
1	1	0	0	0	0	1	1	1	1	1	1	0	0	译码
1	1	0	0	0	1	1	1	0	0	0	0	0	1	
1	1	0	0	1	0	1	1	0	1	1	0	1	2	
0	1	0	0	1	1	1	1	1	1	0	0	1	3	
0	1	0	1	0	0	0	1	1	0	0	1	1	4	
0	1	0	1	0	1	1	0	1	1	0	1	1	5	
0	1	0	1	1	0	0	0	1	1	1	1	1	6	
0	1	0	1	1	1	1	1	1	0	0	0	0	7	

续表

输入						输出							显示	功能
$\overline{LT}$	$\overline{BI}$	A_3	A_2	A_1	A_0	Y_a	Y_b	Y_c	Y_d	Y_e	Y_f	Y_g		
0	1	1	0	0	0	1	1	1	1	1	1	1	8	译码
0	1	1	0	0	1	1	1	1	0	0	1	1	9	

【复习思考】

1. 译码器的输入和输出各为什么信号？试述译码器 CD4511 的逻辑功能。
2. 优先编码器能实现什么功能？

参考文献

[1] 邵展图. 电工基础（第四版）[M]. 北京：中国劳动社会保障出版社，2007.
[2] 王建. 维修电工技能训练 [M]. 北京：中国劳动社会保障出版社，2007.
[3] 杨有启. 电工安全知识与操作技能. [M]. 北京：中国劳动社会保障出版社，2010.
[4] 刘介才. 工厂供电.（第四版）[M]. 北京：机械工业出版社，2010.
[5] 俞雅珍. 电工技术基础与技能练习（实验）[M]. 上海：复旦大学出版社，2014.
[6] 邱关源. 电路（第五版）[M]. 北京：高等教育出版社，2013.
[7] 刘祖其. 机床电气控制与 PLC [M]. 北京：高等教育出版社，2009.
[8] 黄艳飞、张金达. 电气设备维修（上）[M]，上海：上海科技出版社，2012.
[9] 何应俊. 电动机维修技术基本功 [M]. 北京：人民邮电出版社，2010.
[10] 俞雅珍. 电子工艺技术 [M]. 上海：复旦大学出版社，2007.
[11] 俞雅珍. 电子技术基础与技能练习（实验）[M]. 上海：复旦大学出版社，2010.
[12] 刘蕴陶. 电工电子技术（第三版）[M]. 北京：高等教育出版社，2014.
[13] 于安红. 简明电子元器件手册. 上海：上海交通大学出版社，2005.